食品质量与安全检测

SHIPIN ZHILIANG YU ANQUAN JIANCE

主　编◎别运清　丁　玲
副主编◎邱秉慧　赵小扬
参　编◎张红艳　李　莉

重庆大学出版社

内容提要

本书根据职业教育培养高素质技术技能人才的培养目标,遵循"必需、够用、实用"的原则,结合食品检验检测岗位的实际需要编写而成。本书主要内容包括绪论、食品检验的质量保证、食品检验样品的采集与处理、食品中营养成分的检测、食品添加剂的检测、食品中药物残留的检测和食品中化学污染物的检测。

本书可作为职业教育食品类专业及相关专业的教材,也可作为食品检验岗位培训和职业技能鉴定培训用书,还可作为食品企业相关技术人员的参考书。

图书在版编目(CIP)数据

食品质量与安全检测 / 别运清,丁玲主编. -- 重庆:重庆大学出版社,2025.4. -- ISBN 978-7-5689-5086-2

Ⅰ. TS207

中国国家版本馆 CIP 数据核字第 2025UT4203 号

食品质量与安全检测

主 编 别运清 丁 玲
副主编 邱秉慧 赵小扬
策划编辑:范 琪

责任编辑:姜 凤 版式设计:范 琪
责任校对:谢 芳 责任印制:张 策

*

重庆大学出版社出版发行
出版人:陈晓阳
社址:重庆市沙坪坝区大学城西路 21 号
邮编:401331
电话:(023) 88617190 88617185(中小学)
传真:(023) 88617186 88617166
网址:http://www.cqup.com.cn
邮箱:fxk@cqup.com.cn(营销中心)
全国新华书店经销
重庆永驰印务有限公司印刷

*

开本:787mm×1092mm 1/16 印张:14.25 字数:373 千
2025 年 4 月第 1 版 2025 年 4 月第 1 次印刷
ISBN 978-7-5689-5086-2 定价:48.00 元

前 言
Foreword

随着食品产业的发展,人们对食品质量的要求进一步提高,对食品安全的关注度也日益增加。食品质量与安全检测是确保食品质量、提高食品安全性的重要手段之一,是食品"从农田到餐桌"全过程的质量安全控制工作的重要一环。为了保障广大人民的饮食安全,防止化学物质通过添加和污染的途径进入食品而危害人体健康,同时为了适应新时期对食品监督检验专业人才的需求,襄阳职业技术学院组织有关专家及具有实践经验的教学、科研人员共同编写了本书。

本书主要依据现行的中华人民共和国食品安全国家标准的检验方法,内容汇聚了编者从事食品质量与检验教学、科研工作二十余年的实践经验。在内容的选取上,既考虑了食品检验检测岗位的实际需要,又兼顾了职业资格证书、"1+X"职业技能等级证书及职业院校技能大赛相关知识、技能等的考核要求,力求内容新颖、与时俱进。

本书共7个项目,主要包括绪论、食品检验的质量保证、食品检验样品的采集与处理、食品中营养成分的检测、食品添加剂的检测、食品中药物残留的检测和食品中化学污染物的检测等内容。

本书由襄阳职业技术学院别运清、丁玲担任主编,襄阳职业技术学院邱秉慧、襄阳市公共检验检测中心赵小扬担任副主编,襄阳中诚检测科技有限公司张红艳、建始县中等职业技术学校李莉担任参编。具体编写分工如下:绪论、项目一和项目三由别运清编写,项目二由李莉编写,项目四由邱秉慧编写,项目五和项目六(任务一至任务四)由丁玲、张红艳编写,项目六任务五和任务六由赵小扬编写。全书由别运清统稿。

本书在编写过程中,得到了襄阳职业技术学院教材出版基金和襄阳职业技术学院农学院专业群建设经费的大力资助,也得到了许多同行的大力协助。在此致以诚挚的谢意!在编写过程中还参考了大量的文献资料并引用了一些图表和数据,在此向所有提供文献资料、图表和数据支持的单位和个人表示诚挚的谢意!

由于编者水平有限,书中难免有不足和疏漏之处,恳请读者批评指正!

编　者

2024 年 10 月

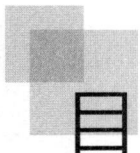

目 录
Contents

绪　论

一、食品质量与安全检测的性质与作用

国以民为本,民以食为天,食以安为先,安以质为本,质以诚为根。食品是人类最基本的生活物资,是维持人类生命和身体健康不可缺少的能量源和营养源,食品的品质直接关系到人类的健康及生活质量。随着我国食品工业和食品科学技术的发展,食品质量与安全检测工作已经被提高到一个极其重要的地位,特别是为了保证食品的品质,做好食品卫生监督工作,开展食品科学技术研究,寻找食品污染的根源,人们更需要对食品进行各种营养物质和有害、有毒物质的分析与检测。

食品质量与安全检测工作是食品质量管理过程中的重要环节,在确保原材料质量方面起着保障作用,在生产过程中起着监控作用,在最终产品检验方面起着监督和标识作用。食品质量与安全检测在保证食品的营养卫生,确保食品的品质及食用的安全,研究食品化学性污染的来源、途径,以及控制污染等方面都有着十分重要的意义。

二、食品质量与安全检测的任务

食品质量与安全检测贯穿食品研发、生产、销售,以及食品安全监管及事故处置的各个环节,其主要任务包括:

①对食品生产的原料、辅助材料、半成品、包装材料及成品进行分析与检验,从而对食品的品质、营养、安全与卫生进行评定,保证食品质量符合食品标准的要求。

②对食品生产工艺参数、工艺流程进行监控,从而指导与控制生产工艺过程,以保证食品的质量。

③为食品生产企业成本核算、制订生产计划提供基本数据。

④为开发新的食品资源、研究和应用食品生产新工艺、新技术提供依据。

⑤对生产或流通的食品进行检验,为政府管理部门对食品品质进行宏观监控提供依据。

⑥对发生产品质量纠纷的食品做出仲裁检验,为有关机构解决纠纷提供技术依据。

⑦对进出口食品按照国际标准、国家标准和合同规定进行检测,保证进出口食品的质量,促进进出口贸易健康发展。

⑧当发生食物中毒事件时,检验机构对残留食物做出仲裁检验,为事情的调查及解决提供技术依据。

三、食品质量与安全检测的内容

食品的种类繁多、组成复杂,检验的目的、项目不同,所涉及的检验方法也多种多样。因此,食品质量与安全检测的内容十分丰富,涉及的范围十分广泛。主要包含3个方面,即感官

检验、理化检验及微生物检验。

(一)食品的感官检验

食品的感官检验是利用人体的视觉、嗅觉、味觉和触觉等感觉器官,对食品的色泽、气味、质地、口感、形状、组织结构等进行检验。例如,液态食品的澄清度、透明度,以及固态与半固态食品的软、硬、弹性、韧性、干燥程度等性质进行的检验,以判断和评定食品的品质。

食品的感官检验是一种最直接、快速,而且十分有效的检验方法。有时食品感官检验还可鉴别出精密仪器也难以检验出的食品的轻微劣变。食品的感官检验往往是食品检验内容中的第一项。经感官检验不合格的食品,即可判定为不合格产品,不需再进行理化检验。国家标准对各类食品都制定有相应的感官检验指标。

(二)食品的理化检验

实验室理化检验是食品质量与安全检测的主要方法,国家对食品中很多成分的检验都规定了标准方法,并制定了相应的卫生标准。

1. 食品的营养成分分析

食品的营养成分分析是指利用物理、化学和仪器分析的方法对食品中的水分(包括水分活度)、灰分(无机盐)、酸度、糖类、脂肪、蛋白质、氨基酸、维生素和矿物质元素等成分进行分析检验,评定食品的品质。

2. 食品添加剂的检验

食品添加剂是指在食品生产中,为了改善食品的外观、原有的品质,增强营养,提高质量,延长保质期,满足食品加工工艺需要等,而加入食品中的某些化学合成物质或天然物质,如防腐剂、护色剂、漂白剂、甜味剂、抗氧化剂等。我国对食品添加剂的使用品种、范围及用量均作了严格的规定。必须对食品添加剂进行检测,监督企业在食品生产和加工过程中是否合理地使用食品添加剂,以保证食品的安全性。

3. 食品中有毒、有害物质的检验

食品中的有毒、有害物质是指食品在生产、加工、包装、运输、储存、销售等环节中产生、引入或污染的,对人体健康有危害的物质。食品中有毒、有害物质检测是对成品、半成品、原材料和包装材料中的限量元素(如砷、汞、铅、镉等)、农药和兽药残留、微生物毒素以及食品生产加工、储藏过程中产生的有害物质和污染物质进行检测,评定食品的品质,以保证食品的安全性。

4. 功能性食品的检验

功能性食品的检验是指对食品中功效成分或标志性成分进行检测。如对功能性低聚糖、活性多糖、茶多酚(儿茶素、花青素等)、类黄酮、超氧化物歧化酶、牛磺酸等的含量及活性进行分析,以保证功能性食品的质量和消费者的食用安全。

5. 转基因食品的检验

根据我国《农业转基因生物标识管理办法》(2017 年 11 月 30 日修订版)的要求,对农业转基因食品及含有农业转基因成分的食品实行产品标识制度,需要对待检的食品进行筛选、鉴定和定量。即首先筛选待检的食品样品中是否含有转基因成分;其次应鉴定有何种转基因成分存在,是否为授权使用的品系;最后定量检测所含有的转基因成分,是否符合标签阈值规定。

6. 食品包装材料和盛放容器的分析

使用质量不符合卫生标准的包装材料和盛放容器,其中所含的有害物质,如重金属、聚氯乙烯单体、多氯联苯、荧光增白剂等都会对食品造成污染。

7. 掺假食品的检验

掺假食品的检验是指通过感官检验、理化检验对食品中是否掺入了非食品原料成分进行定性检验和定量分析,以判断该食品是否掺假。

（三）食品的微生物检验

食品的微生物检验是应用微生物学的相关理论和方法,对食品中细菌总数、大肠菌群以及致病菌进行测定。通过对食品的微生物污染情况进行检验,可以正确而客观地揭示食品的卫生情况,加强食品卫生的管理,保障人们的身体健康。

由于篇幅有限,本书只介绍食品理化检验的部分内容。

四、食品质量与安全检测的方法

（一）常用的检测方法

食品质量与安全检测常用的方法有感官检验法、物理检验法、化学分析法、物理化学分析法（仪器分析法）、生物化学分析法（酶分析法和免疫学分析法）等。

1. 感官检验法

感官检验法是指以人的感觉器官为基础,利用科学试验和统计学原理对食品的色、香、味、形、口感等质量特征进行统计分析而得出结论的分析检验方法。食品感官检验法的主要内容和方法有视觉检验、嗅觉检验、味觉检验、听觉检验和触觉检验。

2. 物理检验法

物理检验法是指根据食品的物理参数与食品组成成分及其含量之间的关系,通过测定食品的物理量,了解食品的组成成分、含量和品质的检测方法。食品物理检验法有两种方法:一种是直接测定某些食品质量指标的物理量,并以此来判断食品的品质,如测定罐头的真空度,饮料的固体颗粒度,面包的比体积,冰激凌的膨胀率,液体的透明度、黏度和浊度等;另一种是测定某些食品的物理量参数,如密度、相对密度、折光率、比旋光度等,并通过其与食品的组成和含量之间的关系,间接检测食品的组成和含量。

3. 化学分析法

化学分析法是指以食品组成成分的化学性质为基础进行检测的分析方法,包括定性分析和定量分析,是食品质量与安全分析检测的基础方法。许多样品的预处理和检测都是采用化学方法,仪器分析法的原理大多数也是建立在化学分析法基础上的。

化学分析法适用于食品的常量分析,主要包括质量分析法和容量分析法。质量分析法是指通过称量食品中某种成分的质量,来确定其组成和含量的方法,如食品中水分、灰分、脂肪、膳食纤维等成分的测定;容量分析法也称滴定分析法,包括酸碱滴定法、氧化还原滴定法、配位滴定法和沉淀滴定法,食品中酸度、蛋白质、脂肪酸价、过氧化值等的测定采用容量分析法。

4. 仪器分析法

仪器分析法是指根据食品的物理或化学性质,利用精密的分析仪器对物质的组成及其含量进行分析的方法,是食品质量与安全分析检测方法发展的趋势。虽然所用设备较昂贵,分析成本较高,但由于其具有灵敏、快速、准确等特点,常用于食品中微量成分或低浓度的有毒、有害物质的分析。故在我国食品安全标准检验方法中,仪器分析法所占的比重也越来越大。

5.酶分析法和免疫学分析法

酶分析法是指利用酶作为生物催化剂,进行定性或定量的分析方法。常用于复杂食品的样品检验,如食品中维生素以及有机磷农药的快速检验,该法具有抗干扰能力强、简便、快速、灵敏等优点。免疫学分析法是指利用抗原与抗体之间的特异性结合来进行检测的一种高选择性的分析方法,在食品质量与安全检测中可制成免疫亲和柱或试剂盒,用于食品中霉菌毒素、农药残留的快速检测。

在现代食品分析检测中,主要应用酶分析法和免疫学分析法的有酶联免疫吸附测定(Enzyme-Linked Immunosorbent Assay,ELISA)、放射免疫测定(Radioimmunoassay,RIA)、免疫传感器以及荧光免疫测定技术等方法。

(二)检验方法的选择

选择合适的检验方法是获得正确检测结果的前提和基础。食品质量与安全检测选择检验方法的原则是:首先选用中华人民共和国国家标准《食品卫生检验方法 理化部分 总则》(GB/T 5009.1—2003)所规定的分析方法。如何在众多的检验方法中作出选择,是检测工作的又一关键环节。

1.在不同标准中作出选择

①根据标准的适用范围进行选择。

例如,《食品中有机磷农药残留量的测定》(GB/T 5009.20—2003)和《蔬菜和水果中有机磷、有机氯、拟除虫菊酯和氨基甲酸酯类农药多残留的测定》(NY/T 761—2008)两项标准都可用于有机磷农药残留量的检测,但前者除适用于水果蔬菜外,还适用于谷类、食用油、鱼、肉等食品中有机磷农药残留的测定。因此,选择标准检验方法时,要明确不同标准的适用范围,避免张冠李戴,导致检测结果失准。

②按"针对性"优于"通用性"的原则进行选择。

GB 5009.1—GB 5009.36都是食品通用的检验方法,有别于针对某类产品的检验方法。

例如,《食品安全国家标准 食品相对密度的测定》(GB 5009.2—2024)中的密度瓶法、天平法、比重计法、U型振荡管数字密度计法4种方法都适用于液体试样的相对密度测定,具有通用性。在《食品安全国家标准 酒和食用酒精中乙醇浓度的测定》(GB 5009.225—2023)中的4种方法,除第三法气相色谱法外,其他3种方法也是通过测定相对密度得到试样中的乙醇浓度,但其检验原理、试剂、设备、样品处理、结果分析等都是针对酒和食用酒精中乙醇的测定而设定,具有针对性。因此,若要用密度瓶法测定白酒中的乙醇浓度,应按GB 5009.225—2023规定的方法来测定。

2.在同一标准的不同检验方法中作出选择

《食品卫生检验方法 理化部分 总则》(GB/T 5009.1—2003)在"检验方法的选择"中规定:"标准方法如有两个以上的检验方法时,可根据所具备的条件选择使用,以第一法为仲裁方法。标准中根据适用范围设几个并列方法时,要依据适用范围选择适宜的方法。"

例如,《食品安全国家标准 食品中铅的测定》(GB 5009.12—2023)规定了食品中铅含量测定的3种方法:第一法 石墨炉原子吸收光谱法、第二法 电感耦合等离子体质谱法、第三法 火焰原子吸收光谱法。这3种方法的适用范围都是一致的。因此,石墨炉原子吸收光谱法就是仲裁方法,检测机构也可根据所具备的条件选择其他方法进行检测,但不能用第二、第三法的结果去否定第一法的检测结果。

再例如《食品安全国家标准 食品中水分的测定》(GB 5009.3—2016)规定了食品中水分测定的4种方法。每种方法的适用范围不一致,因此这是4种并列方法。如要测定香料的水分,应根据适用范围选择蒸馏法。

上述两种情形不能混淆,既不能将含有仲裁方法的几种方法错当作并列方法,也不能将并列方法中的第一法错当作仲裁方法。

3.综合考虑检测目的、检测成本等因素后作出选择

例如,《食品安全国家标准 食品中钙的测定》(GB 5009.92—2016),测定食品中的钙采用第一法 火焰原子吸收光谱法和第二法 EDTA(乙二胺四乙酸二钠盐)滴定法,相比较而言,第二法比第一法操作简便,设备成本更低,但检出限高、灵敏度低。两种方法需要的人力、物力和时间成本均有不同,应综合考虑检测目的、检测成本等因素后作出选择。在实际工作中,要根据实验室的条件。尽量选择灵敏度高、选择性和重复性好、准确可靠、经济实用、省时省力的分析检验方法。进行国际贸易时,采用国际公认的标准更具有有效性。

(三)检验方法的评价

在研究一个分析检验方法时,通常用精密度、准确度和灵敏度这3项评价指标。

1.精密度

精密度(precision)是指在相同条件下,对同一试样进行多次平行测定,测定结果之间相互接近的程度。这些测试结果的差异是由偶然误差造成的,它代表着测定结果的稳定性和再现性。

精密度通常用偏差来衡量。偏差的大小可用绝对偏差、平均偏差、相对平均偏差、标准偏差、相对标准偏差等来表示。

①绝对偏差(d_i):是指各次测得值(x_i)与它们的平均值($\bar{x}$)之差。

$$d_i = x_i - \bar{x}$$

绝对偏差有正有负,做了多少次平行测定,就有多少个绝对偏差。绝对偏差只能反映每次测定与平均值的接近程度,而不能反映一组数据的整体离散程度。

②平均偏差($\bar{d}$):是指各次测量偏差绝对值的平均值。

$$\bar{d} = \frac{\sum_{i=1}^{n} |x_i - \bar{x}|}{n}$$

多次平行测定的平均偏差只有一个。

③相对平均偏差($R\bar{d}$):是指平均偏差与平均值的百分比。

$$R\bar{d} = \frac{\bar{d}}{\bar{x}} \times 100\% = \frac{\sum_{i=1}^{n} |x_i - \bar{x}|}{n \cdot \bar{x}} \times 100\%$$

相对平均偏差计算简单、方便,在化学分析中,通常用相对平均偏差表示精密度,一般要求<0.2%。但是相对平均偏差忽略了个别较大偏差对测定结果重复性的影响,有时候不能反映一组数据的整体离散程度。

④标准偏差(S):是指当测定次数 $n \leq 20$ 时,标准偏差的计算公式为:

$$S = \sqrt{\frac{\sum_{i=1}^{n}(x_i - \bar{x})^2}{n-1}}$$

式中　n——测定次数；

　　　$n-1$——自由度。

标准偏差更能突显较大偏差的存在对测量结果的影响,更能反映数据的整体离散程度。

⑤相对标准偏差(RSD):又称为变异系数,是指标准偏差与平均值的百分比。

$$\mathrm{RSD} = \frac{S}{\bar{x}} \times 100\%$$

实际分析工作中,常用相对标准偏差表示分析结果的精密度。

⑥极差(R):是指一组数据中最大值(X_{max})与最小值(X_{min})之差。

$$R = X_{max} - X_{min}$$

⑦相对极差(RR):是指极差与平均值的百分比。

$$\mathrm{RR} = \frac{R}{\bar{x}} \times 100\%$$

极差既是测定值变动的最大范围,也是测定值变动的最简单的指标。它能体现一组数据波动的范围。极差越大,离散程度越大;反之,离散程度越小。

极差只指明了测定值的最大离散范围,而未能利用全部测量值的信息,不能准确地反映测量值彼此相符合的程度。

但是极差及相对极差计算简单,含义直观,运用方便,故在检测工作中仍应用广泛。

⑧相对相差:是指在重复性条件下获得的两次独立测定结果的绝对差值与算术平均值的百分比。表示相同条件下两次测定的精密度。

$$相对相差 = \frac{|x_1 - x_2|}{\bar{x}} \times 100\%$$

在食品安全国家标准中,精密度的表示通常用相对相差表示。

2. 准确度

准确度(accuracy)是指测量值与真实值相符合的程度。测量结果与真实值越接近,则准确度越高。准确度主要是由系统误差决定的,它反映了测定结果的可靠性。准确度高的方法精密度必然高,而精密度高的方法准确度不一定高。

准确度的高低通常用误差来表示。某一分析方法的准确度,可通过测定标准试样的误差,或回收试验的回收率,以误差或回收率来判断。

$$绝对误差(E) = 测定值(\chi) - 真实值(\mu)$$

绝对误差越小,准确度越高。选择分析方法时,为了便于比较,通常用相对误差(RE)表示准确度。

$$\mathrm{RE} = \frac{E}{\mu} \times 100\% \ 或 \ \mathrm{RE} = \frac{E}{\chi} \times 100\%$$

对未知试样的测定,真实值也是未知的,此时通常用回收率来表示准确度。在某一稳定样品中,加入不同水平已知量的标准物质,称加标样品。在相同条件下用同种方法测定样品和加标样品,以计算出加入标准物质的回收率,计算式如下:

$$p = \frac{x_1 - x_0}{m} \times 100\%$$

式中　　p——加入标准物质的回收率，%；

　　　　m——加入标准物质的量；

　　　　x_1——加标样品的测定值；

　　　　x_0——样品的测定值。

3. 灵敏度

灵敏度(sensitivity)是指分析仪器、方法所能检测到的单位响应量。不同的分析方法有不同的灵敏度，一般仪器分析法具有较高的灵敏度，而化学分析法(重量分析和容量分析)的灵敏度相对较低。

在选择分析方法时，要根据待测成分的含量范围选择适宜的方法。一般来说，待测成分含量低时，须选用灵敏度高的方法；含量高时，可选用灵敏度低的方法，以减少由于稀释倍数太大所引起的误差。由此可见，灵敏度的高低并不是评价分析方法好坏的绝对标准，一味地追求高灵敏度的方法是不合理的。如重量分析法和容量分析法，灵敏度虽然不高，但是对于高含量组分(如食品的含糖量)的测定能获得满意的结果，相对误差一般为千分之几；相反，对于低含量组分(如黄曲霉毒素)的测定，重量分析法和容量分析法的灵敏度一般不能达到要求，这时应采用灵敏度较高的仪器分析法。灵敏度较高的方法相对误差较大，因此，对低含量组分测定允许有较大的相对误差。一个方法的灵敏度可因实验条件的变化而变化，但在一定的实验条件下，灵敏度具有相对的稳定性。

【知识导图】

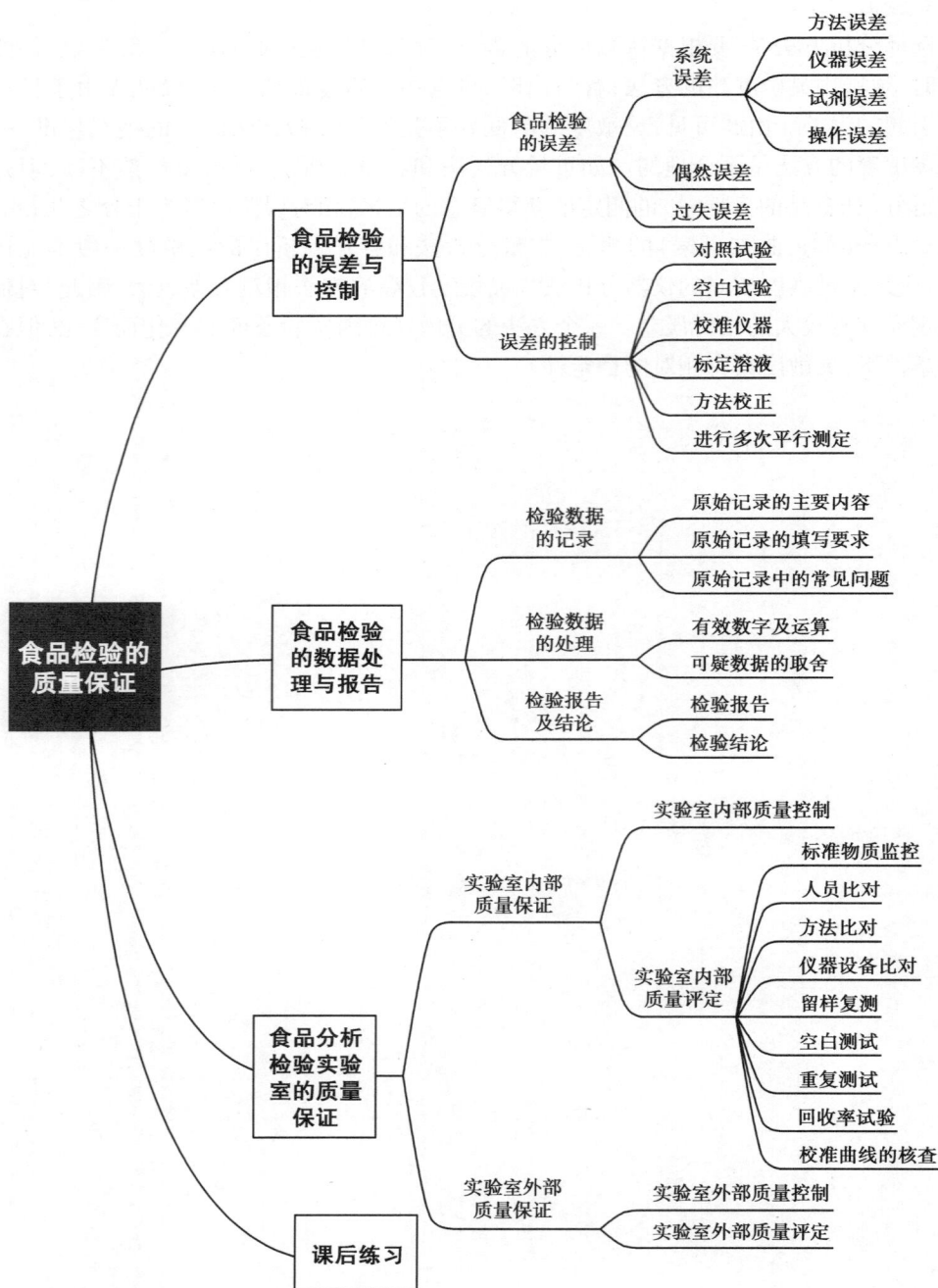

食品检验的结果是作出许多重要决策的前提条件。例如,食品企业会根据原辅材料的分析结果决定是否接收;根据加工过程中各个关键控制点的在线检测结果,了解食品安全控制状态,并据此决定是否需要采取预防或纠偏措施;同时,根据终产品的分析结果决定某批次产品是否合格,能否放行进入食品流通渠道。可见,食品检测结果的质量直接影响生产、科研、司法等重要活动。你需要了解:如何保证分析检验数据的质量? 如何进行食品检验实验室质量控制?

任务一 食品检验的误差与控制

【任务目标】

◆知识目标

1. 掌握食品分析检验中的误差来源;
2. 掌握食品分析检验中常用的误差控制方法。

◆能力目标

1. 会分析与识别食品分析检验中的误差;
2. 能采取相应的措施减少食品检验误差。

◆素质目标

1. 培养精益求精的工匠精神,追求卓越的创新精神;
2. 树立正确的质量意识,增强检验过程中的节约和环保意识。

【背景知识】

食品检验过程比较复杂,在实际测定过程中不可避免地会受到检验方法、仪器、周围环境和检验者自身条件等因素的制约,导致测量值与真实值之间存在一定差异,这种差异称为误差(error)。食品检验的每一个步骤都可能引入误差,因此,检验工作者必须了解误差可能产生的原因,对整个分析过程进行质量监控,以确保分析结果准确、可靠。

一、食品检验的误差

根据误差的性质和来源可分为系统误差、偶然误差和过失误差。

1. 系统误差

系统误差是指分析过程中某些固定原因造成的,使测定结果系统地偏高或偏低。常见的系统误差根据其性质和产生的原因,可分为方法误差、仪器误差、试剂误差、操作误差(或主观误差)等。

①方法误差。分析方法本身不够完善而引入的误差。例如,滴定分析中的指示剂选择不当,不能准确地指示反应的终点而造成的误差。

②仪器误差。仪器本身的缺陷造成的误差。例如,天平两臂不相等,砝码、滴定管、容量瓶等未经校正造成的误差。

③试剂误差。试剂不纯等原因造成的误差。例如,试剂含有杂质、纯水或受到污染等都会造成误差。

④操作误差。因检验人员主观原因或习惯在实验过程中引入的误差。例如,检验人员的最小分辨力、感觉器官的生理变化及反应速度和固有习惯等造成的误差,以及对终点颜色的辨别不同,有人偏深,有人偏浅,从而产生主观误差。

系统误差产生的原因有时并非由一种误差引起,往往是由数种误差的综合作用造成的。但只要了解其产生的原因,均可校正消除。

2. 偶然误差

偶然误差是指由某些难以控制、无法避免的偶然因素造成的误差,其大小与正负值都不固定,又称不定误差。偶然误差的产生难以找到确定的原因,似乎没有规律性,但如果进行多次测量,就会发现其服从正态分布规律。偶然误差在分析操作中是不可避免的。

3. 过失误差

过失误差是指由于检验人员粗心大意或未按操作规程办事所造成的误差。不属于误差范畴,而是一种过失。如加错试剂、看错标度、记错读数、溶液溅出、器皿不洁净、记录及计算错误等。实际工作中,过失误差得到的结果应舍去。只要严格遵守操作规程,加强责任心,耐心细致地进行实验,并养成良好的实验习惯和科学的工作态度,过失误差是完全可以避免的。

二、误差的控制

食品检验误差具有加和性,操作步骤越多越复杂,检验过程引入的误差累积就可能越大,误差的大小直接关系到检测结果的精密度和准确度。因此,要想获得准确的检测结果,必须采取相应的措施减少系统误差和偶然误差。

1. 对照试验

用已知准确含量的标准试样(或标准溶液)与被测试样按同样方法进行分析测定,或由不同单位、不同人员进行测定,将结果进行比较。这样可以消除许多不明因素引起的误差。

2. 空白试验

在不加试样的情况下,按照试样的分析步骤和条件进行的测定称为空白试验,得到的结果称为空白值。从试样的分析结果中扣除空白值,就可以消除试剂、蒸馏水、实验器皿和环境中的杂质干扰等因素引起的系统误差,从而接近于真实含量的分析结果。空白值也可以用于计算检验方法的检出限。

3. 校准仪器

在准确度要求较高的分析中,必须事先对滴定管、移液管、容量瓶、天平、砝码等仪器进行标准化校准,并在计算结果时采用校正值,以消除仪器不准确带来的系统误差。

4. 标定溶液

各种标准溶液应按规定定期标定,以保证标准溶液的浓度和质量。配制溶液时所使用的试剂和溶剂的纯度应符合分析项目的要求。

(1)水质的要求

国家标准《分析实验室用水规格和试验方法》(GB/T 6682—2008)中规定了分析实验室用水规格和试验方法等。分析实验室用水分为 3 个级别:一级水、二级水和三级水。常用的检验指标是电导率(25 ℃)/(mS/m):一级水电导率≤0.01,用于有严格要求的分析试验,包括对颗粒有要求的实验,如高效液相色谱分析用水;二级水电导率≤0.10,用于无机痕量分析等试验,如原子吸收光谱分析用水;三级水电导率≤0.50,用于一般化学分析试验。一级水不可贮存,使用前制备;二级水、三级水可适量制备贮存。

（2）试剂的要求

化学试剂主要分为普通试剂、基准试剂、高纯度试剂、专用试剂4类。其中普通试剂主要分为4级：优级纯（GR）、分析纯（AR）、化学纯（CP）和实验试剂（LR）。食品检验所需要的试剂或标准品以优级纯或分析纯为主，必须保证试剂或标准品的纯度和质量。化学试剂的等级标志和用途见表1-1-1。

表1-1-1　化学试剂的等级标志和用途

试剂类型	名称	英文缩写	标签颜色	纯度和用途
普通试剂	优级纯	GR	绿色	又称一级品或保证试剂，纯度99.8%，杂质含量低，适用于精密分析，也可作基准物质
	分析纯	AR	红色	又称二级试剂，纯度99.7%，略次于优级纯，适用于重要分析及一般研究工作
	化学纯	CP	蓝色	又称三级试剂，纯度≥99.5%，适用于一般分析工作
	实验试剂	LR	黄色	又称四级试剂，杂质含量较高，纯度较低，在分析工作常用辅助试剂（如发生或吸收气体，配制洗液等）
基准试剂	C级	PT	浅绿色	C级：主体成分含量为100%±0.02%的标准试剂；D级：主体成分含量为100%±0.05%的标准试剂。通常用作容量分析的基准物质。用基准试剂配制的滴定液，一般无须标定
	D级			
高纯度试剂	高纯试剂	EP	绿色	纯度4N以上，杂质含量很低。主要用于物质的合成、分离、定性和定量分析。高纯试剂通常不适用于分析纯试剂使用的领域，如配制标准溶液、滴定剂等
专用试剂	光谱纯试剂	SP	绿、红、蓝	纯度比优级纯高，适用于光谱分析和标准溶液配制
	色谱纯试剂	HPLC/GC	绿、红、蓝	适用于色谱分析
	生化试剂	BR	黄色或其他	适用于生化研究与分析

（3）器皿的要求

食品检验所用的量器（滴定管、移液管、刻度吸管、容量瓶等）必须符合标准，容器和其他器皿必须洁净，符合质量要求，必须正确使用和清洗。

一般试剂用硬质玻璃瓶存放，碱液和金属溶液用聚乙烯瓶存放，需避光的试剂贮存于棕色瓶中，及时做好标记。

5. 方法校正

某些分析方法的系统误差可用其他方法直接校正。例如，在质量分析中，被测组分难以完全沉淀，必须采用其他方法对溶解损失进行校正。

6. 进行多次平行测定

该法是减小偶然误差的有效方法。在消除系统误差的情况下，平行测定的次数越多，测定结果的平均值越接近真实值。一般分析测试需平行测定3~4次。

在分析和计算过程中，如未消除系统误差，分析结果虽然有很高的精密度，但也并不能说明结果准确。只有在消除了系统误差之后，精密度高的分析结果才是既准确又精密的。

任务二　食品检验的数据处理与报告

【任务目标】

◆ 知识目标

1. 掌握食品分析检验原始数据记录的基本要求；

2. 掌握食品分析检验数据处理规则；

3. 了解食品检验报告的内容及填写规则。

◆ 能力目标

1. 能正确记录食品分析检验中的原始数据；

2. 能正确保留有效数字并对有效数字进行运算；

3. 能依据相应方法对食品分析检验中的数据进行取舍；

4. 会撰写检验报告。

◆ 素质目标

1. 培养精益求精的工匠精神，追求卓越的创新精神；

2. 树立正确的质量意识，增强检验过程中的节约和环保意识。

【背景知识】

一、检验数据的原始记录

原始记录是检验工作需要保存的重要原始资料之一，认真做好原始记录，是保证检验数据准确、可靠的重要条件。食品检验的原始记录必须如实记录并妥善保存，现以水分测定原始记录为例，了解原始记录的填写内容及填写要求，见表1-2-1。

表1-2-1　水分测定原始记录表

样品信息	样品名称		样品编号	
	样品来源		检测编号	
	取样人		取样日期	
	样品状态			
检测环境	室温/℃		相对湿度/%	
检测仪器	仪器名称、编号			
	仪器精度			
	仪器校准状态			
检测方法	检测依据			
	检测方法			

续表

检测数据	平行测定次数/次	1				2			
	称量瓶质量、干燥后质量 m_3/g								
	称量瓶+样品质量 m_1/g								
	烘干称重	1	2	3	恒重1	1	2	3	恒重2
	干燥后称量瓶+样品质量 m_2/g								
数据处理	样品含水量 X/$[g \cdot (100\ g)^{-1}]$								
	平均值/$[g \cdot (100\ g)^{-1}]$								
	相对相差/%								
	计算公式								
结果报告									
检验员:				复核人:					
日 期:				日 期:					

（一）原始记录的主要内容

①样品信息:包括样品名称、标识号(如样品编号或条形码)、取样人、取样日期、样品状态(如未处理、处理中、已处理等)、样品来源(如设备名称、生产批次等)等信息。

②检测过程:记录执行检测的环境条件(如温度、湿度等)、设备的型号、校准状态以及使用的检验依据与具体方法。

③检测数据:包括但不限于检测时间、测量值、结果、异常数据(如超出范围、离群值等)等信息。

④数据处理:记录数据处理的方法和步骤,如结果计算、数据修约、计算公式等。

⑤结论:根据检测数据和标准要求,给出结论性意见,如合格、不合格或其他特定条件下的合格与不合格的判断。

⑥签名:记录检验员与复核人的签名,确保数据的准确性和公正性。

（二）原始记录的填写要求

①原始记录的内容应包括与检测有关的一切资料,包括保存于任何形式的载体(如硬复制或电子媒体)。原始记录应完整地描述检测全过程的数据和现象,包括原始观察记录、导出数据、开展跟踪审核的足够信息。

②原始记录不得重新抄写整理,要保持原始记录的原始属性和真实性。

③原始记录要表格化,并且每种产品应有固定格式。

④多个产品的同一个检测项目的原始记录不得集中记录在同一页。

如果多个产品的同一个检测项目使用同一标准曲线,应在这一曲线页内适当处标明与之相关的所有样品编号,同时在相应的样品检验原始记录页内的适当处标明相关的同一曲线所在页码和曲线名称。

⑤填写原始记录应使用蓝色、黑色钢笔或签字笔,不得使用圆珠笔。除作业性质要求经批准外,严禁使用铅笔。

⑥字迹清晰、端正。尤其是0~9这10个阿拉伯数字和计量单位的书写,应为宋体。

当记录中出现错误需要改正(包括记录格式、栏目内容)时,每一错误必须划改,不得擦、涂掉,以免字迹模糊、消失,甚至难以鉴别原状,并应将正确内容填写在其上方,若上方有限制,可填写在其旁边。对记录的所有改动须有改动人的签名或签名缩写。

⑦页面整齐、洁净,表格间距应均匀一致。

⑧原始记录要与检验报告具有相互一致的编号。

⑨每份原始记录要有连续一致的页次。其中包括检验人员填写和仪器设备自动记录的所有记录,对"共×页,第×页"要明确标识,从第1页起按顺序排列。

⑩手填写的原始记录采用A4纸,并算为1页;仪器设备自动记录纸不小于A4纸的一半为1页;如小于A4纸的一半时,要粘贴在原始记录的A4纸上。

⑪原始记录格式的标题、特定的识别标志和各栏目名称之外的内容,要予以手写(检验设备自动打印的记录除外)。

⑫原始记录中无须填写的栏目,要用"杠划"表示无内容,不得空白。

(三)原始记录中的常见问题

①原始记录信息填写不全,如检测环境、方法、项目、人员等信息易出现缺漏。在格式化的表格中,如有不需要填写的栏目,要"杠划"表示无内容,或加以文字注明,不得空白造成"开天窗"。

②原始记录未格式化,用大量文字叙述,缺乏清晰、有效的实验数据、推导过程和公式依据。

③原始记录与检验报告不配套。多数情况下,此类错误是由追填原始数据所导致的。各食品检验人员务必坚持"记录与实验同步,报告从记录中来"的正确工作程序。

二、检验数据的处理

(一)有效数字及运算

在食品检验工作中实际能测量到的数字称为有效数字。它表示了数字的有效意义及准确程度。因此,在处理数据时要遵循下列基本法则。

1. 记录

在记录测量数字的有效数字位数时,根据所用仪器的精密度进行记录,记录数据只保留一位可疑数据。

2. 数字修约规则

根据国家标准《数值修约规则与极限数值的表示和判定》(GB/T 8170—2008),遵循"四舍六入五成双"的原则。数字修约时,仅允许对原始数据进行一次性修约至所需位数,不能逐级修约。例如,某数要保留到小数点后一位,则14.65应报告为14.6。又如0.35可修约为0.4,1.050 1可修约为1.1。

注意计算中的常数、倍数、系数等,可视为无限多位有效数字。

3. 运算规则

除有特殊规定外,一般可疑数表示末位 1 个单位的误差;复杂运算时,其中间过程多保留一位有效数字,最后结果须取应有的位数。在计算机和计算器不普及的时代,采用先修约后计算的方法可以简化计算过程,尤其是在处理复杂计算时。但现代计算工具的高度发达使得一次性完成计算成为可能,因此,先进行计算再修约可以避免因截断数值而产生的误差,并保持数据的精确度。

①加减法:当几个数字相加或相减时,小数点后数字的保留位数应以各数中小数点后位数最少者为准(即以绝对误差最大的数值为准),舍弃其余各数值中的多余位数。例如:

$$2.03+1.1+1.03=?$$

小数点后位数最少的数是 1.1,故结果修约为小数点后一位,所以答数是 4.1,而不是 4.16。

②乘除法:当几个数值相乘除时,应以有效数字位数最少的那个数值为准(即以相对误差最大的数值为准),舍弃其余各数值中的多余位数,然后进行乘除运算。有时也可以暂时多保留一位数,得到最后结果后,再弃去多余的数字。例如:

$$0.015\ 2 \times 52.24 \times 32.182=?$$

3 个数值中,0.015 2 有效数字位数最少,故应以此数为准,对结果进行修约,修约后结果为 25.6。

对于高含量组分(>10%)的测定,一般要求分析结果为四位有效数字,对于中含量组分(1% ~ 10%)的测定,一般要求分析结果为三位有效数字;对于低含量组分(<1%)的测定,一般只要求分析结果为两位有效数字。通常以此报告分析结果。

(二)可疑数据的取舍

在一组平行测定数据中,常发现有个别测定值比其余测定值明显偏大或偏小,这种数值称为可疑值。

对于可疑值,必须设法从技术上弄清楚其出现的原因。如果查明是由实验技术上的失误引起的,不管这样的测定值是否为异常值都应舍弃。但有时找不到出现可疑值的原因,这时既不能轻易地保留,也不能随意地舍弃,应对它进行统计检验,判明可疑值是否为异常值,再决定取舍。常用方法有 Q 检验法和 $4\bar{d}$ 检验法。

1. Q 检验法

当测定次数 $3 \leqslant n \leqslant 10$ 时,根据所要求的置信度,按照下列步骤,决定可疑数据的取舍。

①首先将一组测定值按从小到大的顺序排列:$x_1, x_2, \cdots x_n$。

②求出最大值与最小值之差 $x_n - x_1$,可疑数据与其最邻近数据之间的差 $x_n - x_{n-1}$ 或 $x_2 - x_1$。

③求出 $Q = (x_n - x_{n-1})/(x_n - x_1)$ 或 $Q = (x_2 - x_1)/(x_n - x_1)$。

④根据测定次数 n 和所要求的置信度,查表 1-2-2,得 $Q_{表}$。

⑤将 Q 与 $Q_{表}$ 相比,若 $Q > Q_{表}$,则舍去可疑值,否则应予保留。

注:在 3 个以上数据中,需要对 1 个以上的数据用 Q 检验法决定取舍时,首先检查相差较大的数。

【例 1-1】标定 NaOH 标准溶液得到的 4 个数据是 0.101 4,0.101 2,0.101 9,0.101 6,用 Q 检验法确定 0.101 9 是否应舍去(置信度为90%)?

解:①首先将各数按递增顺序排列:0.101 2,0.101 4,0.101 6,0.101 9。

②求出最大值与最小值之差：$x_n - x_1 = 0.101\,9 - 0.101\,2 = 0.000\,7$。

③求出可疑数据与最邻近数据之差：$x_n - x_{n-1} = 0.101\,9 - 0.101\,6 = 0.000\,3$。

④计算 Q 值：$Q = (x_n - x_{n-1})/(x_n - x_1) = 0.000\,3/0.000\,7 = 0.43$。

⑤$n = 4$ 时 $Q_{0.90} = 0.76$，$Q < Q_表$，所以 0.101 9 不能舍去，见表 1-2-2。

表 1-2-2　舍去可疑数据的 Q 值（置信度 90% 和 95%）

测定次数	3	4	5	6	7	8	9	10
$Q_{0.9}$	0.94	0.76	0.64	0.56	0.51	0.47	0.44	0.41
$Q_{0.95}$	1.53	1.05	0.86	0.76	0.69	0.64	0.60	0.58

2. $4\bar{d}$ 检验法

首先求出可疑值除外的其余数据的平均值 $\bar{x}$ 和平均偏差 $\bar{d}$，其次将可疑值与平均值进行比较，如绝对差值 $>4\bar{d}$，则可疑值舍去；否则保留。

【例 1-2】用 EDTA 标准溶液滴定某试液中的 Zn，进行 4 次平行测定，消耗 EDTA 标准溶液的体积（mL）分别为：26.32，26.40，26.44，26.42，试问 26.32 这个数据是否保留？

解：首先不计可疑值 26.32，求得其余数据的平均值和平均偏差为：

$$\bar{x} = 26.42, \quad \bar{d} = 0.01$$

可疑值与平均值的绝对差值为：$|26.32 - 26.42| = 0.1 > 4\bar{d}$，故 26.32 这一数据应舍去。

$4\bar{d}$ 检验法用法比较简单，不必查表，但数据统计处理不够严密，常用于一些要求不高的分析数据。当 $4\bar{d}$ 检验法与其他检验法矛盾时，以其他法则为准。

三、检验报告及结论

1. 检验报告

检验报告，是产品质量的凭证，也是产品质量是否合格的技术根据以及食品检验的最后一项工作。因此，其反映的信息和数据必须客观公正、准确可靠、书写清晰完整。根据检验的样品、目的和具体内容的不同，检验报告的格式、参数也有所不同。

（1）检验报告的内容

检验报告的内容一般有样品名称、检验单位、生产日期及批号、取样时间、检验日期、检验项目、检测结果、报告日期、检验员签字、主管负责人签字和检验单位盖章等。

（2）检验报告单填写要求

①检验报告单必须由考核合格的检验技术人员填写。

②检测结果必须经第二者复核无误后，才能填写，检验报告单上应有检验人员和复核人员的签字及技术负责人的签字。

③检验报告单一式两份，其中正本提供给服务对象，副本留存备查。

④检验报告单经签字和盖章后即可报出，但如遇到检验不合格或样品不符合要求等情况，检验报告单应交给技术人员审查签字后才能报出。

2. 检验结论

检验结论是指整个检验工作结束后对所检验产品质量的评价，是生产企业产品能否出厂、经营企业能否接收产品的依据,也是市场监督部门、法院或其他执法部门执法的依据,还是消费者保护其权益的依据。因此,检验结论要慎重,必须做到准确完整、科学严谨、依据充分、简明扼要。

检验结论必须准确无误。当被检产品依据多个标准进行多项指标检验时,其检验结论必须体现多个标准的检测结果,应仔细对照国家相关标准和规定,具体问题具体分析后再作出结论。

委托检验的样品是由企业送达的,可能是企业特殊加工的,也可能是企业经反复检验合格后送达的,样品的代表性通常较差,不具备公正性。因此,一般情况下,对委托检验不做合格与否的结论,只报告分析结果,报告上还必须加盖"仅对来样负责"的字样。

任务三　食品分析检验实验室的质量保证

【任务目标】

◆知识目标

1. 了解食品检验实验室内部质量控制环节与评定方法;
2. 了解食品检验实验室外部质量控制内容与评定方法。

◆能力目标

1. 会实施食品检验实验室内部质量评定方法;
2. 能完成盲样分析、室间比对等外部质量评定措施。

◆素质目标

1. 培养精益求精的工匠精神,追求卓越的创新精神;
2. 树立正确的质量意识,增强检验过程中的节约和环保意识。

【背景知识】

分析测试中的质量保证是为了使分析测试结果能更好地反映真实值,其主要目的是将分析中的误差控制在容许的限度内,保证测量结果的精密度和准确度,使分析数据在给定的置信水平内,有把握达到所要求的质量。

分析测试一般是在实验室中进行的,所以分析测试中的质量保证包括实验室内部质量保证和实验室外部质量保证。

一、实验室内部质量保证

1. 实验室内部质量控制

实验室内部质量控制是保证实验室提供可靠分析结果的关键,也是保证实验室间(实验室外部)质量控制顺利进行的基础。

实验室内质量控制包括从试样的采集、预处理、分析测定到数据处理全过程的控制操作和步骤。其基本环节有:人员素质、仪器设备、实验室环境、采样及样品处理、试剂及原材料、测量方法和操作规程、原始记录和数据处理、技术资料及必要的检查程序等。

2. 实验室内部质量评定

质量评定是对分析过程进行监督的方法。其主要目的是监测实验室分析数据的重复性（即精密度）和准确性，此外，还能及时发现分析方法在某一天出现的重大误差，并能找出原因。

实验室内部的质量评定可采用的方法包括标准物质监控、人员比对、方法比对、仪器设备比对、留样复测、空白测试、重复测试、回收率试验、校准曲线的核查等。

（1）标准物质监控

质控过程：用合适的有证标准物质或内部标准样品作为监控样品，定期或不定期将监控样品以比对样或密码样的形式，与样品检测以相同的流程和方法同时进行，检测结果上报给相关质量控制人员；也可由检测人员自行安排在样品检测时同时插入标准物质，验证检测结果的准确性。

适用范围：一般用于仪器状态的控制、样品检测过程的控制、实验室内部的仪器比对、人员比对、方法比对以及实验室间比对等。其特点是可靠性高，但成本高。

（2）人员比对

质控过程：由实验室内部的检测人员在合理的时间段内，对同一样品，使用同一方法，在相同的检测仪器上完成检测任务，比较检测结果的符合程度。

适用范围：实验室内部组织的人员比对，判定检测人员操作能力的可比性和稳定性。主要用于考核新进人员、新培训人员的检测技术能力和监督在岗人员的检测技术能力。

注意事项：用于比对的项目尽可能使检测环节复杂一些，尤其是手动操作步骤多一些；检测人员之间的操作要相互独立，避免相互干扰。

（3）方法比对

质控过程：同一检测人员对同一样品采用不同的检测方法检测同一项目，比较测定结果的符合程度。

适用范围：主要用于考察不同的检测方法之间存在的系统误差，监控检测结果的有效性，也用于对实验室涉及的非标准方法的确认。

注意事项：比对时，通常以标准方法所得检测结果作为参考值；样品前处理方法不同，不管仪器方法是否相同，都应归类为方法比对。

（4）仪器设备比对

质控过程：同一检测人员运用不同仪器设备（包括仪器种类相同或不同等），对相同的样品使用相同检测方法进行检测，比较测定结果的符合程度，判定仪器性能的可比性。

适用范围：常用于实验室对新增或维修后仪器设备的性能情况（如灵敏度、精密度、抗干扰能力等）进行的核查控制，也可用于评估仪器设备之间的检测结果的差异程度。

注意事项：进行仪器比对时，要注意保持比对过程中除仪器之外其他所有环节条件的一致性，以确保结果差异对仪器性能的充分响应。还要注意所选择的检测项目和检测方法应该能够适合和充分体现参加比对的仪器的性能。

（5）留样复测

质控过程：在不同的时间（或合理的时间间隔内），再次对同一样品进行检测，通过比较前后两次测定结果的一致性来判断检测过程是否存在问题。若两次检测结果符合评价要求，则说明实验室该项目的检测能力持续有效；若不符合，应分析原因，并采取纠正措施，必要时追溯前期的检测结果。

采取留样复测有利于监控该项目检测结果的持续稳定性及观察其发展趋势;也可促使检验人员认真对待每一次检验工作,从而提高自身素质和技术水平。

适用范围:有一定水平检测数据的样品或阳性样品、待检测项目相对比较稳定的样品以及需要对留存样品特性的监控、检测结果的再现性进行验证等。

注意事项:留样复测应注意所用样品的性能指标的稳定性;留样复测只能对检测结果的重复性进行控制,不能判断检测结果是否存在系统误差。

(6)空白测试

质控过程:空白测试即空白试验,是指在不加待测样品的情况下,用与测定待测样品相同的方法、步骤进行定量分析,获得分析结果的过程。空白试验测得的结果称为空白试验值,简称空白值。通过扣除空白值可以有效降低由于试剂不纯或试剂干扰等所造成的系统误差。

适用范围:一方面可以有效评价并校正由试剂、实验用水、器皿以及环境因素带来的杂质所引起的误差;另一方面在保证对空白值进行有效监控的同时,也能够掌握不同分析方法和检测人员之间的差异。此外,做空白测试,还能够准确评估该检测方法的检出限和定量限等技术指标。

(7)重复测试

质控过程:重复测试即重复性试验,也称为平行样测试,是指在重复性条件下进行的两次或多次测试。重复性条件指的是在同一实验室,由同一检测人员使用相同的设备,按相同的测试方法,在短时间内对同一被测对象相互独立进行检测的测试条件。

适用范围:广泛用于实验室对样品制备均匀性、检测设备或仪器的稳定性、测试方法的精密度、检测人员的技术水平以及平行样间的分析间隔等进行监测评价。

注意事项:随着待测组分含量水平的不同,检测过程中对测试精密度可能产生重要影响的因素会有很大差异。

(8)回收率试验

质控过程:回收率试验也称"加标回收率试验",是指将已知质量或浓度的被测物质添加到被测样品中作为测定对象,用给定的方法进行测定,所得的结果与已知质量或浓度进行比较,计算被测物质分析结果增量占添加的已知量的百分比。

适用范围:各类产品和材料中低含量重金属、有机化合物等项目检测结果控制;化学检测方法的准确度、可靠性的验证;化学检测样品前处理或仪器测定的有效性等。

(9)校准曲线的核查

质控过程:为确保校准曲线始终具有良好的精密度和准确度,需要采取相应的方法进行核查。对精密度的核查,通常在校准曲线上取低、中、高3个浓度点进行验证。对准确度的核查,通常采用加标回收率试验的方法进行控制。

适用范围:校准曲线法是实验室仪器分析中经常采用的方法。定期的核查一方面可以验证仪器的响应性能、检测人员的操作规范、稳定程度等,另一方面也可以同时得到绘制曲线时所用标准溶液的稳定性核查信息。

二、实验室外部质量保证

实验室外部质量保证是在实验室内部质量保证的基础上,检验实验室内部质量保证的效果,发现和消除本实验室监测工作各环节的系统误差,提高工作水平,确保监测结果的准确性、科学性和可比性的必要手段。

1. 实验室外部质量控制

外部质量控制措施主要包括以下内容：

①加强信息交流，注意国际国内有关分析标准、规范、方法和理论、概念的变化，及时使用新的国家和行业标准和规定。

②广泛收集国际国内权威机构公布的各种技术参数。在分析工作中应选用法定的、通用的、可靠的参数。

③积极参加各种分析比对。对成熟的分析项目，参加国际国内比对及区域性或实验室之间比对，每年不少于一次；对于条件尚不成熟的项目应积极参加区域性或实验室之间的比对。比对的方式可以分为仪器比对、方法比对和同类仪器相同方法的技术比对等。通过比对结果的分析，寻找原因、总结经验，提高分析质量。

④接受权威机构组织的检查考核。如市场监管总局组织的定期和不定期的计量认证检查。

⑤抽取一定比例的样品送权威实验室外检。对于大样本的分析项目，这是保证总体分析质量的必要手段。

⑥对于本实验室的标准物质和器具，包括标准物质、仪器、仪表、容器等必须定期进行检定或校验，以保证量值溯源的可靠性。

2. 实验室外部质量评定

实验室外部质量评定是由多家实验室分析同一样本，并由外部独立机构收集并反馈实验室上报的结果，以此评价实验室操作能力的过程。其主要目的是测定实验室的结果与其他实验室结果之间存在的差异，建立实验室间测定的可比性。

外部评定可采用实验室之间共同分析一个试样、实验室间交换试样，以及分析从其他实验室得到的标准物质或质量控制样品等方法。最常用的方法是采用盲样分析，是用标准物质或质量控制样品作为考核样品，包括对人员、仪器、方法等在内的整个测量系统进行质量评定。盲样分析有单盲和双盲两种。所谓单盲分析是指考核这件事是通知被考核的实验室或操作人员的，但考核样品真实的组分含量是保密的。所谓双盲分析是指被考核的实验室或操作人员根本不知道考核这件事，当然更不知道考核样品组分的真实含量。双盲考核的要求要比单盲考核高。

课后练习

项目二
食品检验样品的采集与处理 ··○

【知识导图】

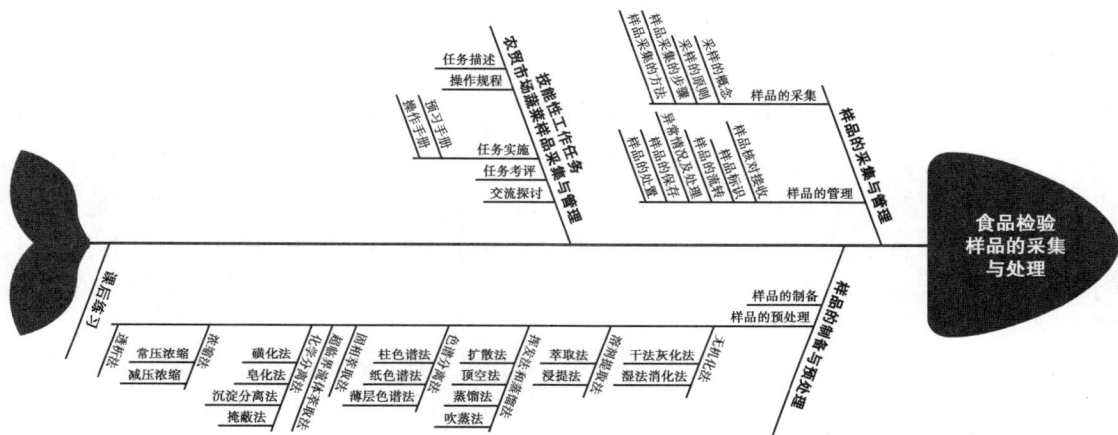

由于食品数量较大且其组成很不均匀，如果采取的样品不足以代表全部物料的组成成分，即使以后的样品处理、检测等一系列环节非常精密、准确，其检测的结果也毫无价值，甚至会导致错误的结论。同样，良好的样品制备与预处理过程能保证样品不被污染，组分不发生变化。因此，只有样品的采集和处理都得到良好的控制，检测结果才能真实可靠，食品检验工作才有实际意义。

任务一　样品的采集与管理

【任务目标】

◆知识目标

1. 掌握食品样品的采集原则、采样步骤和采样方法；

2. 了解样品接收与标识、样品保存、样品处理的原则与方法；

3. 了解样品采集与样品管理岗位的职责与要求。

◆能力目标

1. 会食品样品采集的方法与具体操作；

2. 会样品的保存方法；

3. 会管理样品。

◆ **素质目标**

1. 培养精益求精的工匠精神,追求卓越的创新精神;
2. 树立正确的质量意识,增强检验过程中的节约和环保意识。

【背景知识】

一、样品的采集

(一)采样的概念

由于食品数量较大,故不可能对全部食品进行检验。从大量的分析对象中抽取具有代表性的一部分样品作为分析化验样品的工作称为样品的收集或采样。

(二)采样的原则

食品的种类繁多,成分复杂。同一种类的食品,其成分及其含量也会因品种、产地、成熟期、加工或贮藏条件不同而存在较大的差异;同一分析对象的不同部位,其成分及其含量也可能存在较大差异。从大量的、组成成分不均匀的被检物质中采集能代表全部被检物质的分析样品(平均样品),必须遵循以下两个原则:

①采集的样品要均匀一致、有代表性,能够反映被分析食品的整体组成、质量和卫生状况。
②在采样过程中,要设法保持原有的理化指标,防止成分逸散或带入杂质。

(三)采样的步骤

样品通常可分为检样、原始样品和平均样品。

采样的步骤一般可分为 5 步,见表 2-1-1。

表 2-1-1　采样的步骤

采样步骤	操作	备注
获得检样	从整批物料的各个部分采集少量物料,称为检样	随机抽样、代表性取样
形成原始样品	将多份检样综合在一起,粉碎混匀,称为原始样品	感官性质极不相同的样品不可混合在一起
得到平均样品	原始样品经过"技术处理"后,再抽取其中一部分供分析检验用的样品称为平均样品	"技术处理":固体、半固体样品采用四分法,液体样品混合均匀
平均样品三分	将平均样品平分为 3 份,分别作为检验样品(供分析检测使用)、复验样品(供复验使用)和保留样品(供备查或仲裁使用)	散装样品每份一般不少于 0.5 kg
填写采样记录	详细填写采样的单位、地址、日期、样品的批号、样品的条件、采样时的包装情况、采样的数量、要求检验的项目以及采样人等信息	及时填写

(四)样品采集的方法

1. 采样的一般方法

采样通常有随机抽样和代表性取样两种方法。

随机抽样是按照随机的原则,从分析的整批物料中抽取出一部分样品。随机抽样时,要使整批物料的各个部分都有被抽到的机会。

代表性取样则是用系统抽样法进行采样,即已经掌握了样品随空间(位置)和时间变化的规律,按照这个规律采集样品,从而使采集到的样品能代表其相应部分的组成和质量。如对整批物料进行分层取样、从生产过程的各个环节中取样、定期从货架上采集不同陈列时间的食品的取样等。

两种方法各有优劣。随机抽样可以避免人为的倾向性,但是对有些难以混匀的食品(如黏稠液体、蔬菜等)的采样,仅使用随机抽样法是不行的,要结合代表性取样,从有代表性的各个部分分别取样。因此,采样通常采用随机抽样与代表性取样相结合的方式。具体的取样方法,因分析对象性质的不同而异。

注意:对掺假食品和食物中毒的样品采集,应采取典型性抽样方式。

2. 各类食品的采样方法

几类常见食品样品的采样方法,见表 2-1-2。

表 2-1-2　几类常见食品样品的采样方法

样品类型			采样方法
固体样品	均匀固体物料	有完整包装的物料	如粮食、粉状食品等,先按 $\sqrt{\text{总件数}/2}$ 确定采样件数,确定每件采样袋堆放的位置,然后在每一采样袋包装的上、中、下 3 层用双套回转取样管插入包装容器中取出 3 份检样,将多份检样混合起来成为原始样品,再按四分法缩分至所需数量
		无包装的散堆样品	三层五点采样:先划分若干等体积层,然后在每层的四角和中心点用双套回转取样器各采集少量检样,再按上述方法处理,得到平均样品
	不均匀的固体食品	肉类	从不同部位取得检样,混合后形成原始样品,再分取缩减得到所需数量——代表该只动物的平均样品; 从一只或多只动物的同一部位采取检样,混合后形成原始样品,再分取缩减得到所需数量——代表该动物某一部位情况的平均样品
		水产品	小鱼、小虾可随机采取多个检样,切碎、混匀后形成原始样品,再分取缩减得到所需数量的平均样品; 对个体较大的鱼,采样方法同肉类
		果蔬	体积较小的样品(如草莓、葡萄等),随机采取若干个整体作为检样,切碎、混匀形成原始样品,再分取缩减得到所需数量的平均样品
			体积较大的样品(如西瓜、苹果、菠萝等),按成熟度及个体大小的组成比例,选取若干作为检样,对每个按生长轴纵剖分 4 份或 8 份,取对角线 2 份,切碎、混匀得到原始样品,再分取缩减得到所需数量的平均样品
			叶菜类(如菠菜、小白菜等),从多个包装(筐、捆)分别抽取一定数量的检样,混合后捣碎、混匀形成原始样品,再分取缩减得到所需数量的平均样品
较稠的半固体物料			如稀奶油、动物油脂、果酱等,这类物料不易充分混匀,可先按 $\sqrt{\text{总件数}/2}$ 确定采样件(桶、罐)数,打开包装,用采样器从各桶(罐)中分上、中、下 3 层分别取出检样,然后将检样混合均匀,按四分法缩减,得到所需数量的平均样品

续表

样品类型		采样方法
液体样品	包装体积不太大的物料	可先按 $\sqrt{总件数}/2$ 确定采样件数。开启包装,用混合器充分混合(如果容器内被检物不多,可用一个容器转移到另一个容器的方法混合)。然后用长形管或特制采样器从每个包装中采集一定量的检样;将检样综合到一起后,充分混合均匀形成原始样品;再用上述方法分取缩减得到所需数量的平均样品
	大桶装的或散(池)装的物料	这类物料不易混合均匀,可用虹吸法三层五点采样,每层 500 mL 左右,得到多份检样;将检样充分混合均匀即得原始样品;然后分取缩减得到所需数量的平均样品
	小包装食品	如罐头、袋或听装奶粉、瓶装饮料等,这类食品一般按班次或批号连同包装一起采样。同一批号取样件数,250 g 以上的包装不得少于 6 个,250 g 以下的包装不得少于 10 个 如果小包装外还有大包装(如纸箱),可在堆放的不同部位按 $\sqrt{总件数}/2$ 抽取一定量大包装,打开包装,从每箱中抽取小包装(瓶、袋等)作为检样;将检样混合均匀形成原始样品,再分取缩减得到所需数量的平均样品

3. 采样数量

食品分析检测结果的准确与否通常取决于两个方面:一是采样的方法是否正确;二是采样的数量是否适当。因此,从整批食品中采集样品时,通常按一定的比例进行。

确定采样的数量,应考虑分析项目的要求、分析方法的要求和被分析物的均匀程度 3 个因素。一般平均样品的数量不少于全部检验项目的 4 倍;检验样品、复验样品和保留样品一般每份数量不少于 0.5 kg。检验掺假物的样品,与一般的成分分析的样品不同,分析项目事先不明确,属于捕捉性分析,因此,取样数量相对要多一些。

4. 注意事项

①一切采样工具(如采样器、容器、包装纸等)应清洁、干燥、无异味,不能将任何杂质带入样品中。例如,作 3,4-苯并芘测定的样品不可用石蜡封瓶口或用蜡纸包,因为有的石蜡含有 3,4-苯并芘;检测微量和超微量元素时,要对容器进行预处理;作锌测定的样品不能用含锌的橡皮膏封口;作汞测定的样品不能使用橡皮塞;供微生物检验用的样品,应严格遵守无菌操作规程。

②设法保持样品原有微生物状况和理化指标,在进行检测之前样品不得被污染,不得发生变化。例如,作黄曲霉毒素(Aflatoxin,AF)B_1 测定的样品,要避免阳光、紫外灯照射,以免黄曲霉毒素 B_1 发生分解。

③感官性质极不相同的样品,切不可混在一起,应另行包装,并注明其性质。

④样品采集完后,应在 4 h 内迅速送往检验实验室进行分析检测,以免样品发生变化。

⑤盛装样品的器具上要贴牢标签,注明样品名称、采样地点、采样日期、样品批号、采样方法、采样数量、分析项目及采样人。

二、样品的管理

(一)样品核对接收

抽样人员采集的样品及抽样单交样品管理员接收,样品管理员应对样品的有效性及检验适宜性进行验收,并在任务书上对样品进行描述。

客户送检样品,由客户填写《委托检验受理单》,样品管理员根据客户的检测需要,检查样品状态(包装、外观、数量、型号规格、等级等),清点样品,对样品的有效性及检验适宜性进行验收,并在任务书上对样品进行描述。

接收样品时,应仔细检查,确认并记录样品的以下信息:

①名称(应与采样单一致,若为送检样品由客户或送检单位命名)。

②类别(如茶叶、大米等)。

③数量(如 5 袋、3 瓶)。

④规格(如 1 kg/袋、500 mL/瓶)。

⑤性状(如褐色粉末、黑色颗粒、无色液体等)。

⑥运输条件(对运输条件有要求时,如冷藏或冷冻食品)。

⑦采样日期和时间(检测有时限要求时)。

除了采用文字描述,必要时检验实验室还可通过影像(如照片)记录样品的性状。

(二)样品标识

样品确认无误后应及时进行标识,标识内容包括:

①样品名称。

②样品的唯一性编号,录入计算机。

③样品状态(待检、在检、已检、留存)。

样品不同试验状态用"待检""在检""检毕"等标签加以识别,并同样品唯一性编号一起贴在样品上或样品包装上,确保样品在检验实验室期间保留样品标识,及时更新样品状态。各状态样品分区保管,保持样品有序、整齐、干净。

(三)样品的流转

①检验实验室在检测前领取样品时,要办理出库手续,确认样品状态并签字。

②检验实验室对领取的样品有任何疑问,认为样品不适合检测,对客户的检测要求不明确,认为样品不符合有关规定或样品有异常情况时,检验实验室应通知样品管理员,尽快与客户联系,取得进一步说明和认可后再进行检测。

③检验实验室的样品应按"待检"和"在检"状态分别存放,并按检验实验室管理制度进行管理。

④样品由主检室传递到辅检室时,不得改变样品识别号。

⑤样品在制备、测试、传递过程中应加以防护,应严格遵守与样品有关的使用说明,避免受到非检验性损坏或丢失。样品如遇意外损坏或丢失,应向质量负责人或技术负责人报告,必要时应立即与客户联系。

⑥检验完毕,检验人员应及时将样品退还样品库(包括被损坏的检毕样品),同时办理还样签字手续。样品管理员应在检毕样品上标注"检毕"标识。

⑦对能保留在检验报告中的样品,应将小样附在检验报告中。

(四)异常情况及处理

①样品并非客户声称的类别或质量。例如,客户要检测大米中的镉含量,寄来的样品为一袋大黄米。检验实验室发现后应及时告知客户,确认是否为邮寄错误或客户理解或认知有误。

②样品数量与客户声称不符。是否为客户忘带,快递漏发,还是多个快递部分丢失。

③样品量不够。例如,检测需要 50 mL,客户样品仅 20 mL。应向客户询问是否可补充样

品,还是直接安排检测。若不补充样品,检验实验室应向客户说明样品量不足对检测结果带来的影响(如方法检出限增大、无法留样、无法进行重复性测试、无法进行样品加标等),并在报告中说明。

④样品变质。例如,食品样品因保存期较短或包装破损,导致样品变质,应及时通知客户。包装破损时,即便无肉眼可见的变质,也需要通知客户。

⑤样品采集后运输储存条件不符合要求。样品中有机物检测,要求 4 ℃ 以下冷藏保存。若客户常温送达或邮寄,实验室应向客户说明运输储存条件不符对检测结果带来的影响。若客户坚持继续检测,须在委托合同和检测报告中作出说明。

⑥样品存放时间过长。客户从样品采集至接收样品已到达或超过规定时限,应向客户说明超过时限后检测对检测结果的影响。若客户坚持继续检测,须在委托合同和检测报告中作出说明。

(五)样品的保存

为了防止样品的水分或挥发性成分散失以及其他待测成分含量的变化(如光解、高温分解、发酵等),应在短时间内进行分析。如果不能立即分析或是作为复验和备查的样品,则应妥善保存。

样品由样品管理员专人负责,其他人员未经同意不得进入样品室。检验实验室领取样品时,由样品管理员负责取放。

样品应整洁、安全、无腐蚀。为防止潮湿引起霉变,样品室要注意干燥和通风,为防止虫蛀,应定期施放防虫剂。

要求在特定环境下贮存样品,应严格控制环境条件,且环境条件应定期加以记录。

制备好的样品应放在洁净的密封容器内,置于阴暗处保存,并应根据食品种类选择其物理化学结构变化极小的适宜温度保存。

易腐败变质的样品保存在 0 ~ 5 ℃ 的冰箱里,但保存时间不宜过长。

胡萝卜素、黄曲霉毒素 B_1、维生素(Vitamin)B_1 等容易发生光解的成分作为分析项目的样品时,必须在避光条件下保存。

特殊情况下,样品中可加入适量不影响分析结果的防腐剂,或将样品置于冷冻干燥器内进行升华、干燥后保存。

此外,样品保存环境要清洁、干燥,存放的样品要按日期、批号、编号摆放,以便查找。

一般样品在检验结束后应保留一个月,以备需要时复查,保留期限从检验报告单签发日起计算;易变质样品不予保留;保留样品应加封存放在适当的地方,并尽可能保持其原状。

(六)样品的处置

①委托检验在客户领取报告时,对检测结果无异议,样品退还;监督检验合格样品在客户领取报告时退还,不合格样品保留期不得少于报告规定的期限,一般保留到后处理完毕后退还;仲裁检验的样品要保存到法律执行完毕后退还。

②留样期一般不超过半年,超过半年客户不领取或客户同意检验机构处理的样品,由检验机构按程序按确定方案处理。样品管理员负责具体处理工作,作出处理记录,明确样品去向,并将处理记录存档管理。

③客户提出要复验时,用保留样复验。若无保留样,应向客户解释。若客户重新送样检测,不得以复验性质出具报告。

任务二　样品的制备与预处理

【任务目标】

◆ 知识目标

1. 掌握食品理化检验样品制备的目的和方法；
2. 熟悉食品理化检验样品预处理的目的与方法。

◆ 能力目标

1. 能根据不同食品样品选择合适的方法进行样品制备；
2. 会根据不同的检验项目和目的选择合适的方法进行样品预处理。

◆ 素质目标

1. 培养精益求精的工匠精神，追求卓越的创新精神；
2. 树立正确的质量意识，增强检验过程中的节约和环保意识。

【背景知识】

一、样品的制备

食品样品的制备是指对采集的样品进行分取、粉碎、混匀等处理。样品制备的目的在于保证样品十分均匀，并具有代表性，以获得正确的分析结果。样品制备时必须先去除不可食用部分和机械性杂质。

根据检验分析样品的性质和检验的要求，可以采取粉碎、研磨、混匀、干燥、脱水等方法进行样品制备。常见样品制备方法见表 2-2-1。

表 2-2-1　常用样品制备方法

样品类型	制备方法	处理工具	操作方法
水分少的固体食品	粉碎	研钵、磨粉机、球磨机、万能微型粉碎机、标准筛等	先将大块试样捣碎成粗粒，再粉碎到所需的粒度，每次尽量少粉碎一点，重复操作，直至将试样粉碎到能全部通过 20~40 目分样筛，过筛后的样品进一步充分混匀
水分较多、较难粉碎，且待测成分不会因干燥而发生变化的	预干燥	烘箱、天平等	将已初步粉碎的样品于 60 ℃烘箱中烘 1~2 h，称取干燥前后的质量，对水分进行校正
含水分多的（如肉类、水产品等）	研磨、绞碎	研磨：研钵、均化器等；绞碎：绞肉机或高速组织捣碎机	当待测成分会因干燥而分解时，只能将原样进行研磨、绞碎或加适量溶液研磨，使其成为均匀的分析试样

续表

样品类型	制备方法	处理工具	操作方法
脂肪含量高的(分析脂溶性成分的除外)	脱脂	研钵、烘箱、天平等	先将试样用研钵研碎,加入乙醚浸泡。弃去醚层,再用少量乙醚洗涤,弃去醚层,挥干乙醚,于60 ℃烘箱中干燥。分析时进行换算
常规液态或半流体食品	搅拌	玻璃棒或特制搅拌工具,电动搅拌器等	充分搅拌均匀即可
互不混溶的液体	先分离,再分别搅拌	玻璃棒或特制搅拌工具,电动搅拌器等	如油和水混合物,应分离后分别采样
固体油脂	融化后搅拌	玻璃棒或特制搅拌工具,如电动搅拌器等	加热熔化后混匀

注:特殊情况下,对样品的制备另有规定者,应按规定进行处理。

二、样品的预处理

样品的预处理是指对样品进行提取、净化、浓缩等操作,又称为样品的前处理。预处理的总原则是:完整保留待测组分;去除干扰物质;浓缩待测组分。

样品的预处理是食品理化检验过程中十分重要的环节,直接关系着分析工作的成败。不同类型、特点的食品样品,其预处理的方法不同;即使是同一种食品,其预处理方法也随待测物质的性质不同或分析方法的不同而不相同。常用的样品预处理方法较多,应根据食品的种类、分析对象、待测组分的理化性质及所选用的分析方法来确定样品的预处理方法。

(一)无机化法

食品中金属或非金属等无机成分在食品中通常与有机物质结合为难溶、难解离化合物。要测定无机成分时,需先破坏有机质,使金属或非金属元素呈游离状态。这种操作被称为样品的无机化处理。

无机化处理的原则是:

①方法简便,使用试剂越少越好。

②消耗时间短,有机物破坏越彻底越好。

③破坏后的溶液容易处理,不影响以后的测定步骤。

④被测元素不因有机物破坏而损失。

无机化处理通常采用高温或高温下加强氧化条件,使食品样品中的有机物分解,生成二氧化碳、水或其他气体逸出,而无机待测成分被保留下来用于检测。常用的方法有干法灰化、湿法消化、紫外光分解法等。

1.干法灰化法

原理:用高温灼烧的方式破坏食品样品中的有机物质,也称灼烧法。将样品置于坩埚中加热碳化,使其中的有机物脱水、炭化、分解、氧化,再置高温炉中灼烧灰化,直至残灰呈白色或浅灰色,此时残渣即为供测定用的无机物。

优点：

①有机物分解彻底，基本不加或加入很少的试剂，空白值低。

②灰分体积小，可处理较多的样品，可富集被测组分，在检验方法灵敏度相同的情况下，能够提高检出率。

③操作简单，无须操作人员一直看守，省时省力。

④适用范围广，可用于多种元素的分析，还可用于食品中总灰分的测定。

缺点：

①灰化时间长（一般为 4 ~ 6 h）、温度高（一般为 500 ~ 550 ℃），容易造成待测成分的挥发损失，特别是易使某些低沸点元素（如砷、铅、锑等）散失。

②高温灼烧时，可能使坩埚材料的结构改变形成微小空穴，对待测组分有吸留作用导致难以溶出，使回收率降低。

2. 湿法消化法

原理：在适量的食品样品中加入氧化性强酸，并加热消煮，使样品中的有机物质完全分解、氧化，呈气态逸出，待测组分转化为无机物状态存在于消化液中供测定用。

优点：

①分解速度快，时间短。

②加热温度较干法灰化低，可减少待测成分的挥发损失。

缺点：

①消化初期，消化液反应剧烈产生大量泡沫，可能外溢，需随时照看。

②消化过程中产生大量有害气体，操作必须在通风橱中进行。

③消化过程中也可能出现炭化现象，所以需要小心操作。

④试剂用量较大，空白值较高。

常用的湿法消化方法有以下 3 种：

（1）硫酸-硝酸法

在食品样品中加入硝酸和硫酸的混合液，先以小火加热，待剧烈反应停止后，加大火力并不断滴加浓硝酸至溶液澄清透明。此法对有机物质破坏彻底，反应速度适中，适用于多种金属的检测，因硫酸盐在硫酸中的溶解度小，所以不宜作碱土金属（铍、镁、钙、锶、钡和镭）的分析。对于较难消化的样品，如含有较多脂肪和蛋白质的样品，可在消化后期加入少量高氯酸或过氧化氢，以加快消化速度。

（2）硝酸-高氯酸法

在食品样品中加入硝酸和高氯酸混合液浸泡过夜，再加热消化，直至消化完全。也可以先加入硝酸进行消化，待大量有机物分解后，再加入高氯酸。该法氧化能力强，消化速度快，炭化过程不明显；消化温度较低、挥发损失小。

注意：

①两种酸的沸点不高，在长时间较高温度下易烧干，甚至可能引起残余物燃烧或爆炸。可加入少量硫酸，以防烧干，同时也可以提高消化温度，充分发挥硝酸和高氯酸的氧化作用。

②如果样品中还原性组分（如酒精、甘油和油脂等）含量较多时，容易引起爆炸，不宜采用此法。

（3）硫酸法

仅加入硫酸一种氧化剂，加热时靠硫酸强烈的脱水炭化作用使有机物破坏。由于硫酸的氧化能力较硝酸和高氯酸弱,沸点又高,因此需要较高的加热温度,消化液炭化变黑后耗时长。为了缩短消化时间通常加入一些催化剂(如硫酸铜、硫酸汞等)或加入硫酸钾或硫酸钠以提高沸点。

如凯氏定氮法测定食品中蛋白质的含量就是采用这种方法,使蛋白质中的氮元素转变为硫酸铵留在消化液中,而不会进一步氧化成氮氧化物而损失掉。

常用的湿法消化类型见表2-2-2。

表 2-2-2　常用的湿法消化类型

敞口消化法	通常在硬质玻璃的凯氏烧瓶、锥形瓶、消化管或聚四氟乙烯消化管中进行,是最常用的消化方法之一。消化前,在容器中加入样品和消化试剂,在电炉或电热板上加热,直至消化完全
回流消化法	测定含有挥发性成分的食品样品时,应在回流消化装置中进行。装置上端连接冷凝器,可使挥发性成分随酸雾冷凝流回反应瓶内,避免被测成分的挥发损失,同时也可防止烧干
冷消化法	又称低温消化法,将食品样品和消化液混合后,置于室温或37～40 ℃烘箱内,放置过夜。在低温下消化,可避免易挥发元素的挥发损失,但仅适用于含有机物较少的食品样品
密封罐消化法	在聚四氟乙烯内罐中加入样品和少量的消化试剂,盖好内盖,旋紧不锈钢外套,置于120～150 ℃恒温干燥箱中保温数小时。由于罐内压力增大提高了消化试剂分解试样的效率,消化时间短。 此法克服了常压湿法消化的一些缺点,省时省力;样品处于密闭状态无挥发损失,因此回收率高;试剂用量少,空白值较低。 但不能处理大量样品,不能观察到试样分解过程,要求密封程度高,高压消解罐的使用寿命有限
微波消解法	在2 450 MHz的微波电磁场作用下,微波穿透容器直接辐射到样品和试剂的混合液中,使消化介质的分子相互摩擦,产生高热。同时,交变的电磁场使介质分子极化而快速转动,产生猛烈摩擦、碰撞和震动,使样品与试剂接触界面不断更新。微波加热是由内及外,因而加快了消化速度。 微波消解与常规湿法消化相比具有消解快、消化试剂用量少、空白值低等优点。由于使用密闭容器,样品交叉污染少,也减少了常规消解产生大量酸雾对环境的污染

3. 紫外光分解法

紫外光分解法是一种用于消解复杂样品基体中的有机物以测定其中无机离子的方法。

紫外光源由高压汞灯提供,在80～90 ℃的温度下对样品进行光解。通常在光解过程中加入过氧化氢以加速有机物的降解,时间根据样品的类型和有机物含量而定。具有试剂用量小、污染小、空白值低、回收率高等优点。常用于 Cu^{2+}、Zn^{2+}、Cd^{2+}、磷酸根和硫酸根等的测定。

(二)溶剂提取法

根据相似相溶的原理,用适当的溶剂将某种待测成分从固体样品或样品浸提液中提取出来,与其他基体成分分离,是食品检验中最常用的提取分离方法之一。可分为萃取法和浸提法,见表2-2-3。

表 2-2-3　常用的溶剂提取法

溶剂提取法		原理及特点
萃取法		利用被测组分在互不相溶的两种溶剂中溶解度或分配系数的不同,将待测物质从一种溶剂转移到另一种溶剂中,与其他共存成分分离的方法,称为萃取法。该法一般在分液漏斗中进行,采取少量多次的方式来达到最佳的分离效果。根据检测的目的,需要改变待测组分的极性,以便萃取分离
浸提法		利用样品各组分在某一溶剂中溶解度的不同,用适当的溶剂将待测成分浸提出来,与样品基体分离,称为浸提法。该法所使用的提取剂必须能够大量地溶解被测成分,而又不破坏其性质和组成
	索氏抽提法	索氏抽提法是将适量试样置于索氏抽提器的提取筒中,加入合适的溶剂加热回流一定时间,将待测成分提取出来的一种方法。其优点是提取效率高,但操作较为烦琐,耗时较长
	加速溶剂提取法	加速溶剂提取法是将适量的试样置于密闭萃取室中,在较高的温度(50～200 ℃)和压力(10.3～20.6 MPa)下,用合适的溶剂将待测组分从试样中萃取出来的一种方法。适用于固态和半固态试样中有机成分的提取。其突出优点是有机溶剂用量少(1 g样品仅需1.5 mL溶剂)、快速(约15 min)且回收率高,广泛用于环境、药物、食品和高聚物等样品的前处理,特别是残留农药的分析
	超声波提取法	超声波提取法是将试样粉碎、混匀后,加入适当的溶剂,在超声波提取器中提取一定时间,由于超声波的作用使样品中的待测成分能够迅速溶入提取溶剂中的一种方法。该法所需的时间较短,一般为15～30 min
	微波辅助萃取法	微波辅助萃取法是将食品试样和一定量的溶剂装入萃取容器中,密闭后置于微波系统中,利用微波能量辅助强化溶剂萃取速度和萃取效率的一种方法。该法是一种萃取速度快、试剂用量少、回收率高、灵敏度高以及易于自动控制的新的样品制备技术,可用于色谱分析的样品制备。特别是从一些固态样品,如蔬菜、粮食、水果、茶叶、土壤以及生物样品中萃取六氯环己烷(BHC,又称六六六)、双对氯苯基三氯乙烷(DDT,又称滴滴涕)等残留农药
	振荡浸渍法	振荡浸渍法是将样品切碎,放在合适的溶剂系统中浸渍,振荡一定时间,从样品中提取待测成分的一种方法。该法简单易行,但回收率较低

（三）挥发法和蒸馏法

利用待测成分的挥发性或通过化学反应将其转变为具有挥发性的气体,与样品基体分离,经吸收液或吸附剂收集后用于测定,也可直接导入检测仪测定的方法称为挥发法。蒸馏法是利用混合液体或液-固体系中各组分沸点不同,使低沸点组分挥发,后继再冷凝的过程分离不同物质的操作。其优点在于不需使用系统组分以外的其他溶剂,从而保证不会引入新的杂质。这种分离富集方法可以减少大量非挥发性基体成分对测定结果的干扰。常见的挥发法和蒸馏法见表2-2-4。

表2-2-4　常见的挥发法和蒸馏法

方法	原理及特点
扩散法	加入某种试剂使待测物生成气体而被测定,通常在扩散皿中进行。 例如肉、蛋制品中挥发性盐基氮的测定,在扩散皿内样品中挥发性含氮组分在37 ℃碱性溶液中释出,挥发后被吸收液吸收,用标准酸溶液滴定
顶空法	顶空分离法常与气相色谱法(Gas Chromatography,GC)联用,分静态和动态顶空分析法。 静态顶空分析法是将样品置于密闭系统中,恒温加热一段时间达到平衡后,取出蒸气相,用气相色谱法测定样品中待测成分的含量。 动态顶空分析法是在样品顶空分离装置(图 2-2-1)中不断通入氮气,使其中的挥发性成分随氮气流逸出,收集于吸附柱中,经热解吸或溶剂解吸后进行分析。动态法操作较复杂,但灵敏度较高,可检测痕量低沸点化合物。 顶空分析法的突出优点在于能一次完成复杂的样品提取、净化过程,简化样品的前处理操作。常用于分离测定液体、固体、半固体样品中痕量易挥发组分
常压蒸馏	如果样品组分受热不分解或沸点不太高,可进行常压蒸馏,如图 2-2-2 所示。 加热方式可根据被蒸馏样品的沸点和性质确定。如果沸点不高于 90 ℃,可用水浴;如果超过 90 ℃,则可改用油浴;如果被蒸馏物不易爆炸或燃烧,可用电炉或酒精灯直接加热,最好垫以石棉网;如果是有机溶剂则要用水浴,并注意防火
减压蒸馏	如果样品待蒸馏组分易分解或沸点太高时,可采取减压蒸馏
水蒸气蒸馏	水蒸气蒸馏是用水蒸气加热混合液体的装置,如图 2-2-3 所示。 操作初期,蒸气发生瓶和蒸馏瓶不连接,分别加热至沸腾,用三通管将蒸气发生瓶连接好开始蒸气蒸馏。这样不会导致因为蒸气发生瓶产生的蒸气遇到蒸馏瓶中的冷溶液,凝结出大量的水,而增加蒸馏液体积而延长蒸馏时间。 蒸馏结束后应先将蒸气发生瓶与蒸馏瓶连接处拆开,再撤掉热源。否则会发生回吸现象而将接受瓶中蒸馏出的液体全部抽回去,甚至回吸到蒸气发生瓶中
吹蒸法	吹蒸法是美国分析化学家协会(Association of Official Analytical Chemists,AOAC)农药分析手册中用于挥发性有机磷农药的分离、净化的方法。 用乙酸、乙酯提取样品中的农药残留,取一定量样品提取液注入填有硅烷化玻璃棉的施特勒管中,将该管加热到 180 ~ 185 ℃,用氮气将农药吹出,经聚四氟乙烯螺旋管冷却后,收集到玻璃管中。样品中的脂肪、蜡质、色素等高沸点杂质仍留在施特勒管中,从而达到分离、净化和浓缩的目的。用此法净化只需 30 ~ 40 min,速度快且节省溶剂,如图 2-2-4 所示

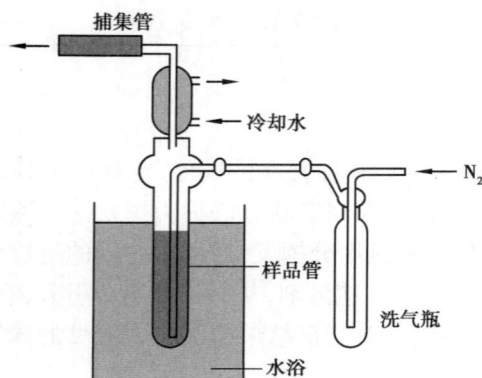

图 2-2-1　动态顶空分离装置

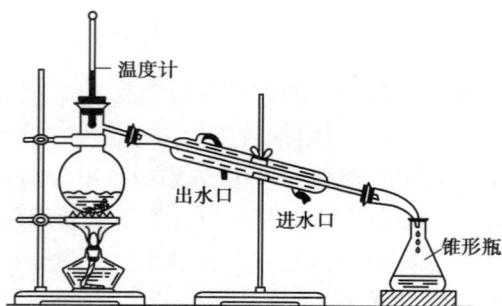

图 2-2-2　常压蒸馏装置

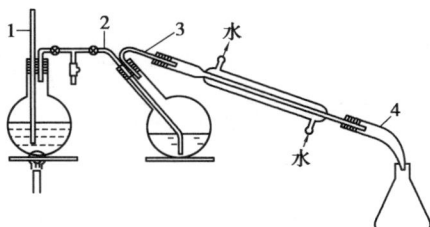

图 2-2-3　水蒸气蒸馏装置
1—安全管;2—水蒸气导入管;
3—蒸馏馏出液导出管;
4—接液管

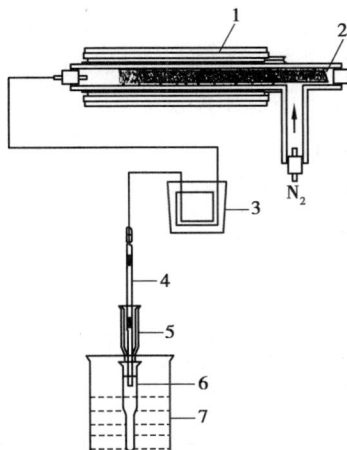

图 2-2-4　吹蒸装置
1—加热装置;2—施特勒管;
3—冰水浴;4—吸附管;5—转接管;
6—收集器;7—盛水烧杯

（四）色谱分离法

经典的色谱分离法又称层析法,是一种物理化学分离方法。当流动相和固定相作相对运动时,利用物质在两相间的分配系数差异,在两相间进行多次分配,分配系数大的组分迁移速度慢;反之,则迁移速度快,从而实现各组分的分离。

这种分离方法的最大特点是分离效率高,能使多种性质相似的组分彼此分离,而且分离过程往往也就是鉴定的过程。这种方法也是食品理化检验中一类重要的分离方法。

根据操作方式不同,可分为柱色谱法、纸色谱法和薄层色谱法等,见表 2-2-5。

表 2-2-5　常见色谱分离法

色谱分离法	原理及特点
柱色谱法（CC）	柱色谱法将吸附剂(固定相)填装于柱管内制成色谱分离柱,然后在柱的顶部倾入待分离的样品溶液,在柱内进行分离。该法装置简单,操作容易,柱容量大,适用于微量成分的分离和纯化
纸色谱法（PC）	纸色谱法以层析滤纸作为载体,滤纸上吸附的水作为固定相进行色谱分离,将样品溶液点在层析滤纸的一端,然后用展开剂展开,达到分离的目的。该法使用设备简单,易于操作,应用范围广
薄层色谱法（TLC）	薄层色谱法是一种将柱色谱和纸色谱相结合发展起来的方法,将固定相均匀地涂铺于玻璃、塑料或金属板上形成薄层,将样液点在薄层板的一端,使有样液的一端浸入展开剂中,在薄层板上展开,使待测组分与样品中的其他组分进行分离。该法快速,分离效率高,灵敏度高,是一种高效、简便的分离方法

（五）固相萃取法

固相萃取(Solid-Phase Extraction,SPE)法是利用固体吸附剂将液体样品中的目标化合物吸附,与样品的基体和干扰化合物分离,然后再用洗脱液洗脱或加热解吸,达到分离、净化和富集目标化合物的目的。与液-液萃取相比,固相萃取不需要大量的溶剂,处理过程中不会产生乳化现象,采用高效、高选择性的吸附剂,具有快速、简便、重现性好、易于实现自动化等优点,在痕量分离中应用广泛。

简单的固相萃取装置就是一根直径为数毫米的小柱,如图 2-2-5 所示,小柱可以是玻璃的,也可以是聚丙烯、聚乙烯、聚四氟乙烯等塑料的,还可以是不锈钢制成的。小柱下端有一孔径为 20 μm 的烧结筛板,用以支撑吸附剂填料。

图 2-2-5　固相萃取柱示意图

固相萃取的分离模式按照吸附剂填料类型不同可分为反相固相萃取(弱极性或非极性吸附剂)、正向固相萃取(极性吸附剂)、离子交换固相萃取(带电荷的离子交换树脂)、免疫亲和固相萃取(免疫亲和吸附剂)。

固相萃取的一般操作程序分为活化—上样—淋洗—洗脱等步骤,如图 2-2-6 所示。

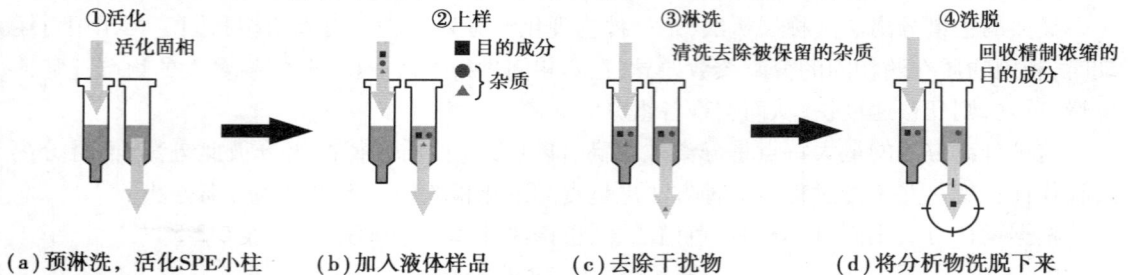

图 2-2-6　固相萃取流程

1. 活化吸附剂

在萃取样品之前要用适当的溶剂淋洗固相萃取小柱,使吸附剂保持湿润,以吸附目标化合物或干扰化合物。不同模式的固相萃取小柱活化用的溶剂不同。

①反相固相萃取用弱极性或非极性吸附剂,通常用水溶性有机溶剂,如先用甲醇淋洗,然后用水或缓冲溶液淋洗。也可以在用甲醇淋洗之前先用强溶剂(如己烷)淋洗,以消除吸附剂上吸附的杂质及其对目标化合物的干扰。

②正相固相萃取用极性吸附剂,通常用目标化合物所在的有机溶剂(样品基体)进行淋洗。

③离子交换固相萃取所用的吸附剂,在用于非极性有机溶剂中的样品时,可用样品溶剂来淋洗;在用于极性溶剂中的样品时,可用水溶性有机溶剂淋洗后,再用适当的 pH 以及含有一定有机溶剂和盐的水溶液进行淋洗。

为了使固相萃取小柱中的吸附剂在活化后到样品加入前能保持湿润,应在活化处理后在吸附剂上保留大约 1 mL 活化处理用的溶剂。

2. 上样

将液态或溶解后的固态样品倒入活化后的固相萃取小柱,然后利用抽真空、加压或离心的方法使样品进入吸附剂。

3. 洗涤和洗脱

在样品进入吸附剂,目标化合物被吸附后,可先用较弱的溶剂将弱保留干扰化合物洗掉,然后再用较强的溶剂将目标化合物洗脱下来,加以收集。淋洗和洗脱可同前所述一样采用抽真空或加压或离心的方法使淋洗液或洗脱液流过吸附剂。

如果在选择吸附剂时,选择对目标化合物吸附很弱或不吸附,而对干扰化合物有较强吸附的吸附剂时,也可让目标化合物先淋洗下来加以收集,而使干扰化合物保留(吸附)在吸附剂上,从而得到分离。多数情况下是使目标化合物保留在吸附剂上,后用强溶剂洗脱,这样更有利于样品的净化。

(六)超临界流体萃取法

超临界流体萃取(Supercritical Fluid Extraction,SFE)法是国际上先进的物理萃取分离技术。物质处于其临界温度和临界压力以上的状态时,既非气体,也非液体,而是以超临界流体的状态存在。超临界流体具有似气体的高扩散性,几乎没有表面张力,且低黏度使其便于流动,能穿透固体物质;具有液体的溶解特性,似液体的密度使其能将固体基质中的分析物溶解。这些特性使超临界流体具有极好的萃取效率和速率。与传统萃取技术相比,SFE 具有优越性,已成为食品样品分析前处理发展前景较好的技术。

CO_2 是最常用的超临界流体,它的临界温度和临界压力低,可用于萃取热不稳定的目标物,无毒且具有惰性,易得到纯品;又因沸点低,易于除去,没有废物处理的问题。但 CO_2 的极性太小,因而只适用于非极性和弱极性化合物的提取。

(七)化学分离法

常用的化学分离法见表2-2-6。

表 2-2-6　常用的化学分离法

化学分离法	原理及特点
磺化法	磺化法是以硫酸处理样品提取液,硫酸使其中的脂肪磺化,并与脂肪和色素中的不饱和键起加成作用,生成溶于硫酸和水的强极性化合物,从有机溶剂中分离出来。 在进行农药分析时该法只适用强酸介质中稳定的农药的分离,如有机氯农药中的 BHC、DDT 等
皂化法	皂化法是以热碱氢氧化钾-乙醇溶液与脂肪及其杂质发生皂化反应,从而将其除去。 该法适用于对碱稳定的农药提取液的净化
沉淀分离法	利用沉淀反应进行分离的方法。向样液中加入沉淀剂,利用沉淀反应使被测组分或干扰组分沉淀下来,经过滤或离心后达到分离的目的,是常用的样品净化方法。 如饮料中糖精钠的测定,可加碱性硫酸铜将蛋白质等杂质沉淀后,过滤除去
掩蔽法	向样液中加入掩蔽剂,使干扰组分改变其存在状态(被掩蔽状态),以消除其对被测组分的干扰。 该法可以免去分离操作,大大简化分析步骤。特别是测定食品中的金属元素时,常加入配位掩蔽剂以消除共存干扰离子的影响

(八)浓缩法

样品提取、净化后,往往因样液体积过大、被测组分的浓度太低而影响其分析检测,此时则需对样液进行浓缩,提高被测成分的浓度,从而提高分析的灵敏度。

常用的浓缩方法有常压浓缩和减压浓缩,见表2-2-7。

表2-2-7　常用的浓缩方法

浓缩法	原理及特点
常压浓缩	常压浓缩只能用于待测组分为非挥发性的样品试液的浓缩,否则会造成待测组分的损失。操作可采用蒸发皿直接挥发,若溶剂需回收,则可用一般蒸馏装置或旋转蒸发器。操作简便、快速
减压浓缩	若待测组分为热不稳定或易挥发的物质,其样品净化液的浓缩需采用 K-D 浓缩器。采用水浴加热并抽气减压,以便在较低的温度下进行浓缩,且速度快,可减少被测组分的损失。食品中有机磷农药的测定(如甲胺磷、乙酰甲胺磷含量的测定)多采用此法浓缩样品净化液

(九)透析法

利用高分子物质不能透过半透膜,小分子或离子能透过半透膜的性质,实现大分子与小分子物质的分离。如测定食品中的糖精钠含量,将样品装入玻璃纸的透析膜袋中,放在水中进行透析。糖精钠透过半透膜而进入水中,食品中的蛋白质、鞣质、树脂等高分子杂质则不能透过半透膜,从而达到分离的目的。

样品的预处理方法很多,需根据样品的种类和具体的测定项目等,选择合适的样品预处理方法,以保证样品的检验获得可靠的结果。

【技能性工作任务】

农贸市场蔬菜样品采集与管理

◆ 任务描述

农贸市场的蔬菜直接面向消费者,对其进行分析检验、测试,并对被检对象的质量安全水平做出客观真实的评价,是食品安全管理机构的职能要求。因此,必须正确地进行样品的采集与管理工作,保证被检样品具有客观性、均匀性和代表性。这是检测结果客观、正确的重要基础。

农贸市场蔬菜样品的采集依据《蔬菜抽样技术规范》(NY/T 2103—2011)进行。

◆ 操作规程

农贸市场蔬菜采样岗位操作规程

1. 目的

熟悉抽样原则;学会制定抽样方案;学会农贸市场蔬菜采样操作。

2. 原理

按照随机性、代表性、可行性和公正性的原则进行农贸市场蔬菜样品的采集和管理。

3. 主要抽样用品及使用规程

(1)文件类

抽检任务相关文件、抽样工作单、记录本和抽样人员的工作证件等。

(2)工具类

抽样袋、保鲜袋、纸箱或冷藏箱、标签、封条等,异地抽样还要准备样品缩分用无色聚乙烯砧板或木质砧板、不锈钢食品加工机或聚乙烯塑料食品加工机、高速组织分散机、不锈钢刀、不锈钢剪、旋盖聚乙烯塑料瓶、具塞玻璃瓶等。

注:抽样前保证用具洁净、干燥、无异味,不会对样品造成污染。

4. 操作步骤

(1)操作前检查

①检查操作人员是否按规定穿工作服,戴口罩、手套等防护用具。

②检查工具是否清洁,是否运转正常。

③检查抽样设备的校验合格证,是否在有效期内。

④检查操作现场水、电供应是否正常。

(2)布设抽样单元

将农贸市场的不同摊位作为抽样单元。同一摊位抽取的同一产地、同一种类蔬菜样品为一个批次。

注:为避免二次污染,尽可能从原包装中取样。

(3)抽样单元内取样

从抽样单元所售蔬菜同一品种的不同位置随机抽取适量的样品。

散装样品:在抽样前先进行分层,从不同堆高抽样,分层数量结合实际情况而定。每层从中心抽样扩散到四周取样。

包装产品:在堆垛两侧的四角取样。

取样方法:对搭架引蔓的蔬菜取中段果实;叶菜类蔬菜去掉外帮;根茎类蔬菜和薯类蔬菜取可食部分。

取样量:一般每个样品抽样量不低于 3 kg;单个超过 500 g 的如结球甘蓝、花椰菜、青花菜和生菜、西葫芦和大白菜等取 3~5 棵。

(4)填写抽样工作单

抽样人员与受检单位人员共同确认样品的真实性和代表性,在现场认真填写抽样工作单,准确记录抽样的相关信息。双方签字,盖单位公章。抽样单一式四联,第一联留抽样单位,第二联留被抽样单位,第三联随样品,第四联交任务下达单位。抽样工作单填写的信息必须齐全、准确,字迹清晰、工整。

(5)封存待测样品

将抽样单与所抽样品放在一起,放入塑料袋中,用封条将其封好,保障样本的密封性和安全性。封条上标明封样时间,由双方代表共同签字确认。样品袋上要加贴样品的标识。标识的内容包括样品名称、样品编号和抽样时间。视情况将样品放低温冰箱保存或迅速送到检测单位。

(6)样品接收入库

样品到达检测单位后,接样人员应对样品进行认真检查,对封样情况、样品数量、状态、质量、样品编号及抽样单逐一进行核对,检查合格后,办理交接手续后方可入库。

(7)操作后清场

检查使用的仪器、设备、水电是否关闭;仪器设备外表擦拭干净;剩余原料、试剂放到指定位置;打扫卫生;垃圾废物收集到指定位置。

(8)操作注意事项

①抽样用具数量充足,洁净干燥,能正常使用;做好防护工作,避免对样品造成污染。

②抽样人员应经过培训,取得相应的资质。每一抽样点抽样人员不应少于2人,至少其中一人应负责对抽样工作程序的具体实施及相关情况的协调处理。

③在抽样现场公平公正地抽取样品;保护好现场的样品,不能受到农药、垃圾、灰尘和雨水的影响;确保数量达到相应标准要求;保障样品的完整度,样品不能存在表面损伤以及腐烂的现象。

④样品应在24 h内运送到实验室,否则,应将样品缩分冷冻后运输。原则上不准邮寄和托运,应由抽样人员随身携带。

【任务实施】

预习手册

任务名称			指导教师	
小组成员			学生姓名	
引导问题			问题回答	
本任务的误差可能来自哪些方面?				
本任务的关键在哪里?				

	设备用具名称	规格/型号	使用数量	使用情况
本任务的主要设备有哪些?				

	试剂耗材名称	试剂浓度	配制数量	配制过程	使用情况
本任务的主要试剂有哪些?					

问题和建议

操作手册

小组成员				指导教师	

<table>
<tr><td colspan="6" align="center">操作前检查</td></tr>
<tr><td colspan="2" align="center">检查内容</td><td colspan="2" align="center">检查结果</td><td colspan="2" align="center">检查人</td></tr>
<tr><td colspan="2">是否按规定穿工作服,戴口罩、手套等防护用具</td><td colspan="2">是□ 否□</td><td colspan="2"></td></tr>
<tr><td colspan="2">检查仪器设备是否清洁,是否运转正常</td><td colspan="2">是□ 否□</td><td colspan="2"></td></tr>
<tr><td colspan="2">检查检验设备的校验合格证是否在有效期内</td><td colspan="2">是□ 否□</td><td colspan="2"></td></tr>
<tr><td colspan="2">检查操作现场水、电供应是否正常</td><td colspan="2">是□ 否□</td><td colspan="2"></td></tr>
<tr><td colspan="2">检查试剂和耗材是否符合要求</td><td colspan="2">是□ 否□</td><td colspan="2"></td></tr>
<tr><td colspan="6" align="center">操作记录——农产品检测抽样工作单</td></tr>
<tr><td rowspan="15">本栏由抽样单位及受检单位（个人）填写</td><td>样品名称</td><td></td><td>样品编号</td><td colspan="2"></td></tr>
<tr><td>商标</td><td></td><td>包装</td><td colspan="2">有 □ 无 □</td></tr>
<tr><td>等级</td><td></td><td>标识</td><td colspan="2">有 □ 无 □</td></tr>
<tr><td>型号规格</td><td></td><td>产品执行标准</td><td colspan="2"></td></tr>
<tr><td>产地</td><td colspan="4"></td></tr>
<tr><td>生产日期</td><td colspan="4"></td></tr>
<tr><td>产品认证情况</td><td colspan="4">无公害农产品 □ 绿色食品 □ 有机食品 □ 其他 □</td></tr>
<tr><td>证书编号</td><td colspan="4"></td></tr>
<tr><td>堆码形式</td><td colspan="4">散装成堆 □ 有包装的堆垛 □ 成捆的堆垛 □</td></tr>
<tr><td>保存要求</td><td colspan="4">常温 □ 冷冻 □ 冷藏 □</td></tr>
<tr><td>抽样场所</td><td colspan="4"></td></tr>
<tr><td>抽样数量</td><td></td><td>抽样基数</td><td colspan="2"></td></tr>
<tr><td>抽样方法</td><td></td><td>抽样部位</td><td colspan="2"></td></tr>
<tr><td rowspan="4">受检单位情况</td><td>受检单位名称</td><td colspan="4"></td></tr>
<tr><td>地址</td><td></td><td>邮编</td><td colspan="2"></td></tr>
<tr><td>法定代表人</td><td></td><td>电话</td><td colspan="2"></td></tr>
<tr><td>联系人</td><td></td><td>电话</td><td colspan="2"></td></tr>
<tr><td>受检个人情况</td><td>姓名</td><td></td><td>电话</td><td colspan="2"></td></tr>
<tr><td rowspan="3">抽样单位情况</td><td>单位名称</td><td></td><td>联系人</td><td colspan="2"></td></tr>
<tr><td>通信地址</td><td></td><td>邮编</td><td colspan="2"></td></tr>
<tr><td>联系电话</td><td></td><td>E-mail</td><td colspan="2"></td></tr>
<tr><td colspan="6">抽样检测通知书编号:</td></tr>
</table>

续表

受检单位签署: (本次抽样始终在本人陪同下完成,上述记录经核实无误,承认以上各项记录的合法性) 受检人(签字): 受检单位负责人(签字): 受检单位(公章): 　　　　　　　年　月　日	抽检单位签署: (本次抽样已按要求及产品标准执行完毕,样品经双方人员共同封样,记录如上) 抽样人签字: 抽样单位(公章): 抽样日期:　　　　年　月　日

操作后清场			
清场项目	清场结果	清场人	复核人
仪器清洁,设备外表擦拭干净	合格□　不合格□		
工(器)具擦拭或清洗干净,放到指定位置	合格□　不合格□		
地面、台面清洁干净	合格□　不合格□		
实验垃圾及废物收集到指定位置	合格□　不合格□		
关好水、电及门窗	合格□　不合格□		
指导教师签字:　　　　　　　　　　　　　　　　年　月　日			

【任务考评】

技能性工作任务考核表

任务名称		学生姓名				
考核指标	评价内容	分值/分	得分/分			
			自评	互评	组长评	教师评
预习考核	预习手册填写情况	5				
	实操方案设计情况	5				
任务实施 过程考核	操作规范性,熟练度	10				
	操作规程执行情况	10				
	记录填写情况(及时、准确、清晰、整洁、真实)	10				
	清场情况	5				
任务结果 考核	结果计算准确	5				
	有效数字位数保留适当	5				
	精密度符合要求	5				
	结果报告简洁、明确	5				

续表

考核指标	评价内容	分值/分	得分/分			
			自评	互评	组长评	教师评
职业素养考核	遵守纪律:遵守实验室规章制度,不迟到早退,不无故请假,不脱岗串岗	5				
	安全意识:穿工作服,戴防护用品,爱护仪器设备,不乱丢乱倒原料试剂等	5				
	环保意识:台面清洁,不乱丢废弃物,节约用水、用电,集中处理废液废物	5				
	团队协作、沟通交流能力:服从组长安排,配合良好,积极主动地完成本岗位任务	5				
	学习能力:有较强的自主学习能力和创新意识	5				
	严谨、求实、诚信的品质,责任意识和质量意识	5				
	精益求精、爱岗敬业、精细操作的劳动精神	5				
总计		100				

【交流探讨】

1.完成这个任务后你有什么收获? 有哪些未解决的问题或疑惑的地方?

2.针对牛奶和面粉应选择哪种采样方法?

3.若所采集的蔬菜样品用于农药残留检测,该如何进行制备和预处理?

课后练习

项目三
食品中营养成分的检测

【知识导图】

食品中营养成分的检验

- **食品中水分的测定**
  - 任务目标
  - 背景知识
  - 技能性工作任务：乳粉中水分的测定
    - 任务描述
    - 操作规程（直接干燥法）
    - 预习手册
    - 操作手册
    - 任务实施
    - 任务考评
    - 交流探讨
  - 相关知识（扫码学习）
    1. 食品中水分的测定 减压干燥法
    2. 食品中水分的测定 蒸馏法
    3. 食品中水分的测定 卡尔·费休法
  - 课后练习

- **食品中灰分的测定**
  - 任务目标
  - 背景知识
  - 技能性工作任务：面粉中总灰分的测定
    - 任务描述
    - 操作规程（总灰分测定）
    - 预习手册
    - 操作手册
    - 任务实施
    - 任务考评
    - 交流探讨
  - 相关知识（扫码学习）
    1. 食品中水溶性和水不溶性灰分的测定、酸不溶性灰分的测定
    2. 影响灰分测定的因素
  - 课后练习

- **食品中糖类的测定**
  - 任务目标
  - 背景知识
  - 技能性工作任务：乳粉中还原糖的测定
    - 任务描述
    - 操作规程（直接滴定法测定食品中还原糖）
    - 预习手册
    - 操作手册
    - 任务实施
    - 任务考评
    - 交流探讨
  - 相关知识（扫码学习）
    1. 食品中还原糖的测定 高锰酸钾滴定法
    2. 食品中还原糖的测定 铁氰化钾法
    3. 食品中还原糖的测定 奥氏试剂滴定法
    4. 食品中蔗糖的测定——直接滴定法的应用（一）
    5. 食品中淀粉的测定——直接滴定法的应用（二）
    6. 食品中膳食纤维的测定
  - 课后练习

- **食品中蛋白质和氨基酸的测定**
  - 任务目标
  - 背景知识
  - 技能性工作任务：奶粉中蛋白质的测定
    - 任务描述
    - 操作规程（凯氏定氮法）
    - 预习手册
    - 操作手册
    - 任务实施
    - 任务考评
    - 交流探讨
  - 相关知识（扫码学习）
    1. 食品中蛋白质的测定 分光光度法、燃烧法
    2. 食品中氨基酸态氮的测定
    3. 食品中氨基酸的测定
  - 课后练习

- **食品中脂类物质的测定**
  - 任务目标
  - 背景知识
  - 技能性工作任务：花生米中脂肪含量的测定
    - 任务描述
    - 操作规程（索氏抽提法）
    - 预习手册
    - 操作手册
    - 任务实施
    - 任务考评
    - 交流探讨
  - 相关知识（扫码学习）
    1. 食品中脂肪的测定 酸水解法
    2. 食品中脂肪的测定 碱水解法
    3. 食品中脂肪的测定 盖勃法
  - 课后练习

- **食品中维生素的测定**
  - 任务目标
  - 背景知识
  - 技能性工作任务一：奶粉中维生素A、E的测定
    - 任务描述
    - 操作规程（反相高效液相色谱法测定维生素A、E）
    - 预习手册
    - 操作手册
    - 任务实施
    - 任务考评
    - 交流探讨
  - 技能性工作任务二：水果中抗坏血酸和还原型抗坏血酸的测定
    - 任务描述
    - 操作规程 荧光法测定总抗坏血酸 2,6-二氯酚靛酚滴定法测定还原性抗坏血酸
    - 预习手册
    - 操作手册
    - 任务实施
    - 任务考评
    - 交流探讨
  - 相关知识（扫码学习）
    1. 食品中维生素E的测定 正相高效液相色谱法
    2. 食品中维生素D的测定 正相色谱净化-反相液相色谱法
    3. 食品中维生素C的测定 高效液相色谱法
    4. 食品中维生素B₁的测定 荧光分光度法
    5. 食品中维生素B₂的测定 高效液相色谱法、荧光分光光度法
    6. 食品中维生素B₆的测定 高效液相色谱-荧光检测法、微生物法
  - 课后练习

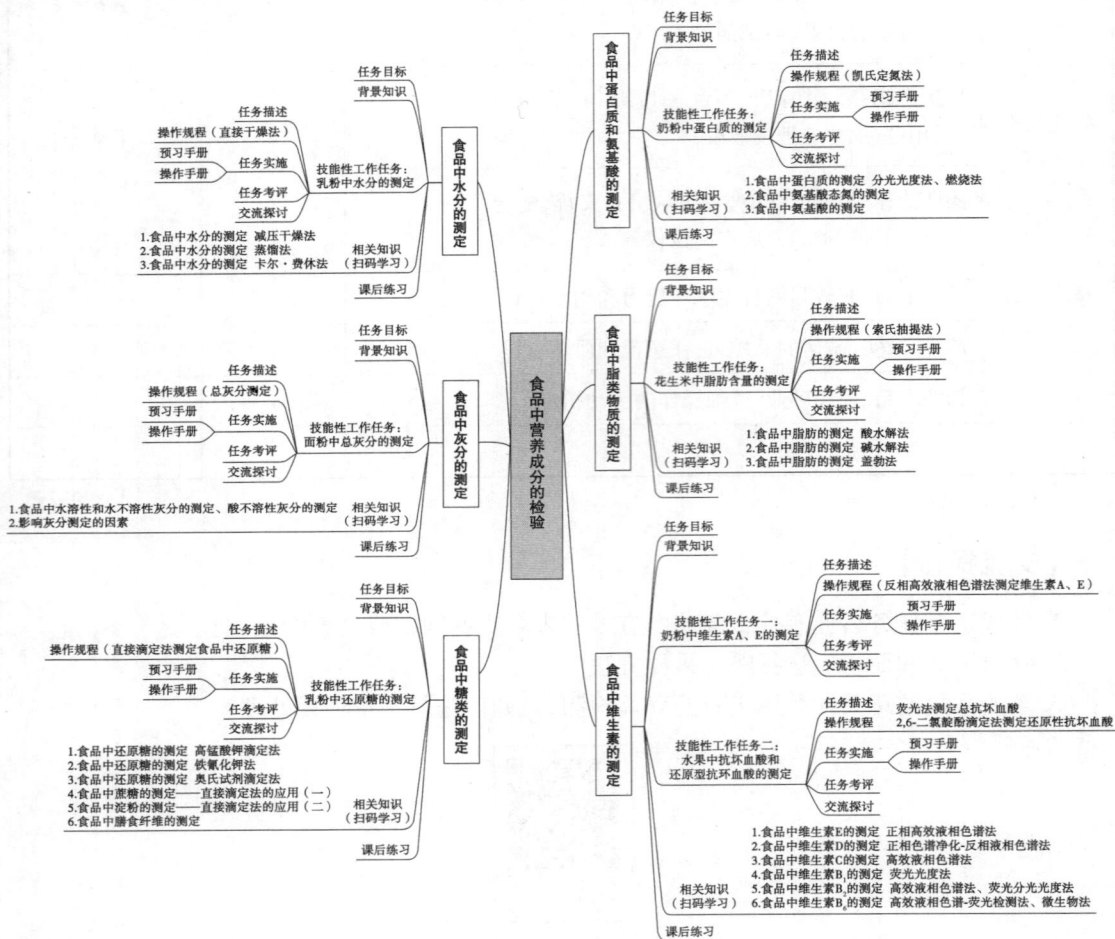

食品中的营养成分包括水分、糖类、蛋白质、脂类、矿物质、维生素等，它们是维持机体生长、发育、繁殖及正常生理代谢所需的物质。其中糖类、蛋白质、脂类属于宏量营养素，矿物质、维生素属于微量营养素。糖类、蛋白质、脂类和钠还是预包装食品营养标签强制标示的核心营养素。因此，食品中营养成分的检验具有重要的意义。

通过对食品中营养成分的分析，可以了解各种食品中所含营养成分的种类、数量和质量，合理进行膳食搭配，以获得较为全面的营养，维持机体的正常生理功能，防止因营养缺乏而导致疾病的发生。通过对食品中营养成分的分析，还可以了解食品在生产、加工、贮存、运输、烹调等过程中营养成分的损失情况和人们实际的摄入量。通过改进这些环节，减少造成营养素损失的不利因素。此外，对食品中营养成分的分析，还能对食品新资源的开发、新产品的研制和生产工艺的改进以及食品质量标准的制定提供科学依据。

任务一 食品中水分的测定

【任务目标】

◆知识目标

1. 理解食品中水分测定的意义；
2. 掌握干燥法、蒸馏法的原理、适用范围及操作技术要求。

◆能力目标

1. 能正确使用分析天平、电热干燥箱、干燥器等；
2. 会判断恒重；
3. 能如实记录检验过程中的现象和问题；
4. 会分析直接干燥法测定过程的误差来源；
5. 会进行结果计算。

◆素质目标

1. 培养精益求精的工匠精神，追求卓越的创新精神；
2. 树立正确的质量意识，增强检验过程中的节约和环保意识。

【背景知识】

一、食品中水分的作用

水分是食品中最重要的成分之一。水和无机盐、维生素一样，是调节人体各种生理活动的重要物质，可作为营养成分和排泄物质的载体，为生化反应提供一个适宜的环境，且生物的新陈代谢只有在水的系统内才能顺利进行。因此，水对自然界所有的生命形式都是非常重要的。

二、食品中水分测定的意义

1. 水分含量是食品重要的质量指标之一

食品中的水分含量影响着食品的感官特性、结构组成比例及贮藏的稳定性。在某些食品中的水分增加或降低到一定程度时将引起水分和食品中其他组分平衡关系的破坏，产生蛋白质的变性、糖和盐的结晶，从而降低食品的复水性、组织形态以及保藏性等。如脱水蔬菜的非酶褐变可随水分含量的增加而增加；在果酱和果冻中，为防止糖结晶需将水分含量控制在一定的范围内；水果硬糖的水分含量一般控制在 3.0% 以下，但过低会出现返砂甚至返潮现象。因此，为了能使产品达到相应的标准，有必要通过水分检测来更好地控制水分含量。

2. 水分是引起食品化学性及微生物性变质的重要原因之一

水分含量在食品保藏中是一个关键的质量因素，可以直接影响一些产品质量的稳定性，如脱水蔬菜和水果、乳粉、鸡蛋粉、脱水马铃薯、香料、香精等。全脂乳粉水分含量控制为 2.5% ~ 3.0%，可抑制微生物的生长，延长保质期。

3. 食品含水量是一项重要的经济指标

检测水分含量对于计算生产中的物料平衡、实行工艺监督以及保证产品质量、进行成本核算、提高经济效益等方面具有重要意义。食品工厂可按原料中的水分含量进行物料衡算。如鲜奶含水量 87.5%，用这种奶生产奶粉(2.5% 含水量)，需要多少牛奶才能生产 1 t 奶粉(7∶1 出奶粉率)。类似这样的物料衡算，均可以用水分测定的原理进行。这也可对生产进行指导管理。再如生产面包，50 kg 面粉需用多少千克水，也要先进行物料衡算。再如面团的韧性好坏也与水分有关，加水量少面团硬，做出的面包体积不大，影响经济效益。

4.水分含量数据可用于表示样品在同一计量基础上的其他分析的测定结果

测定食品中水分含量的质量分数就间接测定了固形物。固形物是指食品中去除水分后剩下的干基，也称干物质，其组分有蛋白质、脂肪、粗纤维、无氮抽出物和灰分等。因此，测定食品中水分的质量分数，能掌握食品的基础数据，增加与其他检测项目的可比性。

三、食品中水分的测定方法

食品分析中测定水分含量的方法有直接测定法和间接测定法。

利用水分本身的理化性质除去样品中的水分，再对其进行定量的方法称为直接测定法，如干燥法、蒸馏法等。

利用食品的密度、折射率、电导率、介电常数等物理性质测定水分含量的方法称为间接测定法。间接测定法不需要除去样品中的水分。

相较而言，直接测定法精确度高、重复性好，但费时。间接法测定速度快，能自动连续测量，可用于食品生产过程中水分含量的自动控制，但准确度比直接法低，且常要进行校正。在实际应用中，水分测定的方法应根据食品性质和测定目的而选定。

【技能性工作任务】

乳粉中水分的测定

◆ 任务描述

依据《食品安全国家标准 乳粉和调制乳粉》(GB 19644—2024)中乳粉水分含量要求不超过 5%，检验方法依据《食品安全国家标准 食品中水分的测定》(GB 5009.3—2016)，采用直接干燥法。要求根据操作规程，结合实验室条件，制定检验方案，完成乳粉中水分含量的测定，如实记录和分析检测数据，规范报告检测结果。

◆ 操作规程

食品中水分含量测定操作规程(直接干燥法)

1. 目的

学会直接干燥法测定食品中水分含量的操作程序；学会烘干箱、干燥器的使用方法；能够准确判断恒重；能正确记录计算处理检测数据；能规范地报告检测结果。

2. 原理

在 101.3 kPa(一个大气压)，温度 101 ~ 105 ℃ 条件下，将食品样品在烘箱中加热干燥至恒重，通过干燥前后样品的称量数值计算出水分的含量。

适用范围：在 101 ~ 105 ℃ 条件下，不含或含其他挥发性物质甚微的各种食品，如蔬菜、谷物及其制品、水产品、豆制品、乳制品、肉制品、卤菜制品、粮食(水分含量低于 18%)、油料(水分含量低于 13%)、淀粉及茶叶类等食品中水分的测定，不适用于水分含量小于 0.5 g/100 g 的样品。

3.仪器与试剂

（1）主要仪器

扁形铝制或玻璃制称量瓶、电热恒温干燥箱、干燥器（内附有效干燥剂）、天平（感量为0.1 mg）。

（2）主要试剂材料

①盐酸溶液（6 mol/L）：量取50 mL盐酸，加水稀释至100 mL。

②氢氧化钠溶液（6 mol/L）：称取24 g氢氧化钠，加水溶解并稀释至100 mL。

③精制海砂：取用水洗去泥土的海砂、河砂、石英砂或类似物，先用盐酸溶液（6 mol/L）煮沸0.5 h，用水洗至中性，再用氢氧化钠溶液（6 mol/L）煮沸0.5 h，用水洗至中性，经105 ℃干燥备用。

注：除非另有说明，本方法所用试剂均为分析纯，水为现行国家标准GB/T 6682规定的三级水。

4.操作步骤

（1）固体试样的水分测定

①称量瓶准备：取洁净铝制或玻璃制的扁形称量瓶，置于101～105 ℃干燥箱中，瓶盖斜支于瓶边，加热1.0 h后取出盖好，置干燥器内冷却0.5 h后称量，并重复干燥至前后两次质量差不超过2 mg，即为恒重。

②样品制备：将混合均匀的试样迅速磨细至颗粒小于2 mm，不易研磨的样品应尽可能地切碎。

③样品称量：称取2～10 g试样（精确至0.000 1 g），放入此称量瓶中，试样厚度不超过5 mm，如为疏松试样，厚度不超过10 mm，加盖。

④烘干恒重：精密称量后，置于101～105 ℃干燥箱中，瓶盖斜支于瓶边，干燥2～4 h后，盖好取出，放入干燥器内冷却0.5 h后称量。然后再放入101～105 ℃干燥箱中干燥1 h左右，取出，放入干燥器内冷却0.5 h后再称量。并重复以上操作至前后两次质量差不超过2 mg，即为恒重。

注：两次恒重值在最后计算中，取质量较小的一次称量值。

（2）半固体或液体试样的水分测定

①称量瓶准备：取洁净铝制或玻璃制的扁形称量瓶，内加10 g海砂（实验过程中可根据需要适当增加海砂的质量）及1根小玻棒，置于101～105 ℃干燥箱中，干燥1.0 h后取出，放入干燥器内冷却0.5 h后称量，并重复干燥至恒重。

②样品称量：称取5～10 g试样（精确至0.000 1 g），置于称量瓶中。

③沸水浴蒸干：用小玻棒搅匀，放在沸水浴上蒸干，并随时搅拌。

④烘干恒重：擦去瓶底的水滴，置于101～105 ℃干燥箱中干燥4 h后盖好取出，放入干燥器内冷却0.5 h后称量。然后再放入101～105 ℃干燥箱中干燥1 h左右，取出，放入干燥器内冷却0.5 h后再称量。并重复以上操作至前后两次质量差不超过2 mg，即为恒重。

（3）操作后清场

检查使用的仪器、设备水电是否关闭；仪器设备外表擦拭干净；剩余原料、试剂放到指定位置；打扫卫生；垃圾废物收集到指定位置。

（4）操作注意事项

①对样品的要求：

a.水分是唯一的挥发性物质，即在加热时只有水分挥发。若样品中同时含酒精、香精油、芳香酯等挥发性成分时,不能用干燥法。

b. 水分容易排除完全。如一些糖和果胶、明胶所形成的冻胶中的结合水,不易排除,甚至样品被烘焦了,样品中结合水都不能除掉,这种情况下,采用直接干燥法测定水分,并不能代表样品中真正的水分含量。

c. 在加热过程中食品中的其他组分的理化性质稳定。适用于热稳定的食品,高糖高脂肪食品不适合采用直接干燥法测定其水分含量。

②称样量:一般控制在干燥后的残留物质量在 2～4 g。对于水分含量较低的固态、浓稠态食品,将称样量控制在 3～5 g,而对于果汁、牛乳等液态食品,通常每份称样量控制在 15～20 g。

③称量皿及规格:玻璃称量瓶能耐酸碱,不受样品性质的限制,故常用于直接干燥法;铝质称量盒质量轻,导热性强,但酸性食品不适宜,常用减压干燥法。称量皿规格的选择要以样品置于其中平铺开后厚度不超过皿高的 1/3。对于组织疏松、体积较大的试样,可自制铝箔杯作为干燥器皿。

④干燥设备:使用强力循环通风式电热烘箱,其风量较大,烘干大量试样时效率高,但质轻的试样有时会飞散。测定水分含量最好采用可调节风量的烘箱。当风量减小时,烘箱上隔板 1/3～1/2 面积的温度能保持在符合测定要求温度±1 ℃的范围内,为保证测定温度较恒定,并减少取出过程中因吸湿而产生的误差,一批测定的称量皿最好为 8～12 个,并排列在隔板的较中心部位。

⑤干燥条件:烘箱干燥法所选用的温度及干燥时间,因被测样品的不同而改变。对热稳定的谷物等,可提高到 120～130 ℃进行干燥,这样可以大大缩短干燥时间。

(5)产生误差的原因及防止措施

①烘干过程中,由于水分扩散不平衡,特别是当外扩散大于内扩散时,妨碍水分从食品内部扩散到它的表层,样品容易出现物理栅。例如,在干燥糖浆、富含糖分的果蔬及淀粉等样品中,样品表层可以结成硬膜,为此,应将样品加以稀释,或加入干燥助剂,如海砂、河砂等,一般每 3 g 样品加入 20～30 g 的海砂就可以使其充分地分散。

②面包、馒头等水分质量分数在 16% 以上的谷类食品,可采用两步干燥法测定。先将样品称出总质量后,切成厚为 2～3 mm 的薄片,在自然条件下风干 15～20 h,使其与大气湿度大致平衡,然后再次称量并将样品粉碎、过筛、混匀,放于洁净干燥的称量瓶中,测量时按上述固体样品的操作程序进行。结果计算见式(3.1):

$$W = \frac{(m_1 - m_2) + m_2\left(\dfrac{m_3 - m_4}{m_3 - m_5}\right)}{m_1} \times 100 \tag{3.1}$$

式中　W——样品中水分的含量,g/100 g;

　　　m_1——新鲜样品总质量,g;

　　　m_2——风干后样品总质量,g;

　　　m_3——干燥前适量样品与称量瓶质量,g;

　　　m_4——干燥后适量样品与称量瓶质量,g;

　　　m_5——称量瓶质量,g。

③样品水分含量较高,干燥温度也较高时,有些样品可能会发生化学反应,如糊精化、水解作用等,这些变化使水分产生无形损失。为了避免这种现象,可先在低温条件下加热,后在某一指定温度下继续完成干燥。对含还原糖较多的食品应先低温(50～60 ℃)干燥 0.5 h 后再 95～105 ℃干燥,或采用逐步升温的方式进行干燥。

④果糖含量较高的样品,如水果制品、蜂蜜等,在温度大于 70 ℃时长时间加热,其果糖会发生氧化分解作用;含有较多氨基酸、蛋白质及羰基化合物的样品,长时间加热会发生羰氨反应析出水分而导致明显误差。因此,对于此类样品,不宜采用直接干燥法测定水分。

5.结果计算与报告

(1)数据记录(填入操作手册中)

(2)结果计算

试样中的水分含量,按式(3.2)计算:

$$X = \frac{m_1 - m_2}{m_1 - m_3} \times 100 \tag{3.2}$$

式中　X——试样中水分的含量,g/100 g;

　　　m_1——称量瓶(加海砂、玻棒)和试样的质量,g;

　　　m_2——称量瓶(加海砂、玻棒)和试样干燥后的质量,g;

　　　m_3——称量瓶(加海砂、玻棒)的质量,g;

　　　100——单位换算系数。

(3)质量标准

①水分含量≥1 g/100 g 时,计算结果保留三位有效数字。

②水分含量<1 g/100 g 时,计算结果保留两位有效数字。

③在重复性条件下获得的两次独立测定结果的绝对差值不得超过算术平均值的 10%。

【任务实施】

预习手册

任务名称		指导教师		
小组成员		学生姓名		
引导问题	问题回答			
本任务的误差可能来自哪些方面?				
本任务的关键在哪里?				
本任务的主要设备有哪些?	设备用具名称	规格/型号	使用数量	使用情况

续表

引导问题	问题回答				
	试剂耗材名称	试剂浓度	配制数量	配制过程	使用情况
本任务的主要试剂有哪些?					
问题和建议					

操作手册

小组成员			指导教师	
操作前检查				
检查内容		检查结果		检查人
是否按规定穿工作服,戴口罩、手套等防护用具		是□ 否□		
检查仪器设备是否清洁,是否运转正常		是□ 否□		
检查检验设备的校验合格证是否在有效期内		是□ 否□		
检查操作现场水、电供应是否正常		是□ 否□		
检查试剂和耗材是否符合要求		是□ 否□		

操作过程记录

基本信息	样品名称		样品编号	
	生产单位		检测编号	
	生产批号		检测项目	
	检验依据		检测方法	
检测环境	室温/℃		相对湿度/%	
检测仪器	仪器名称			
	仪器精度			
	仪器编号			

检测数据	平行测定次数/次	1				2			
	称量瓶质量 m_3/g								
	称量瓶+样品质量 m_1/g								
	烘干称重	1	2	3	恒重1	1	2	3	恒重2
	干燥后称量瓶+样品质量 m_2/g								

结果计算	样品含水量 $X/[g\cdot(100\ g)^{-1}]$		
	平均值$/[g\cdot(100\ g)^{-1}]$		
	相对相差$/\%$		
	计算公式		
结果报告			

检验员：　　　　　　　　　　复核人：

日　　期：　　　　　　　　　日　　期：

操作后清场			
清场项目	清场结果	清场人	复核人
仪器清洁,设备外表擦拭干净	合格□　不合格□		
工(器)具擦拭或清洗干净,放到指定位置	合格□　不合格□		
地面、台面清洁干净	合格□　不合格□		
实验垃圾及废物收集到指定位置	合格□　不合格□		
关好水、电及门窗	合格□　不合格□		
指导教师签字：		年　月　日	

【任务考评】

技能性工作任务考核表

任务名称		学生姓名				
考核指标	评价内容	分值/分	得分/分			
			自评	互评	组长评	教师评
预习考核	预习手册填写情况	5				
	实操方案设计情况	5				
任务实施过程考核	操作规范性,熟练度	10				
	操作规程执行情况	10				
	记录填写情况(及时、准确、清晰、整洁、真实)	10				
	清场情况	5				
任务结果考核	结果计算准确	5				
	有效数字位数保留适当	5				
	精密度符合要求	5				
	结果报告简洁、明确	5				

续表

考核指标	评价内容	分值/分	得分/分			
			自评	互评	组长评	教师评
职业素养考核	遵守纪律:遵守实验室规章制度,不迟到早退,不无故请假,不脱岗串岗	5				
	安全意识:穿工作服,戴防护用品,爱护仪器设备,不乱丢乱倒原料试剂等	5				
	环保意识:台面清洁,不乱丢废弃物,节约用水、用电,集中处理废液废物	5				
	团队协作、沟通交流能力:服从组长安排,配合良好,积极主动地完成本岗位任务	5				
	学习能力:有较强的自主学习能力和创新意识	5				
	严谨、求实、诚信的品质,责任意识和质量意识	5				
	精益求精、爱岗敬业、精细操作的劳动精神	5				
总计		100				

【交流探讨】

1. 完成这个任务后你有什么收获? 有哪些未解决的问题或疑惑的地方?
2. 如何判断恒重? 影响恒重的因素有哪些?
3. 直接干燥法的误差可能源于哪些方面?

食品中水分
的测定相关
知识

课后练习

任务二 食品中灰分的测定

【任务目标】

◆ 知识目标

1. 理解食品中灰分的概念及测定的意义;
2. 掌握总灰分测定的原理、操作步骤。

◆ 能力目标

1. 会试样的灰化操作技能;
2. 能正确使用分析天平、高温炉、干燥器等;

3. 会判断灰分的恒重;

4. 能如实记录检验过程中的现象和问题;

5. 会分析总灰分测定过程的误差来源;

6. 会进行结果计算。

◆ 素质目标

1. 培养精益求精的工匠精神,追求卓越的创新精神;

2. 树立正确的质量意识,增强检验过程中的节约和环保意识。

【背景知识】

一、灰分的含义及分类

（一）灰分的含义

食品中除含有大量有机物质外,还有较丰富的无机成分。这些无机成分对维持人体的正常生理功能、构成人体组织方面有着十分重要的作用。

食品经高温（500～600 ℃）灼烧后所残留的无机物质称为灰分。灰分主要是食品中的矿物盐或无机盐类。

（二）灰分的分类

食品的灰分按其溶解性可分为水溶性灰分、水不溶性灰分和酸不溶性灰分。

水溶性灰分反映的是可溶性的钾、钠、钙、镁等的氧化物和盐类的含量。

水不溶性灰分反映的是污染的泥沙、铁、铝等的氧化物及碱金属的碱式磷酸盐的含量。

酸不溶性灰分是一些来自原料本身的或在加工过程中混入的泥沙等机械物及食品中原来存在的微量的二氧化硅。因此,酸不溶性灰分反映的是污染的泥沙和食品中原来存在的微量二氧化硅的含量。

二、灰分测定的意义

灰分是标示食品中无机成分总量的一项指标。无机盐是人类生命活动中不可缺少的物质,无机盐含量是评价某食品营养价值的指标之一。例如,黄豆是营养价值较高的食物,除富含蛋白质外,它的灰分含量高达 5.0%,故测定灰分总含量,在评价食品品质方面有其重要意义。

当食品加工所用原料、加工方法及测定条件等因素确定后,某种食品的灰分常在一定范围内。如果灰分含量超过了正常范围,意味着食品生产中可能使用了不符合食品安全标准要求的原料或食品添加剂或在加工、储运过程中受到了污染。因此,通过测定食品中灰分含量可以初步判断食品质量。

此外,灰分还可以评价食品的加工精度和食品的品质。例如,在面粉加工中,常以总灰分含量评价面粉等级,精制粉的总灰分不超过 0.7%,标准粉的总灰分不超过 1.1%。

总灰分含量可以说明果胶、明胶等胶制品的胶冻性能,水溶性灰分含量可反映果酱、果冻等制品中果汁的含量。

总之,灰分是食品重要的质量控制指标和食品成分分析的项目之一。

【技能性工作任务】

面粉中总灰分的测定

◆ **任务描述**

灰分是小麦粉重要的质量指标,依据《小麦粉》(GB/T 1355—2021)中对小麦粉精制粉、标准粉、普通粉中灰分含量限量指标分别为 0.7%、1.1% 和 1.6%,检验方法依据《食品安全国家标准 食品中灰分的测定》(GB 5009.4—2016),采用灼烧法。要求根据操作规程,结合实验室条件,制定检验方案,完成面粉中灰分含量的测定,如实记录和分析检测数据,规范报告检测结果。

◆ **操作规程**

食品中总灰分测定操作规程

1. 目的

学会用灼烧法测定食品中总灰分;学会相关仪器设备的使用与保养;能够准确判断灰分恒重;能正确记录计算、处理检测数据;能规范地报告检测结果。

2. 原理

食品经灼烧后所残留的无机物质称为灰分。灰分数值系经灼烧、称重后计算得出。

适用范围:食品中总灰分的测定。

3. 仪器与试剂

(1)主要仪器

石英坩埚或瓷坩埚、高温炉(最高使用温度≥950 ℃)、干燥器(内附有效干燥剂)、分析天平(感量分别为 0.1 mg、1 mg、0.1 g)、电热板、恒温水浴锅(控温精度±2 ℃)。

(2)主要试剂材料

①乙酸镁溶液(80 g/L):称取 8.0 g 乙酸镁加水溶解并定容至 100 mL,混匀。

②乙酸镁溶液(240 g/L):称取 24.0 g 乙酸镁加水溶解并定容至 100 mL,混匀。

③盐酸溶液(10%):量取 24 mL 分析纯浓盐酸用蒸馏水稀释至 100 mL。

注:除非另有说明,本方法所用试剂均为分析纯,水为现行国家标准 GB/T 6682 规定的三级水。

4. 操作步骤

(1)坩埚预处理

①淀粉类食品:先用沸腾的稀盐酸洗涤,再用大量自来水洗涤,最后用蒸馏水冲洗。将洗净的坩埚置于高温炉内,在(900±25)℃下灼烧 30 min,并在干燥器内冷却至室温,称重,精确至 0.000 1 g。

②含磷量较高的食品和其他食品:取大小适宜的石英或瓷坩埚置高温炉中,在(550±25)℃下灼烧 30 min,冷却至 200 ℃左右,取出,放入干燥器中冷却 30 min,准确称量。重复灼烧至前后两次称量相差不超过 0.5 mg 为恒重。

(2)称样

①淀粉类食品:迅速称取样品 2～10 g(马铃薯淀粉、小麦淀粉以及大米淀粉至少称 5 g,玉米淀粉和木薯淀粉称 10 g),精确至 0.000 1 g。将样品均匀分布在坩埚内,不要压紧。

②含磷量较高的食品和其他食品:灰分大于或等于 10 g/100 g 的试样称取 2～3 g(精确

至 0.000 1 g);灰分小于或等于 10 g/100 g 的试样称取 3~10 g(精确至 0.000 1 g,对于灰分含量更低的样品可适当增加称样量)。

（3）测定

①淀粉类食品:将坩埚置于高温炉口或电热板上,半盖坩埚盖,小心加热使样品在通气情况下完全炭化至无烟,即刻将坩埚放入高温炉内,将温度升高至(900±25)℃,保持此温度直至剩余的碳全部消失为止,一般 1 h 可灰化完毕,冷却至 200 ℃ 左右,取出,放入干燥器中冷却 30 min,称量前如发现灼烧残渣有炭粒时,应向试样中滴入少许水湿润,使结块松散,蒸干水分再次灼烧至无炭粒即表示灰化完全,方可称量。重复灼烧至前后两次称量相差不超过 0.5 mg 为恒重。

②含磷量较高的豆类及其制品、肉禽及其制品、蛋及其制品、水产及其制品、乳品及乳制品:称取试样后,加入 1.00 mL 乙酸镁溶液(240 g/L)或 3.00 mL 乙酸镁溶液(80 g/L),使试样完全润湿。放置 10 min 后,在水浴上将水分蒸干,在电热板上以小火加热使试样充分炭化至无烟,然后置于高温炉中,在(550±25)℃灼烧 4 h。冷却至 200 ℃ 左右,取出,放入干燥器中冷却 30 min,称量前如发现灼烧残渣有炭粒时,应向试样中滴入少许水湿润,使结块松散,蒸干水分再次灼烧至无炭粒即表示灰化完全,方可称量。重复灼烧至前后两次称量相差不超过 0.5 mg 为恒重。

吸取 3 份与加入试样相同浓度和体积的乙酸镁溶液,做 3 次试剂空白试验。当 3 次试验结果的标准偏差小于 0.003 g 时,取算术平均值作为空白值。若标准偏差大于或等于 0.003 g 时,应重新做空白值试验。

③其他食品:液体和半固体试样应先在沸水浴上蒸干。固体或蒸干后的试样,先在电热板上以小火加热使试样充分炭化至无烟,然后置于高温炉中,在(550±25)℃灼烧 4 h。冷却至 200 ℃ 左右,取出,放入干燥器中冷却 30 min,称量前如发现灼烧残渣有炭粒时,应向试样中滴入少许水湿润,使结块松散,蒸干水分再次灼烧至无炭粒即表示灰化完全,方可称量。重复灼烧至前后两次称量相差不超过 0.5 mg 为恒重。

（4）操作后清场

检查使用的仪器、设备、水电是否关闭;仪器设备外表擦拭干净;剩余原料、试剂放到指定位置;打扫卫生;垃圾废物收集到指定位置。

（5）操作注意事项

①样品炭化时要注意热源强度,防止产生大量泡沫溢出坩埚。

②把坩埚从高温炉口或电热板上取出时,要放在炉口停留片刻,使坩埚预热或冷却,防止因温度剧变而致坩埚破裂。

③将坩埚置于高温炉口或电热板上时,不要将坩埚盖完全盖严,否则会导致有机物缺氧,无法使其充分氧化。

④灼烧后坩埚应冷却到 200 ℃ 以下再移入干燥器中,否则因热的对流作用,易造成残灰飞散,降低冷却速度,冷却后于干燥器内形成较大真空,盖子不易打开。

⑤从干燥器内取出坩埚时,因内部形成真空,开盖恢复常压时,应注意使空气缓缓流入,以防残灰飞散。

⑥称量前如发现灼烧残渣中有炭粒时,应向试样中滴入少许水湿润,使结块松散,蒸干水分后再次灼烧至无炭粒即灰化完全,方可称量。

⑦灰化后所得残渣可留作 Ca、P、Fe 等成分的分析。

⑧用过的坩埚经初步洗刷后,可用粗盐酸或废盐酸浸泡 10~20 min,再用水冲刷洁净。

5. 结果计算与报告

（1）数据记录（填入操作手册中）

（2）结果计算

以试样计，试样中灰分的含量，未加乙酸镁溶液的试样，按式（3.3）计算：

$$X = \frac{m_1 - m_2}{m_3 - m_2} \times 100 \tag{3.3}$$

式中　X——未加乙酸镁溶液试样中灰分的含量，g/100 g；

　　　m_1——坩埚和灰分的质量，g；

　　　m_2——坩埚的质量，g；

　　　m_3——坩埚和样品的质量，g；

　　　100——单位换算系数。

（3）质量标准

在重复性条件下获得的两次独立测定结果的绝对差值不得超过算术平均值的5%。

【任务实施】

预习手册

任务名称			指导教师	
小组成员			学生姓名	
引导问题		问题回答		
本任务的误差可能来自哪些方面？				
本任务的关键在哪里？				
本任务的主要设备有哪些？	设备用具名称	规格/型号	使用数量	使用情况
本任务的主要试剂有哪些？	试剂耗材名称	试剂浓度	配制数量	配制过程	使用情况

续表

问题和建议

操作手册

小组成员				指导教师	

操作前检查

检查内容	检查结果	检查人
是否按规定穿工作服,戴口罩、手套等防护用具	是□　否□	
检查仪器设备是否清洁,是否运转正常	是□　否□	
检查检验设备的校验合格证是否在有效期内	是□　否□	
检查操作现场水、电供应是否正常	是□　否□	
检查试剂和耗材是否符合要求	是□　否□	

操作过程记录

基本信息	样品名称					样品编号	
	生产单位					检测编号	
	生产批号					检测项目	
	检验依据					检测方法	
检测环境	室温/℃					相对湿度/%	
检测仪器	仪器名称						
	仪器精度						
	仪器编号						

检测数据	平行测定次数/次				1				2		
	坩埚质量 m_2/g										
	坩埚+样品质量 m_3/g										
	烘干称重	1	2	3	恒重1	1	2	3	恒重2		
	干燥后坩埚+灰分质量 m_1/g										

结果计算	样品总灰分含量 X/$[\text{g}\cdot(100\ \text{g})^{-1}]$	
	平均值/$[\text{g}\cdot(100\ \text{g})^{-1}]$	
	相对相差/%	
	计算公式	

续表

结果报告			
检验员：		复核人：	
日 期：		日 期：	
操作后清场			
清场项目	清场结果	清场人	复核人
仪器清洁,设备外表擦拭干净	合格□ 不合格□		
工(器)具擦拭或清洗干净,放到指定位置	合格□ 不合格□		
地面、台面清洁干净	合格□ 不合格□		
实验垃圾及废物收集到指定位置	合格□ 不合格□		
关好水、电及门窗	合格□ 不合格□		
指导教师签字：		年 月 日	

【任务考评】

技能性工作任务考核表

任务名称			学生姓名			
考核指标	评价内容	分值/分	得分/分			
			自评	互评	组长评	教师评
预习考核	预习手册填写情况	5				
	实操方案设计情况	5				
任务实施过程考核	操作规范性,熟练度	10				
	操作规程执行情况	10				
	记录填写情况(及时、准确、清晰、整洁、真实)	10				
	清场情况	5				
任务结果考核	结果计算准确	5				
	有效数字位数保留适当	5				
	精密度符合要求	5				
	结果报告简洁、明确	5				

续表

考核指标	评价内容	分值/分	得分/分			
			自评	互评	组长评	教师评
职业素养考核	遵守纪律:遵守实验室规章制度,不迟到早退,不无故请假,不脱岗串岗	5				
	安全意识:穿工作服,戴防护用品,爱护仪器设备,不乱丢乱倒原料试剂等	5				
	环保意识:台面清洁,不乱丢废弃物,节约用水、用电,集中处理废液废物	5				
	团队协作、沟通交流能力:服从组长安排,配合良好,积极主动地完成本岗位任务	5				
	学习能力:有较强的自主学习能力和创新意识	5				
	严谨、求实、诚信的品质,责任意识和质量意识	5				
	精益求精、爱岗敬业、精细操作的劳动精神	5				
总计		100				

【交流探讨】

1. 为什么说食品中的灰分不能准确地表示食品中原来的无机成分的总量?
2. 试述灰分测定时炭化的目的及选择合适的灰化温度的必要性。
3. 怀疑某种面粉中掺有滑石粉,如何用灰分测定方法确认? 写出原理、操作及判断方法。

食品中灰分的测定相关知识

课后练习

任务三 食品中糖类的测定

【任务目标】

◆ 知识目标

1. 了解碳水化合物、还原糖的概念和知识;
2. 掌握可溶性糖类的提取和澄清方法;
3. 掌握还原糖、蔗糖、总糖、淀粉测定的原理、适用范围及操作要点;
4. 了解食品中膳食纤维的测定方法。

◆ 能力目标

1. 熟练掌握直接滴定法测定还原糖的方法和操作技能;
2. 能正确配制和标定葡萄糖标准溶液、碱性酒石酸铜溶液;
3. 能如实记录检验过程中的现象和问题;
4. 会分析还原糖测定过程的误差来源;
5. 会进行结果计算。

◆ 素质目标

1. 培养精益求精的工匠精神,追求卓越的创新精神;
2. 树立正确的质量意识,增强检验过程中的节约和环保意识。

【背景知识】

一、食品中的糖类物质

食品中的糖类主要包括单糖、双糖和多糖三大类。糖类是由碳、氢和氧3种元素组成的有机化合物,是人体主要的供能物质并维持人体的酸碱平衡,也是构成机体的一类重要物质,并参与细胞的许多生命过程。

糖类根据组成可分为单糖、双糖和多糖。食品中的单糖主要有葡萄糖、果糖和半乳糖,都是含有6个碳原子的多羟基醛或多羟基酮,分别称为己醛糖(葡萄糖、半乳糖)和己酮糖(果糖),此外还有核糖、阿拉伯糖、木糖等戊醛糖。双糖是2个分子的单糖缩合而成的糖,主要的有蔗糖、乳糖和麦芽糖。蔗糖由1分子葡萄糖和1分子果糖缩合而成,普遍存在于具有光合作用的植物中,是食品工业中最重要的甜味物质。由10个以上单糖缩合而成的高分子聚合物,称为多糖,如淀粉、纤维素、果胶等。淀粉广泛存在于谷类、豆类及薯类中;纤维素是组成植物细胞壁的重要成分,主要集中于谷类的谷糠和果蔬的表皮中。果胶存在于各类植物的果实中,对果品和蔬菜的质地有重要的影响。

二、食品中糖类测定的意义与方法

在食品加工过程中,糖类对改变食品的形态、组织结构、物化性质以及色、香、味等感官指标起着重要的作用。食品中的糖类含量也标志着其营养价值的高低,是某些食品的主要质量指标之一。因此,分析检测食品中糖类物质的含量,在食品工业中具有十分重要的意义,是食品的主要分析项目。

测定糖类的方法很多,常用的有物理法、化学法、色谱法和酶法等。物理法只能用于某些特定的样品,如利用旋光法测定糖液的浓度等。化学法是应用最广泛的常规分析法,它包括还原糖法(直接滴定法、高锰酸钾法、铁氰化钾法等)、碘量法、缩合反应法等。食品中还原糖、蔗糖、总糖、淀粉和果胶物质等的测定多采用化学法,但不能确定食品中糖的组分和种类。采用色谱法,如薄层色谱、气相色谱、高效液相色谱(High Performance Liquid Chromatography, HPLC)、离子交换色谱等可以对糖类化合物进行定性定量测定。

三、食品中可溶性糖类的提取与澄清

食品中可溶性糖类通常是指葡萄糖、果糖等游离单糖及蔗糖等低聚糖。由于食品材料组成复杂,存在一些干扰物质,在分析时,需要选择合适的提取剂和试剂将可溶性糖提取纯化后才能进行测定。

（一）可溶性糖的提取

1. 提取剂的选择和种类

①乙醇溶液：乙醇溶液是最常见的可溶性糖提取剂，常用80%的热乙醇溶液（终浓度）。当乙醇的浓度较高时，蛋白质、淀粉等高分子物质不能溶解出来，因此，这是一种有效的提取溶剂，一般至少提取两次以保证可溶性糖提取完全。

②水：可溶性糖可以用水进行提取，温度40~50℃时提取效果较好。温度升高，会导致可溶性淀粉和糊精溶出。水作为提取剂时，一些易溶于水的物质会进入提取液中，如色素、蛋白质、可溶性果胶、可溶性淀粉、有机酸等，对可溶性糖的测定干扰较大。水果及其制品中含有较多有机酸，为防止蔗糖等低聚糖在加热时被部分水解，提取液的pH应调节为中性。

2. 提取液制备的原则

提取液的制备方法要根据样品的性质而定，一般遵循以下原则：

①确定合适的取样量和稀释倍数：确定取样量和稀释倍数，要考虑所采用的分析方法的检测范围。一般提取液经过纯化和可能的转化后，含糖量应为0.5~3.5 mg/mL。提取10 g含糖2%的样品可在100 mL容量瓶中进行，提取含糖较高的食品，可取2.5~5 g样品于250 mL容量瓶中进行提取。

②含脂肪的食品需脱脂后再提取：对于含脂肪较高的样品，如巧克力、蛋黄酱等，一般用石油醚进行脱脂，然后再进行提取。

③含有大量淀粉和糊精的食品，宜采用乙醇溶液提取：对于谷物类样品、某些蔬菜及调味品等，用水提取时可使部分淀粉、糊精溶出，影响测定结果，同时过滤也较困难，因此，宜采用乙醇溶液提取。提取时可加热回流，再冷却、离心，倒出上清液，重复提取2~3次，合并提取液，蒸发除去乙醇。

④含酒精和二氧化碳等挥发性成分的液体样品，应水浴加热除去挥发性成分。加热时应保持溶液呈中性，以免造成低聚糖的水解及单糖的分解。

（二）提取液的澄清

采用水和乙醇溶液提取的提取液中，除含有单糖和低聚糖等可溶性糖外，还不同程度地含有一些杂质，对测定结果有一定的影响，如色素、蛋白质、可溶性果胶、可溶性淀粉、有机酸、游离氨基酸、低分子量的多肽等。这些杂质物质会使提取液带有颜色或呈现浑浊，影响测定结果；或者在测定过程中杂质有可能与被测成分或分析试剂发生化学反应，影响分析结果的准确性；胶态杂质的存在还会给过滤带来困难，因此，须将这些杂质除去。常用的方法是加入澄清剂沉淀除去杂质。

1. 糖类澄清剂的要求

糖类澄清剂须满足以下3个条件：

①能较完全地除去干扰物质。

②不吸附或沉淀被测糖分，也不改变被测糖分的理化性质。

③过剩的澄清剂应不干扰后面的分析操作，或易于除去。

2. 常用的澄清剂

在糖类分析中主要使用的澄清剂有以下6种：

①中性乙酸铅：这是最常用的一种澄清剂。铅离子能与多种离子生成沉淀，同时吸附除去部分杂质。中性乙酸铅可除去蛋白质、果胶、有机酸、单宁等杂质，澄清效果明显，不会沉淀样液中的还原糖，在室温下也不会形成铅糖复合物，因此适用于测定样品还原糖的澄清，但脱

色能力较差,不宜用于深色样液的澄清,适用于浅色的糖及糖浆制品、果蔬制品、焙烤制品。使用时需注意,铅有一定毒性。

②乙酸锌-亚铁氰化钾溶液:利用乙酸锌与亚铁氰化钾反应生成的氰亚铁酸锌沉淀带走或吸附杂质。这种澄清剂去除蛋白质能力较强,但脱色能力差,适用于色泽较浅、蛋白质含量较高的样液澄清,如乳制品、豆制品。

③硫酸铜-氢氧化钠溶液:由 5 份硫酸铜溶液(69.28 g $CuSO_4 \cdot 5H_2O$ 溶于 1 L 水中)和 2 份 1 mol/L 氢氧化钠溶液组成。在碱性条件下,铜离子可使蛋白质沉淀,适用于富含蛋白质样品的澄清。

④碱性乙酸铅:能除去蛋白质、有机酸、单宁等杂质,又能凝聚胶体。由于能生成体积较大的沉淀,可带走部分糖,特别是果糖。过量的碱性乙酸铅可因其碱度及铅糖的形成而改变糖类的旋光度。此澄清剂常用以处理深色样品。

⑤氢氧化铝溶液(铝液):能凝聚胶体,但对非胶态杂质的澄清效果较差。可用于浅色样品液的澄清,或作为附加澄清剂。

⑥活性炭:活性炭能除去植物样品中的色素,适用于颜色较深的提取液,缺点是会吸附糖类造成糖的损失,特别是对蔗糖的损失达 6% ~ 8%,限制了其在糖类分析中的应用。

除上述澄清剂外,还有硅藻土、六甲基二硅烷等也可作为澄清剂。澄清剂的种类很多,各种澄清剂的性质不同,澄清效果也各不一样,使用澄清剂时应根据样品的种类、干扰成分及含量加以选择,同时还必须考虑所采用的分析方法。如用直接滴定法测定还原糖时,不能用硫酸铜-氢氧化钠溶液澄清样品,以免样品中引入 Cu^{2+};用高锰酸钾滴定法测定还原糖时,不能用乙酸锌-亚铁氰化钾溶液澄清样液,以免样品中引入 Fe^{2+}。

3. 澄清剂的用量

澄清剂的用量必须适当。用量太少,达不到澄清的目的,用量太多,则会使分析结果产生误差。即使是中性乙酸铅之类对分析结果影响较小的澄清剂,用量也不能过大。因为当样液在测定过程中加热时,铅与糖(特别是果糖)结合生成铅糖化合物,使测得的糖含量降低。因此,在分析中尽可能使用最少量的澄清剂,以降低测定误差。也可用除铅剂除去样液中残留铅,常用的除铅剂有草酸钠、草酸钾、硫酸钠、磷酸氢二钠。

四、还原糖及其测定

还原糖是指具有还原性的糖类。在糖类中,葡萄糖、果糖、乳糖和麦芽糖等因其分子中含有游离的醛基和游离的酮基,因此被称为还原糖;其他双糖(如蔗糖)、三糖乃至多糖(如糊精、淀粉等),其本身虽然不具还原性,但可以通过水解而生成相应的还原性单糖,通过测定水解液中的还原糖含量,就可以求得样品中相应糖类的含量。因此,还原糖的测定是一般糖类定量的基础。

【技能性工作任务】

乳粉中还原糖的测定

◆ 任务描述

乳粉中还原糖的测定依据《食品安全国家标准 食品中还原糖的测定》(GB 5009.7—2016)第一法 直接滴定法。要求根据操作规程,结合实验室条件,制定检验方案,完成乳粉中还原糖含量的测定,如实记录和分析检测数据,规范地报告检测结果。

◆ 操作规程

食品中还原糖测定操作规程(直接滴定法)

1. 目的

学会用直接滴定法测定食品中的还原糖,学会还原糖测定的滴定操作及终点判断方法;能正确记录计算处理检测数据;能规范地报告检测结果。

2. 原理

试样经除去蛋白质后,以亚甲基蓝作为指示剂,在加热条件下滴定标定过的碱性酒石酸铜溶液(已用还原糖标准溶液标定),根据样液消耗量可计算出还原糖含量。样液中的还原糖将酒石酸钾钠铜中的二价铜还原为氧化亚铜,形成砖红色沉淀;待二价铜全部被还原后,稍过量的还原糖把亚甲基蓝还原,溶液由蓝色变为无色,即为滴定终点。

适用范围:食品中还原糖含量的测定(不适用于深色样品)。

3. 仪器与试剂

(1)主要仪器

天平(感量为 0.1 mg)、可调温电炉、水浴锅、酸式滴定管(25 mL)。

(2)主要试剂材料

①碱性酒石酸铜甲液:称取硫酸铜 15 g 和亚甲基蓝 0.05 g,溶于水中,并稀释至 1 000 mL。

②碱性酒石酸铜乙液:称取酒石酸钾钠 50 g 和氢氧化钠 75 g,溶于水中,再加入亚铁氰化钾 4 g,完全溶解后,用水定容至 1 000 mL,贮存于橡胶塞玻璃瓶中。

③葡萄糖标准溶液(1.0 mg/mL):准确称取经过 98 ~ 100 ℃烘干 2 h 后的葡萄糖 1 g,加水溶解后加入盐酸溶液 5 mL,并用水定容至 1 000 mL。此溶液每毫升相当于 1.0 mg 葡萄糖。

④转化糖标准溶液(1.0 mg/mL):准确称取 1.052 6 g 蔗糖,用 100 mL 水溶解,置具塞三角瓶中,加盐酸溶液 5 mL,在 68 ~ 70 ℃水浴中加热 15 min,放置至室温,转移至 1 000 mL 容量瓶中并加水定容至 1 000 mL,每毫升标准溶液相当于 1.0 mg 转化糖。

⑤乙酸锌溶液:称取乙酸锌 21.9 g,加冰乙酸 3 mL,加水溶解并定容至 100 mL。

⑥亚铁氰化钾溶液(106 g/L):称取亚铁氰化钾 10.6 g,加水溶解并定容至 100 mL。

注:除非另有说明,本方法所用试剂均为分析纯,水为现行国家标准 GB/T 6682 规定的三级水。

4. 操作步骤

(1)样品制备

含淀粉的食品:称取粉碎或混匀后的试样 10 ~ 20 g(精确至 0.001 g),置于 250 mL 容量瓶中,加水 200 mL,在 45 ℃水浴中加热 1 h,并时时振摇,冷却后加水至刻度,混匀,静置,沉淀。吸取 200.0 mL 上清液置于另一 250 mL 容量瓶中,缓慢加入乙酸锌溶液 5 mL 和亚铁氰化钾溶液 5 mL,加水至刻度,混匀,静置 30 min,用干燥滤纸过滤,弃去初滤液,取后续滤液备用。

酒精饮料:称取混匀后的试样 100 g(精确至 0.01 g),置于蒸发皿中,用氢氧化钠溶液中和至中性,在水浴上蒸发至原体积的 1/4 后,移入 250 mL 容量瓶中,缓慢加入乙酸锌溶液 5 mL 和亚铁氰化钾溶液 5 mL,余下操作同含淀粉的食品。

碳酸饮料:称取混匀后的试样 100 g(精确至 0.01 g)于蒸发皿中,在水浴上微热搅拌除去二氧化碳后,移入 250 mL 容量瓶中,用水洗涤蒸发皿,洗液并入容量瓶,加水至刻度,混匀后备用。

其他食品:称取粉碎后的固体试样 2.5 ~ 5 g(精确至 0.001 g)或混匀后的液体试样 5 ~ 25 g(精确至 0.001 g),置 250 mL 容量瓶中,加 50 mL 水,缓慢加入澄清剂,余下操作同含淀粉的食品。

（2）碱性酒石酸铜溶液的标定

吸取碱性酒石酸铜甲、乙液各 5 mL 于 150 mL 锥形瓶中，加水 10 mL，加入玻璃珠 2～4 粒，从滴定管滴加葡萄糖标准溶液约 9 mL，控制在 2 min 内加热至沸，趁热以 2 s 1 滴的速度继续滴加葡萄糖标准溶液，直至溶液蓝色刚好褪去为终点，记录消耗的葡萄糖标准溶液的总体积 V_1，平行操作 3 次，取平均值。计算 10 mL 碱性酒石酸铜溶液相当于葡萄糖的质量 $m_1 = c \times V_1$。

注：也可以按上述方法标定 4～20 mL 碱性酒石酸铜溶液（甲、乙液各半）来适应试样中还原糖的浓度变化。

（3）样液预测

吸取碱性酒石酸铜甲、乙液各 5 mL 于 150 mL 锥形瓶中，加水 10 mL，加玻璃珠 3 粒，加热在 2 min 内沸腾，准确沸腾 30 s 后，沸腾状态下以 2 s 1 滴的速度滴加试样溶液，至溶液蓝色刚好褪去为终点，记录消耗的样品溶液的体积 V_0，与标定时消耗的葡萄糖标准溶液体积的平均值 V_1 相比较，初步了解样液中还原糖的浓度，以便确定正式测定方案。

（4）样液测定

根据预测定结果，可能出现两种情形之一：

①样液预测其还原糖浓度与葡萄糖标准溶液浓度相比过高时，应当稀释至浓度相当后，再按步骤进行正式测定：取碱性酒石酸铜甲、乙液各 5 mL 于 150 mL 锥形瓶中，加水 10 mL，加玻璃珠 3 粒，从滴定管滴加比预测时消耗样品溶液体积少 1 mL 的样品溶液，加热在 2 min 内沸腾，准确沸腾 30 s 后，继续滴加试样溶液，至溶液蓝色刚好褪去。记录消耗的样品溶液的总体积 V，平行测定 3 次，取平均值。样品还原糖含量按式（3.4）计算。

②样液预测其还原糖浓度过低时，则直接加入 10 mL 样液，免去加水 10 mL，再用葡萄糖标准溶液滴定至终点。记录消耗的葡萄糖标准溶液的体积 V_2，平行测定 3 次，取平均值。这时，10 mL 样液中的还原糖等于标定时消耗的葡萄糖标准溶液体积 V_1 与加入样液后消耗的体积 V_2 之差相当的还原糖的质量，即 $m_2 = c \times (V_1 - V_2)$。样品还原糖含量按式（3.5）计算。

（5）操作后清场

检查使用的仪器、设备、水电是否关闭；仪器设备外表擦拭干净；剩余原料、试剂放到指定位置；打扫卫生；垃圾废物收集到指定位置。

（6）操作注意事项

①此法所用的碱性酒石酸铜的氧化能力较强，醛糖和酮糖都能被氧化，所以测得的是总还原糖量。

②在样品处理时，不能用铜盐作为澄清剂，以免样液中引入 Cu^{2+}，得到错误的结果。

③亚甲基蓝也是一种氧化剂，其氧化型为蓝色，还原型为无色；但在测定条件下，它的氧化能力比 Cu^{2+} 弱，故还原糖先与 Cu^{2+} 反应，Cu^{2+} 完全反应后，稍微过量的还原糖则将亚甲基蓝指示剂还原，使之由蓝色变为无色，指示滴定终点。

④为消除氧化亚铜沉淀对滴定终点观察的干扰，在碱性酒石酸铜乙液中加入少量亚铁氰化钾，使之与 Cu_2O 生成可溶性的无色配合物。

⑤碱性酒石酸铜甲液和乙液应分别贮存，用时才混合。否则酒石酸钾钠铜配合物长期在碱性条件下会慢慢分解析出氧化亚铜沉淀，使试剂有效浓度降低。

⑥滴定必须在沸腾条件下进行，一方面，加热可以加快还原糖与 Cu^{2+} 的反应速度；另一方面，避免亚甲基蓝和氧化亚铜被氧化而增加耗糖量。

⑦影响测定结果的主要因素是反应液碱度、热源强度、煮沸时间和滴定速度。因此，必须

严格控制标定和测定时反应液的体积应接近,使反应体系碱度一致。热源强度应控制在使反应液在 2 min 内沸腾,且沸腾时间应保持一致。滴定速度过快,消耗糖量多;反之,消耗糖量少。

5.结果计算与报告

(1)数据记录(填入操作手册中)

(2)结果计算

试样中还原糖的含量(以葡萄糖计),按式(3.4)计算:

$$X = \frac{m_1}{m \times F \times \frac{V}{250} \times 1\,000} \times 100 \tag{3.4}$$

$$m_1 = c \times V_1$$

式中　X——试样中还原糖的含量(以葡萄糖计),g/100 g;

　　　m_1——碱性酒石酸铜溶液(甲、乙液各半)相当于葡萄糖的质量,mg;

　　　m——试样质量,g;

　　　F——系数,对含淀粉的食品、碳酸饮料、其他食品为0.8,酒精饮料为1;

　　　V——测定时平均消耗试样溶液体积,mL;

　　　c——葡萄糖标准溶液浓度,mg/mL;

　　　250——试样定容体积,mL;

　　　1 000——换算系数。

当浓度过低时,试样中还原糖的含量(以葡萄糖计),按式(3.5)计算:

$$X = \frac{m_2}{m \times F \times \frac{10}{250} \times 1\,000} \times 100 \tag{3.5}$$

$$m_2 = c \times (V_1 - V_2)$$

式中　10——样液体积,mL;

　　　m_2——标定时与加入样品后消耗的还原糖标准溶液体积之差相当于某种还原糖的质量,mg。

其他与式(3.4)的含义一致。

(3)质量标准

①还原糖含量≥10 g/100 g 时,保留三位有效数字。

②还原糖含量<10 g/100 g 时,保留两位有效数字。

③在重复性条件下获得的两次独立测定结果的绝对差值不得超过算术平均值的5%。

【任务实施】

预习手册

任务名称		指导教师	
小组成员		学生姓名	
引导问题		问题回答	
本任务的误差可能来自哪些方面?			

续表

引导问题	问题回答			
本任务的关键在哪里?				

	设备用具名称	规格/型号	使用数量	使用情况
本任务的主要设备有哪些?				

	试剂耗材名称	试剂浓度	配制数量	配制过程	使用情况
本任务的主要试剂有哪些?					

问题和建议

操作手册

小组成员		指导教师	
操作前检查			
检查内容	检查结果		检查人
是否按规定穿工作服,戴口罩、手套等防护用具	是□　　否□		
检查仪器设备是否清洁,是否运转正常	是□　　否□		
检查检验设备的校验合格证是否在有效期内	是□　　否□		
检查操作现场水、电供应是否正常	是□　　否□		
检查试剂和耗材是否符合要求	是□　　否□		

续表

操作过程记录									
基本信息	样品名称						样品编号		
	生产单位						检测编号		
	生产批号						检测项目		
	检验依据						检测方法		
检测环境	室温/℃						相对湿度/%		
检测仪器	仪器名称								
	仪器精度								
	仪器编号								
标准溶液	标准葡萄糖浓度 c/(mg·mL^{-1})								
检测数据	碱性酒石酸铜溶液标定	消耗标准葡萄糖溶液的体积 V_1/mL	1		2		3	平均值 V_1	
		相当于标准还原糖的质量 m_1/mg	$m_1 = c \times V_1$						
	样品处理	样品称量 m/g	样1:			样2:			
		样品提取澄清							
		样品最终定容体积/mL							
	预测定	消耗的样液体积/mL							
	正式测定	平行测定次数/次	1	2	3	平均	1	2	3	平均
		消耗的样液体积 V/mL								
结果计算	样品还原糖含量 X/[g·(100 g)$^{-1}$]								
	平均值/[g·(100 g)$^{-1}$]								
	相对相差/%								
	计算公式								
结果报告									
检验员:		复核人:							
日 期:		日 期:							

操作后清场			
清场项目	清场结果	清场人	复核人
仪器清洁,设备外表擦拭干净	合格□ 不合格□		
工具擦拭或清洗干净,放到指定位置	合格□ 不合格□		

续表

清场项目	清场结果	清场人	复核人
地面、台面清洁干净	合格□ 不合格□		
实验垃圾及废物收集到指定位置	合格□ 不合格□		
关好水、电及门窗	合格□ 不合格□		
指导教师签字:		年 月 日	

【任务考评】

技能性工作任务考核表

任务名称			学生姓名			
考核指标	评价内容	分值/分	得分/分			
			自评	互评	组长评	教师评
预习考核	预习手册填写情况	5				
	实操方案设计情况	5				
任务实施过程考核	操作规范性,熟练度	10				
	操作规程执行情况	10				
	记录填写情况(及时、准确、清晰、整洁、真实)	10				
	清场情况	5				
任务结果考核	结果计算准确	5				
	有效数字位数保留适当	5				
	精密度符合要求	5				
	结果报告简洁、明确	5				
职业素养考核	遵守纪律:遵守实验室规章制度,不迟到早退,不无故请假,不脱岗串岗	5				
	安全意识:穿工作服,戴防护用品,爱护仪器设备,不乱丢乱倒原料试剂等	5				
	环保意识:台面清洁,不乱丢废弃物,节约用水、用电,集中处理废液废物	5				
	团队协作、沟通交流能力:服从组长安排,配合良好,积极主动地完成本岗位任务	5				
	学习能力:有较强的自主学习能力和创新意识	5				
	严谨、求实、诚信的品质,责任意识和质量意识	5				
	精益求精、爱岗敬业、精细操作的劳动精神	5				
总计		100				

【交流探讨】

1. 为什么说还原糖的测定是糖类定量的基础?
2. 直接滴定法测定还原糖是如何定量的?
3. 直接滴定法测定还原糖为何要在沸腾条件下滴定,并且不能摇动锥形瓶?
4. 直接滴定法测定还原糖过程中,样液预测对提高测定结果的准确度有何帮助?

食品中糖类
的测定相关
知识

课后练习

任务四 食品中蛋白质和氨基酸的测定

【任务目标】

◆ 知识目标

1. 掌握蛋白质折算系数的概念和知识;
2. 掌握凯氏定氮法测定蛋白质的原理及操作要点;
3. 了解比色法的原理,基本方法及仪器使用和维护的知识;
4. 掌握氨基酸、氨基酸态氮的概念和相关知识;
5. 掌握氨基酸态氮测定的原理、适用范围及操作步骤。

◆ 能力目标

1. 会凯氏定氮法的操作,包括样品的消化、蒸馏、吸收的操作技能;
2. 会甲醛法测定氨基酸态氮的操作技能;
3. 能如实记录检验过程中的现象和问题;
4. 会分析测定过程的误差来源;
5. 会进行结果计算。

◆ 素质目标

1. 培养精益求精的工匠精神,追求卓越的创新精神;
2. 树立正确的质量意识,增强检验过程中的节约和环保意识。

【背景知识】

一、食品中蛋白质的含量

不同食品中蛋白质的含量各不相同,一般来说动物性食品的蛋白质含量高于植物性食品,见表3-4-1。

表 3-4-1 不同食品的蛋白质含量

食品名称	蛋白质含量/%	食品名称	蛋白质含量/%	食品名称	蛋白质含量/%
牛肉	20	鸡肉	20	带鱼	18
猪肉	9.5	牛乳	3.5	大豆	40
兔肉	21	黄鱼	17	鸡蛋	13

二、食品中蛋白质的组成及蛋白质换算系数

蛋白质是指由 20 多种氨基酸通过酰胺键以一定方式结合起来,并具有一定的空间结构的复杂的有机化合物,所含的主要化学元素为 C、H、O、N,在某些蛋白质中还含有 P、Cu、Fe、I 等化学元素,含氮元素则是蛋白质区别其他化合物的主要标志。

不同的蛋白质其氨基酸构成比例及方式不同,含氮量也不同。一般蛋白质含氮量为 16%,即 1 份氮相当于 6.25 份蛋白质,此数值(6.25)称为蛋白质的折算系数。不同食品的蛋白质的折算系数有所不同,常见食物中的氮折算成蛋白质的折算系数见表 3-4-2。

表 3-4-2 蛋白质的折算系数

食品类别	蛋白质系数	食品类别	蛋白质系数	食品类别	蛋白质系数
芝麻、棉籽、蓖麻	5.30	黑麦、普通小麦	5.70	玉米、高粱	6.25
葵花籽、红花籽	5.30	麦胚粉、面粉	5.70	黑小麦、饲料小麦	6.25
菜籽	5.53	麦糠麸皮	6.31	动物明胶	5.55
其他油料	6.25	麦胚芽	5.80	纯乳与纯乳制品	6.38
巴西果、花生	5.46	全小麦粉、黑麦粉	5.83	酪蛋白	6.40
杏仁	5.18	燕麦、大麦	5.83	胶原蛋白	5.79
核桃、榛子、椰果等	5.30	小米、裸麦	5.83	复合配方食品	6.25
鸡蛋(全)	6.25	荞麦、青豆	6.25	大豆及其粗加工制品	6.25
蛋黄	6.12	大米及米粉	5.95	大豆蛋白制品	6.25
蛋白	6.32	肉与肉制品	6.25	其他食品	6.25

三、蛋白质和氨基酸测定的意义

蛋白质是人体所需的重要营养物质,也是食品中重要的营养成分。测定食品中蛋白质的含量对评价食品的营养价值,合理开发利用食品资源,提高产品质量,优化食品配方,指导经济核算及生产过程控制均具有十分重要的意义。

蛋白质可以被酶、酸或碱水解,其水解的最终产物是氨基酸。氨基酸是构成蛋白质的基本物质之一。在构成蛋白质的氨基酸中,亮氨酸、异亮氨酸、赖氨酸、苯丙氨酸、蛋氨酸、苏氨酸、色氨酸和缬氨酸 8 种氨基酸在人体中不能自主合成,必须依靠膳食摄入(被称为必需氨基酸)。为提高蛋白质的生理效价而进行食品氨基酸互补和强化的理论研究,对食品加工工艺的优化、保健食品的开发及合理配膳等工作都具有积极的指导作用。因此,食品及其原料中氨基酸的分离、鉴定和定量也具有重要意义。

四、蛋白质和氨基酸测定的方法

测定蛋白质的方法可以分为两大类:一类是利用蛋白质的共性,如含氮量、肽键和折射率等测定蛋白质含量(如凯氏定氮法、双缩脲法等);另一类是利用蛋白质中特定氨基酸残基、酸性和碱性基团以及芳香基团等测定蛋白质含量(如酚试剂法、紫外光谱吸收法、色素结合法等)。但因食品种类繁多,食品中蛋白质含量各异,且常受到碳水化合物、脂肪和维生素等其他成分的干扰,因此测定蛋白质最常用的方法是凯氏定氮法,它是测定总有机氮的最准确又操作简便的方法之一。凯氏定氮法分为常量凯氏定氮法、微量凯氏定氮法和自动凯氏定氮法,这3种分析方法原理相同,具体采用何种方式则根据样品含蛋白质的量不同和现有实验室条件来确定。自动凯氏定氮法适用于大批量的样品蛋白质含量分析检测,如果样品的数目较少,则采用常量凯氏定氮法较方便。双缩脲法、染料结合法、酚试剂法等也常用于蛋白质含量测定,这些方法简便快速,一般用于生产单位的质量控制分析。

食品中氨基酸成分比较复杂,在常规检验中多测定样品中的氨基酸总量,通常采用酸碱滴定法。色谱技术的发展为各种氨基酸的分离、鉴定及定量提供了有力的工具。

【技能性工作任务】

奶粉中蛋白质的测定

◆任务描述

《食品安全国家标准 食品中蛋白质的测定》(GB 5009.5—2025)中规定了测定食品中蛋白质的3种方法,即凯氏定氮法、分光光度法和燃烧法,本任务采用第一法 凯氏定氮法。要求根据操作规程,结合实验室条件,制定检验方案,完成奶粉中蛋白质含量的测定,如实记录和分析检测数据,规范地报告检测结果。

◆操作规程

食品中蛋白质测定操作规程

1. 目的

建立食品中蛋白质测定岗位操作规程,规范本岗位的操作,确保检测结果的准确性和稳定性。

2. 原理

食品中的蛋白质在催化加热条件下被分解,产生的氨与硫酸结合生成硫酸铵。碱化蒸馏使氨游离,用硼酸吸收后以硫酸或盐酸标准滴定溶液滴定,根据酸的消耗量计算氮含量,再乘以换算系数,即为蛋白质的含量。

适用范围:食品中蛋白质的测定。

3. 仪器与试剂

(1)主要仪器

天平(感量为1 mg)、移液管、定氮瓶、消化炉(≥420 ℃)、定氮蒸馏装置(图3-4-1)、半自动凯氏定氮仪或全自动凯氏定氮仪、匀浆机、粉碎机。

(2)主要试剂材料

硫酸铜、硫酸钾、硫酸、硼酸、氢氧化钠、95%乙醇、甲基红、溴甲酚绿、亚甲基蓝。

(3)试剂配制

①硼酸溶液(20 g/L):称取20 g硼酸,加水溶解后并稀释至1 000 mL。

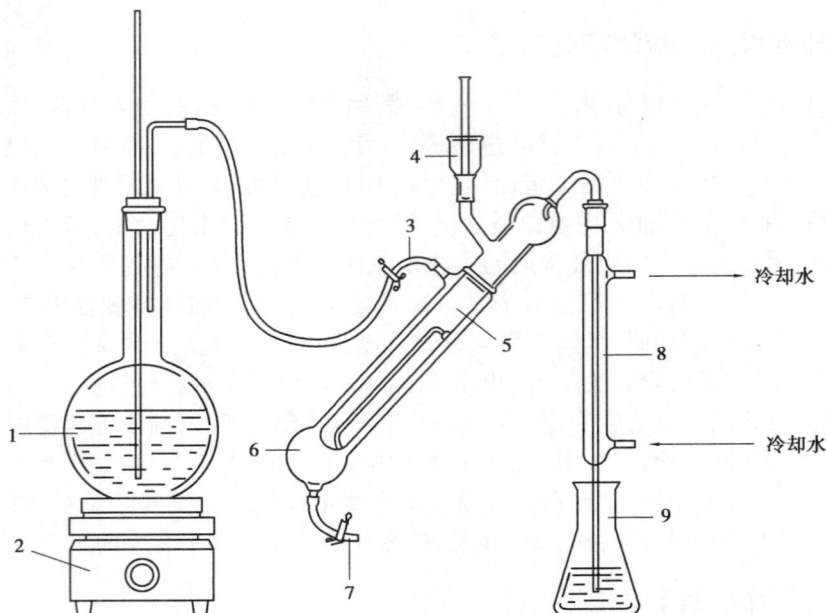

图 3-4-1　定氮蒸馏装置

1—水蒸气发生器(烧瓶);2—电炉;3—水蒸气入口导管及螺旋夹;4—小玻杯及棒状玻塞;
5—反应室;6—反应室外层;7—水蒸气出水导管及螺旋夹;8—冷凝管;9—蒸馏液接收瓶

②氢氧化钠溶液(400 g/L):称取 40 g 氢氧化钠加水溶解后,放冷,并稀释至 100 mL。

③硫酸标准滴定溶液 $c(1/2H_2SO_4)$ 或盐酸标准滴定溶液 $c(HCl)0.10$ mol/L。

④硫酸标准滴定溶液 $c(1/2H_2SO_4)$ 或盐酸标准滴定溶液 $c(HCl)0.05$ mol/L:用移液管吸取 50 mL 0.10 mol/L 硫酸标准滴定溶液或盐酸标准滴定溶液至 100 mL 容量瓶,用水稀释到刻度,临用现配,必要时重新标定。

⑤甲基红指示剂(1 g/L):称取 0.1 g 甲基红,溶于 95% 乙醇,用 95% 乙醇稀释至 100 mL,10～30 ℃保存 12 个月。

⑥亚甲基蓝指示剂(1 g/L):称取 0.1 g 亚甲基蓝,溶于 95% 乙醇,用 95% 乙醇稀释至 100 mL,10～30 ℃保存 12 个月。

⑦溴甲酚绿指示剂(1 g/L):称取 0.1 g 溴甲酚绿,溶于 95% 乙醇,用 95% 乙醇稀释至 100 mL,10～30 ℃保存 12 个月。

⑧A 混合指示液:2 份甲基红乙醇溶液与 1 份亚甲基蓝乙醇溶液,混匀。10～30 ℃保存 12 个月。

⑨B 混合指示液:1 份甲基红乙醇溶液与 5 份溴甲酚绿乙醇溶液,混匀。10～30 ℃保存 12 个月。

注:除非另有说明,本方法所用试剂均为分析纯,水为现行国家标准 GB/T 6682 规定的三级水。

4. 操作步骤

(1)凯氏定氮法

①试样消化:称取固体试样 0.2～2 g、半固体试样 2～5 g(精确至 0.001 g),液体试样 10～25 mL(g)(相当于 30～40 mg 氮),分别移入干燥的 100 mL、250 mL 或 500 mL 定氮瓶中,加入 0.4 g 硫酸铜、6 g 硫酸钾及 20 mL 硫酸,轻摇后于瓶口放一小漏斗,将瓶以 45°角斜放置于有

小孔的石棉网上。缓慢加热,待内容物全部炭化,泡沫完全停止后,加大火力,并保持瓶内液体微沸,至液体呈蓝绿色并澄清透明后,再继续加热0.5~1 h。取下定氮瓶冷却至室温,小心加入20 mL水,将内容物全部转移至100 mL容量瓶中,并用少量水洗定氮瓶内壁,洗液并入容量瓶中,再加水至刻度,混匀备用。同时进行空白试验。

②蒸馏与吸收:按如图3-4-1所示装好定氮蒸馏装置,向水蒸气发生器内装水至2/3处,加入数粒玻璃珠,加甲基红数滴及数毫升硫酸,至溶液成红色,以保持水呈酸性,加热煮沸水蒸气发生器内的水并保持沸腾。

向接收瓶内加入10.0 mL硼酸溶液及3~4滴A混合指示液或B混合指示液,并使冷凝管的下端插入液面下,根据试样中氮含量,准确吸取2.0~10.0 mL试样处理液由小玻杯注入反应室,以10 mL水洗涤小玻杯并使之流入反应室内,随后塞紧棒状玻塞。将10.0 mL氢氧化钠溶液倒入小玻杯,提起玻塞使其缓缓流入反应室,立即将玻塞盖紧,并水封。夹紧螺旋夹,开始蒸馏。蒸馏15 min后移动蒸馏液接收瓶,液面离开冷凝管下端,再蒸馏约1 min,至用pH试纸检测馏出液为中性。用少量水冲洗冷凝管下端外部,取下蒸馏液接收瓶。

③滴定:尽快以硫酸或盐酸标准滴定溶液滴定至终点,如用A混合指示液,终点颜色为紫红色;如用B混合指示液,终点颜色为浅灰红色。

(2)全自动或半自动凯氏定氮仪法

称取固体试样0.2~2 g、半固体试样2~5 g(精确至0.001 g),液体试样10~25 g(mL)(相当于30~40 mg氮),再加入0.4 g硫酸铜、6 g硫酸钾及20 mL硫酸于消化炉进行消化。当消化炉温度达到420 ℃之后,继续消化至少1 h,此时消化管中的液体呈绿色透明状,于全自动或半自动凯氏定氮仪(使用前根据不同仪器优化分析参数,加入氢氧化钠溶液,盐酸或硫酸标准溶液以及含有A或B混合指示剂的硼酸溶液)进行试样检测。

当蛋白质含量≤1 g/100 g或1 g/100 mL时,建议使用0.05 mol/L的标准滴定液滴定,当蛋白质含量>1 g/100 g或1 g/100 mL时,建议使用0.10 mol/L的标准滴定液滴定。

注:当蛋白质含量过低且滴定体积小于1 mL或蛋白质含量过高导致滴定体积大于自动凯氏定氮仪滴定管体积时,可调整称样量以减小滴定误差。当样品脂肪含量过高或糖含量过高时,可调整称样量以减小或避免消化时出现爆沸、喷溅、溢流的情况。

(3)操作后清场

检查使用的仪器、设备、水电是否关闭;仪器设备外表擦拭干净;剩余原料、试剂放到指定位置;打扫卫生;垃圾废物收集到指定位置。

(4)操作注意事项

①样品应是均匀的。固体样品应预先研细混匀,液体样品应振摇或搅拌均匀。

②样品放入消化装置内时,不要黏附在瓶(或管)颈上。

③消化时如不容易呈透明溶液,可放冷后,慢慢加入30%过氧化氢(H_2O_2)2~3 mL,促使氧化。

④在整个消化过程中,不要用大火,保持和缓的沸腾,以免氮有损失。

⑤过多的硫酸钾会引起氨的损失,这样会形成硫酸氢钾,而不与氨作用。因此,当硫酸过多地被消耗或样品中脂肪含量过高时,要增加硫酸的量。

⑥加入硫酸钾的作用为增加溶液的沸点,硫酸铜为催化剂,硫酸铜在蒸馏时作碱性反应的指示剂。若所加碱量不足,分解液呈蓝色不生成氢氧化铜沉淀,需再增加氢氧化钠用量。

⑦混合指示剂在碱性溶液中呈绿色,在中性溶液中呈灰色,在酸性溶液中呈红色。

⑧氨是否完全蒸馏出来,可用 pH 试纸测试馏出液是否为碱性。

5. 结果计算与报告

(1)数据记录(记录于操作手册中)。

(2)结果计算

试样中蛋白质的含量,按式(3.6)计算:

$$X = \frac{(V_1 - V_2) \times c \times 0.014\,0}{m \times V_3 / V_4} \times F \times 100 \tag{3.6}$$

式中 X ——试样中蛋白质的含量,g/100 g 或 g/100 g;

   V_1 ——试液消耗硫酸或盐酸标准滴定液的体积,mL;

   V_2 ——试剂空白消耗硫酸或盐酸标准滴定液的体积,mL;

   c ——硫酸或盐酸标准滴定溶液浓度,mol/L;

   0.014 0——1.0 mL 硫酸$[c(1/2H_2SO_4) = 1.000\ mol/L]$或盐酸$[c(HCl) = 1.000\ mol/L]$
   标准滴定溶液相当的氮的质量,g/mmol;

   m ——试样的质量,g 或 mL;

   V_3 ——吸取消化液的体积,mL;

   V_4 ——消解溶液的定容体积,mL;

   F ——蛋白质折算系数,各种食品中氮转换系数见表 3-4-2;

   100——由 g/g 转化为 g/100 g 的换算系数。

注:①分析结果以氮含量表述时,不需要乘蛋白质折算系数 F。分析结果以蛋白质含量
   表述时,应同时报告蛋白质折算系数。

   ②当用半自动或全自动凯氏定氮仪全部转移消化液时,$V_3 = V_4$。

   ③以干基计算试样中蛋白质的含量需根据试样的水分含量折算。

(3)质量标准

①蛋白质含量≥1 g/100 g 或 1 g/100 mL 时,结果保留三位有效数字。

②蛋白质含量<1 g/100 g 或 1 g/100 mL 时,结果保留两位有效数字。

③当样品中蛋白质含量≤10 g/100 g 或 10 g/100 mL,在重复条件下获得的两次独立测定
结果的绝对差值不得超过算术平均值的10%。

④当样品中蛋白质含量>10 g/100 g 或 10 g/100 mL,在重复条件下获得的两次独立测定
结果的绝对差值不得超过算术平均值的5%。

【任务实施】

预习手册

任务名称		指导教师	
小组成员		学生姓名	
引导问题	问题回答		
本任务的误差可能来自哪些方面?			

续表

引导问题	问题回答			
本任务的关键在哪里?				
本任务的主要设备有哪些?	设备用具名称	规格/型号	使用数量	使用情况
本任务的主要试剂有哪些?	试剂耗材名称	试剂浓度	配制数量	配制过程	使用情况
问题和建议				

操作手册

小组成员		指导教师	
操作前检查			
检查内容	检查结果		检查人
是否按规定穿工作服,戴口罩、手套等防护用具	是□ 否□		
检查仪器设备是否清洁,是否运转正常	是□ 否□		
检查检验设备的校验合格证是否在有效期内	是□ 否□		
检查操作现场水、电供应是否正常	是□ 否□		
检查试剂和耗材是否符合要求	是□ 否□		
操作过程记录			

基本信息	样品名称		样品编号	
	生产单位		检测编号	
	生产批号		检测项目	
	检验依据		检测方法	

续表

检测环境	室温/℃			相对湿度/%	
检测仪器	仪器名称				
	仪器精度				
	仪器编号				
标准溶液	盐酸标准溶液浓度 $c/(\text{mol}\cdot\text{L}^{-1})$	盐酸溶液的配制与标定见附表			

检测数据			样1:	样2:	试剂空白:
	样品处理	样品称量			
		样品消化方法			
		样品最终定容体积/mL			
		样品蛋白质系数 F			
	试样测定	取消化液体积 V_3/mL			—
		消耗盐酸标准溶液体积 V_1/mL			
	空白测定	取消化液体积 V_3/mL	—	—	—
		消耗盐酸标准溶液体积 V_1/mL	—	—	—

结果计算	样品蛋白质含量 $X/[\text{g}\cdot(100\text{ g})^{-1}]$			—
	平均值/$[\text{g}\cdot(100\text{ g})^{-1}]$			
	相对相差/%			
	计算公式			

结果报告

检验员:　　　　　　复核人:

日　期:　　　　　　日　期:

操作后清场

清场项目	清场结果	清场人	复核人
仪器清洁,设备外表擦拭干净	合格□　不合格□		
工具擦拭或清洗干净,放到指定位置	合格□　不合格□		
地面、台面清洁干净	合格□　不合格□		
实验垃圾及废物收集到指定位置	合格□　不合格□		
关好水、电及门窗	合格□　不合格□		

指导教师签字:　　　　　　　　　　　年　月　日

附表：盐酸标准溶液的配制与标定

盐酸标准溶液的配制			
标准溶液名称	预配浓度	配制方法	配制日期
盐酸标准溶液	0.1 mol/L	GB/T 601—2016	年 月 日

盐酸标准溶液的标定				
基准物名称	温度/℃	湿度/%	所用仪器及试剂	
无水碳酸钠 (99.9%)			1	溴甲酚绿-甲基红指示剂
			2	高温炉
			3	分析天平

标　定				标定日期：　　年　月　日	
序号	基准物质的质量 m/g	消耗标准溶液的体积 V_1/mL	空白消耗标准溶液的体积 V_0/mL	计算结果 /(mol·L^{-1})	平均结果 /(mol·L^{-1})
1					
2					
3					
4					
复　标				复标日期：　　年　月　日	
1					
2					
3					
4					

计算公式：

$$c(\mathrm{HCl}) = \frac{m \times 1\,000}{(V_1 - V_0) \times M}$$

注：$M = 52.994$ g/mol

配制人：　　　　　　　标定人：　　　　　　　复标人：

【任务考评】

技能性工作任务考核表

任务名称			学生姓名			
考核指标	评价内容	分值/分	得分/分			
			自评	互评	组长评	教师评
预习考核	预习手册填写情况	5				
	实操方案设计情况	5				

续表

考核指标	评价内容	分值/分	得分/分			
			自评	互评	组长评	教师评
任务实施过程考核	操作规范性,熟练度	10				
	操作规程执行情况	10				
	记录填写情况(及时、准确、清晰、整洁、真实)	10				
	清场情况	5				
任务结果考核	结果计算准确	5				
	有效数字位数保留适当	5				
	精密度符合要求	5				
	结果报告简洁、明确	5				
职业素养考核	遵守纪律:遵守实验室规章制度,不迟到早退,不无故请假,不脱岗串岗	5				
	安全意识:穿工作服,戴防护用品,爱护仪器设备,不乱丢乱倒原料试剂等	5				
	环保意识:台面清洁,不乱丢废弃物,节约用水、用电,集中处理废液废物	5				
	团队协作、沟通交流能力:服从组长安排,配合良好,积极主动地完成本岗位任务	5				
	学习能力:有较强的自主学习能力和创新意识	5				
	严谨、求实、诚信的品质,责任意识和质量意识	5				
	精益求精、爱岗敬业、精细操作的劳动精神	5				
总计		100				

【交流探讨】

1. 如何控制试样消化初期产生大量泡沫?

2. 试阐述试样消化过程中的颜色变化及原因。

3. 样品蒸馏前要加入氢氧化钠溶液,要加到溶液颜色呈现什么变化? 为什么? 如果溶液颜色没有变化,说明了什么问题?

食品中蛋白质和氨基酸的测定相关知识

课后练习

任务五　食品中脂类物质的测定

【任务目标】

◆ 知识目标

1. 了解食品中脂肪存在状态的相关概念和知识,掌握粗脂肪的概念;
2. 掌握索氏抽提法测定脂肪含量的基本原理和方法;
3. 了解酸水解法、碱水解法和盖勃法的原理及适用范围。

◆ 能力目标

1. 会乙醚、石油醚等有机溶剂的安全使用;
2. 会有机溶剂提取、萃取、回流、回收及分离技术;
3. 能进行索氏提取法的操作;
4. 能如实记录检验过程中的现象和问题;
5. 会分析脂肪测定过程的误差来源;
6. 会进行结果计算。

◆ 素质目标

1. 培养精益求精的工匠精神,追求卓越的创新精神;
2. 树立正确的质量意识,增强检验过程中的节约和环保意识。

【背景知识】

一、食品中的脂类物质及其含量

脂类是食品的重要组成成分,是生物体内一类不溶于水而溶于大部分有机溶剂的物质。大多数动物性食品和某些植物性食品(如种子、果实、果仁)含有天然脂肪和脂类化合物。

食品中的脂类主要包括脂肪(甘油三酯)和一些类脂质,如脂肪酸、磷脂、糖脂、固醇等。

食品中脂肪的存在形式有两种状态:游离态和结合态。大多数食品中含有的脂肪以游离态存在,如动物性食品中的脂肪及植物性油脂;以结合态存在的脂肪含量较低,如天然存在的磷脂、糖脂、脂蛋白及某些加工食品(如焙烤食品及麦乳精等)中的脂肪,与蛋白质或碳水化合物等成分形成结合态。不同食品中的脂肪含量各不相同,植物性或动物性油脂中脂肪含量最高,而水果、蔬菜中脂肪含量较低。

二、脂类物质测定的意义

脂肪是食品中重要的营养成分。

脂肪在人类膳食中的主要作用有:

①供给热量。脂肪富含热能,每克脂肪可以在人体中产生 37.62 kJ 热能,高于碳水化合物和蛋白质 1 倍以上。

②供给必需脂肪酸,如亚油酸、亚麻酸。

③供给脂溶性维生素,并作为脂溶性维生素的吸收媒介。

④在食品生产、加工过程中赋予食品特有的性质和风味,如在生产蔬菜罐头时,添加适量的脂肪可以改善产品的风味;在焙烤类食品面包中,脂肪含量特别是卵磷脂等组分,对面包的柔软度、面包的体积及其结构都有影响。

脂肪与蛋白质结合生成的脂蛋白,在调节人体生理机能和完成体内生化反应方面发挥着十分重要的作用。此外,脂肪在体内还能调节体内水分蒸发,保护内脏,保温,减少蛋白质的消耗,部分代替维生素 B 的作用等。

因此,在各种食品中,都对脂肪含量有一定的规定,脂肪是食品质量管理中的一项重要指标。测定食品中的脂肪含量,可以用于评价食品的品质、衡量食品的营养价值、实行工艺监督、保证生产过程的质量管理及研究食品的贮藏方式是否恰当等方面具有重要意义。

三、脂类物质含量的测定方法

食品的种类不同,脂类的含量、存在形式以及测定脂类的方法也不同。一般情况下,按脂类的测定目的可分为总脂肪含量测定、脂类的组成与品质测定。对于不同的产品或产品的不同应用,脂类测定的侧重点会有所不同。例如,当采购榨油原料时,首要的是测定总脂肪含量,而对油脂的组分关注较少;当采购的是油脂时,首要关注的是其纯度和品质,而总脂肪含量就不是那么重要。

根据处理的方法不同,食品中总脂肪测定的方法可分为 3 种:

①直接萃取法:利用有机溶剂直接从天然或干燥过的食品中萃取出脂类。如索氏提取法、氯仿-甲醇提取法;

②经化学处理后再萃取法:食品经酸或碱处理后,再用有机溶剂萃取出脂类。如酸水解法、碱水解法、盖勃法;

③减法测定法:对于脂肪含量大于 80% 的食品(如油脂、奶油、人造奶油等)通常测定其非脂组分含量,用总量减去这些物质含量得到总脂含量。

相比总脂肪的测定,脂类的组成与品质测定则简单得多,不管什么类型的食品,所用方法都一样。例如,用气相色谱法测定脂肪的脂肪酸组成;用薄层色谱分离不可皂化物,并用液相色谱-质谱法(Liquid Chromatography-Mass Spectrometry,LC-MS)或气相色谱-质谱法(Gas Chromatography-Mass Spectrometry,GC-MS)分析其组成;采用酶法、LC-MS 等可分析甘油酯的组成和结构。

四、常用的脂类提取剂

总脂肪的测定常采用有机溶剂萃取的方法。常用的脂类提取剂有乙醚、石油醚、氯仿-甲醇混合溶剂等。

1. 乙醚

乙醚溶解脂肪的能力强,应用最多。《食品安全国家标准 食品中脂肪的测定》(GB 5009.6—2016)中关于脂肪含量的测定大都采用它作为提取剂。但乙醚沸点低,易燃,且可饱和 2% 的水。含水乙醚在萃取脂肪的同时,会抽提出糖分等非脂肪成分。所以必须用无水乙醚作提取剂,被测样品也要事先干燥。

2. 石油醚

石油醚沸点比乙醚略高(30～60 ℃),不易燃,溶解脂肪能力比乙醚弱,吸收水分比乙醚少,且允许样品中含微量的水分。

上述两种溶剂都只能提取游离态脂肪,对结合态脂类,需用酸或碱破坏脂与非脂成分的结合后才能提取。因二者各有特点,故常常混合使用。

3. 氯仿-甲醇

氯仿-甲醇对脂蛋白、磷脂等结合态脂肪的提取效率较高。特别适用于水产品、家禽、蛋制品中脂肪的提取。

【技能性工作任务】

花生米中脂肪含量的测定

◆ 任务描述

依据《食品安全国家标准 食品中脂肪的测定》(GB 5009.6—2016),花生米中脂肪含量的测定采用第一法 索氏抽提法。要求根据操作规程,结合实验室条件,制定检验方案,完成花生米中脂肪含量的测定,如实记录和分析检测数据,规范报告检测结果。

◆ 操作规程

食品中脂肪含量测定操作规程(索氏抽提法)

1. 目的

学会用索氏抽提法测定食品中脂肪含量的操作技能,掌握索氏抽提器的使用规范及要领。

2. 原理

脂肪易溶于有机溶剂。试样直接用无水乙醚或石油醚等溶剂抽提后,蒸发除去溶剂,干燥,得到游离态脂肪的含量。

本法适用于水果、蔬菜及其制品、粮食及其制品、肉及肉制品、蛋及蛋制品、水产及其制品、焙烤食品、糖果等食品中游离态脂肪含量的测定。本法提取的脂溶性物质为脂肪类物质的混合物,除含有脂肪外还含有磷脂、色素、树脂、固醇、芳香油等醚溶性物质。因此,用索氏抽提法测得的脂肪也称为粗脂肪。

此法是经典方法,对大多数样品的测定结果比较可靠,但费时较多,溶剂用量大,且需专门的索氏抽提器,如图 3-5-1 所示。

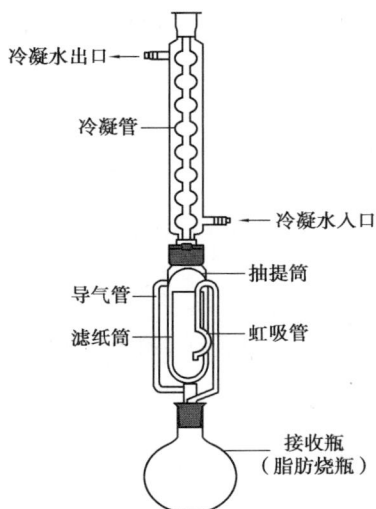

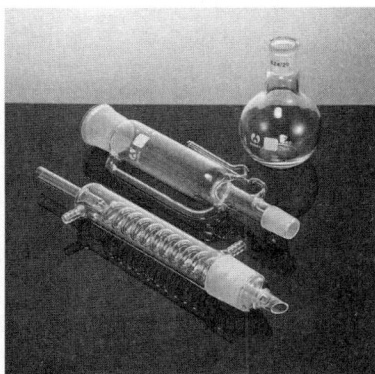

图 3-5-1 索氏抽提器

索氏抽提器自上而下由冷凝管、抽提筒、接收瓶(脂肪烧瓶)3部分组成。在抽提筒两侧分别有虹吸管和导气管,各部分连接处,不能漏气。

提取时,将待测样品包在脱脂滤纸筒内,放入抽提筒中。接收瓶内加入提取剂(乙醚或石油醚),加热接收瓶,提取剂气化,由导气管上升进入冷凝器,凝成液体滴入抽提筒内,浸提样品中的脂类物质。待抽提筒内提取剂液面达到一定高度,溶有粗脂肪的提取剂经虹吸管流入接收瓶。流入提取瓶内的提取剂继续被加热气化、上升、冷凝,滴入抽提筒内,如此循环往复,直至抽提完全为止。

3. 仪器与试剂

(1)主要仪器

索氏抽提器、恒温水浴锅、电热鼓风干燥箱、干燥器(内装有效干燥剂,如硅胶)、分析天平(感量0.001 g和0.000 1 g)、滤纸筒、蒸发皿。

(2)主要试剂材料

无水乙醚或石油醚(沸程30~60 ℃)、石英砂、脱脂棉。

注:除非另有说明,本方法所用试剂均为分析纯,水为现行国家标准GB/T 6682规定的三级水。

4. 操作步骤

(1)索氏抽提器预处理

抽提脂肪之前应将索氏抽提器各部分洗净并干燥,其中脂肪烧瓶需洗净并烘干至恒重。

(2)称样

①固体样品:称取充分混匀后的试样2~5 g,准确至0.001 g,全部移入滤纸筒内。

②液体或半固体样品:称取混匀后的试样5~10 g,准确至0.001 g,置于蒸发皿中,加入约20 g石英砂,于沸水浴上蒸干后,在电热鼓风干燥箱中于(100±5)℃干燥30 min后,取出,研细,全部移入滤纸筒内。蒸发皿及粘有试样的玻璃棒,均用沾有乙醚的脱脂棉擦净,并将棉花放入滤纸筒内。

(3)抽提

将滤纸筒放入索氏抽提器的抽提筒内,连接已干燥至恒重的接收瓶,由抽提器冷凝管上端加入无水乙醚或石油醚至接收瓶容积的2/3处,于水浴上加热,使无水乙醚或石油醚不断回流抽提(6~8次/h),一般抽提6~10 h。提取结束时,用磨砂玻璃棒接取1滴提取液,磨砂玻璃棒上无油斑表明提取完毕。

(4)回收溶剂

取下接收瓶,回收无水乙醚或石油醚,直至接收瓶内溶剂剩余1~2 mL时在水浴上蒸干。

(5)干燥称重

于(100±5)℃干燥1 h,放干燥器内冷却0.5 h后称量。重复以上操作直至恒重(两次称量的差不超过2 mg)。将检验过程数据记录在原始数据记录表中。

(6)操作后清场

检查使用的仪器、设备、水电是否关闭;仪器设备外表擦拭干净;剩余原料、试剂放到指定位置;打扫卫生;垃圾废物收集到指定位置。

(7)操作注意事项

①样品应干燥后研细。样品含水分会影响溶剂提取效果,而且溶剂会吸收样品中的水分造成非脂成分溶出(可用测定水分后的试样来测脂肪)。

②装样品的滤纸筒一定要严密,不能外漏样品,但也不能包得太紧,影响溶剂渗透。放入

滤纸筒时高度不能超过回流弯管。

③对含多量糖及糊精的样品,要先用冷水使糖及糊精溶解,经过滤除去,将残渣连同滤纸一起烘干,放入抽提管中。

④抽提用的乙醚或石油醚要求无水、无醇、无过氧化物,挥发残渣含量低,否则水和醇可能导致糖类及盐类等水溶性物质的溶出,使测定结果偏高,过氧化物则会造成脂肪的氧化。

⑤过氧化物的检查方法:取 6 mL 乙醚,加 2 mL 10% 碘化钾溶液,用力振摇,放置 1 min 后,若出现黄色,则证明有过氧化物存在,应另选乙醚或处理后再用。

⑥在抽提时,冷凝管上端最好连接一支氯化钙干燥管,如无此装置可塞 1 团干燥的脱脂棉球,可防止空气中水分进入,也可避免乙醚在空气中挥发。

⑦抽提是否完全可凭经验,也可用滤纸或毛玻璃检查,将抽提管下口滴下的乙醚或石油醚滴在滤纸或毛玻璃上,挥发后不留下油迹表明已抽提完全,若留下油迹说明抽提不完全。

⑧在挥发乙醚或石油醚时,切忌用直接火加热。烘干操作前应去除全部残余的乙醚,若乙醚稍有残留,放入烘箱时,有发生爆炸的风险。

⑨乙醚易燃、易爆、易挥发、有毒。因此,抽提、回收和蒸干乙醚操作都应在通风橱进行,并应特别注意防火。

⑩反复加热烘干可能会使脂类氧化而增重。重量增加时,应以增重前的重量作为恒重。

5.结果计算与报告

(1)数据记录(填入操作手册中)

(2)结果计算

试样中脂肪含量,按式(3.7)计算:

$$X = \frac{m_2 - m_1}{m} \times 100 \tag{3.7}$$

式中　X——试样中脂肪的含量,g/100 g;

　　m_2——恒重后接收瓶和脂肪的含量,g;

　　m_1——接收瓶的质量,g;

　　m——试样的质量,g;

　　100——换算系数。

(3)质量标准

①计算结果表示到小数点后一位。

②在重复性条件下获得的两次独立测定结果的绝对差值不得超过算术平均值的10%。

【任务实施】

预习手册

任务名称		指导教师	
小组成员		学生姓名	
引导问题	问题回答		
本任务的误差可能来自哪些方面?			

续表

引导问题	问题回答			
本任务的关键在哪里?				
本任务的主要设备有哪些?	设备用具名称	规格/型号	使用数量	使用情况
本任务的主要试剂有哪些?	试剂耗材名称	试剂浓度	配制数量	配制过程	使用情况
问题和建议				

操作手册

小组成员				指导教师	
操作前检查					
检查内容		检查结果		检查人	
是否按规定穿工作服,戴口罩、手套等防护用具		是□　否□			
检查仪器设备是否清洁,是否运转正常		是□　否□			
检查检验设备的校验合格证是否在有效期内		是□　否□			
检查操作现场水、电供应是否正常		是□　否□			
检查试剂和耗材是否符合要求		是□　否□			
操作过程记录					
基本信息	样品名称		样品编号		
	生产单位		检测编号		
	生产批号		检测项目		
	检验依据		检测方法		
检测环境	室温/℃		相对湿度/%		

续表

检测仪器	仪器名称			
	仪器精度			
	仪器编号			
检测数据	样品处理措施			
	样品称量 m/g	样1:		样2:
	接收瓶质量 m_1/g			
	烘干称重	1 2 3 恒重1		1 2 3 恒重2
	干燥后接收瓶+脂肪质量 m_2/g			
结果计算	样品脂肪含量 $X/\left[\mathrm{g}\cdot(100\ \mathrm{g})^{-1}\right]$			
	平均值/$\left[\mathrm{g}\cdot(100\ \mathrm{g})^{-1}\right]$			
	相对相差/%			
	计算公式			
结果报告				

检验员：　　　　　　　　　复核人：

日　　期：　　　　　　　　日　　期：

操作后清场			
清场项目	清场结果	清场人	复核人
仪器清洁,设备外表擦拭干净	合格□　不合格□		
工(器)具擦拭或清洗干净,放到指定位置	合格□　不合格□		
地面、台面清洁干净	合格□　不合格□		
实验垃圾及废物收集到指定位置	合格□　不合格□		
关好水、电及门窗	合格□　不合格□		

指导教师签字：　　　　　　　　　　　　　　年　　月　　日

【任务考评】

技能性工作任务考核表

任务名称			学生姓名			
考核指标	评价内容	分值/分	得分/分			
			自评	互评	组长评	教师评
预习考核	预习手册填写情况	5				
	实操方案设计情况	5				

续表

考核指标	评价内容	分值/分	得分/分			
			自评	互评	组长评	教师评
任务实施过程考核	操作规范性,熟练度	10				
	操作规程执行情况	10				
	记录填写情况(及时、准确、清晰、整洁、真实)	10				
	清场情况	5				
任务结果考核	结果计算准确	5				
	有效数字位数保留适当	5				
	精密度符合要求	5				
	结果报告简洁、明确	5				
职业素养考核	遵守纪律:遵守实验室规章制度,不迟到早退,不无故请假,不脱岗串岗	5				
	安全意识:穿工作服,戴防护用品,爱护仪器设备,不乱丢乱倒原料试剂等	5				
	环保意识:台面清洁,不乱丢废弃物,节约用水、用电,集中处理废液废物	5				
	团队协作、沟通交流能力:服从组长安排,配合良好,积极主动地完成本岗位任务	5				
	学习能力:有较强的自主学习能力和创新意识	5				
	严谨、求实、诚信的品质,责任意识和质量意识	5				
	精益求精、爱岗敬业、精细操作的劳动精神	5				
总计		100				

【交流探讨】

1. 试阐述索氏抽提器的结构和工作原理。

2. 实际工作中常用石油醚作为索氏抽提法的提取剂,对其沸程有何要求? 相比用乙醚有何优点?

3. 索氏抽提法对提取剂的回流速度有何要求? 如何调整? 怎么判断提取终点?

4. 索氏抽提法与酸水解法测定的脂肪有何区别? 酸水解法适用于哪些样品中脂肪含量测定?

食品中脂肪的测定相关知识

课后练习

任务六　食品中维生素的测定

【任务目标】

◆ 知识目标

1. 了解维生素的共性与分类；

2. 了解维生素检测的意义与方法；

3. 掌握几种常见维生素的测定原理、方法。

◆ 能力目标

1. 会高效液相色谱法测定维生素 A、维生素 E；

2. 会用荧光法及 2,6-二氯靛酚滴定法测定抗坏血酸（又称维生素 C）；

3. 能如实记录检验过程中的现象和问题；

4. 会分析维生素测定过程的误差来源；

5. 会进行结果计算。

◆ 素质目标

1. 培养精益求精的工匠精神，追求卓越的创新精神；

2. 树立正确的质量意识，增强检验过程中的节约和环保意识。

【背景知识】

一、维生素的共性及分类

维生素是维持人体正常生命活动所必需的一类微量有机化合物。在人体生长、代谢、发育过程中发挥着重要的作用。

不同维生素的结构和性质各不同，但它们的共性包括：维生素或其前体化合物都在天然食物中存在；它们不能供给机体热能，也不是构成组织的基本原料，主要通过作为辅酶的成分调节代谢过程，需求量极小；大多数维生素在体内不能合成，或合成量不能满足生理需要，必须经常从食物中摄取；长期缺乏任何一种维生素都会导致相应的疾病。

维生素种类很多，目前已确认的有 30 余种，其中被认为对维持人体健康和促进发育至关重要的有 13 种，就是通常所说的 13 种必需维生素：VA、VB、VC（抗坏血酸）、VD、VE、VH（生物素）、VP、VK、VM、VT、VU 等。这些维生素结构复杂，理化性质及生理功能各异，有的属于醇类，有的属于胺类，有的属于酯类，还有的属于酚类或醌类化合物。

维生素按其溶解性分为：脂溶性维生素和水溶性维生素，前者主要包括维生素 A、维生素 D、维生素 E、维生素 K，后者主要包括维生素 B 族及抗坏血酸。

二、常见维生素的生理功能

维生素对人体有重要的生理功能，且功能各异，见表 3-6-1。

表 3-6-1　常见维生素的生理功能及缺乏症

类别	名称	生理功能	缺乏症
脂溶性维生素	维生素 A	维持视力正常,保护上皮组织健康	夜盲症、干眼症
	维生素 D	促进钙的吸收	佝偻病、骨质疏松
	维生素 E	抗氧化剂、有助防癌;生育相关	不孕不育、神经受损
	维生素 K	凝血维生素	体内不正常出血
水溶性维生素	维生素 B_1	能维护神经系统健康,稳定食欲	脚气病
	维生素 B_2	维持口腔及消化道黏膜的健康	嘴口腔内黏膜发炎
	维生素 B_3	促进血液循环,有助神经系统正常工作	头痛;疲劳
	维生素 B_5	增强免疫力;加速伤口痊愈;防止疲劳	腹泻,疲倦
	维生素 B_6	造血;增进神经和骨骼肌肉系统正常功能	贫血、抽筋、头痛
	叶酸	制造红细胞和白细胞,增强免疫能力	贫血、疲劳、记忆力衰退
	维生素 B_{12}	防止贫血,保持健康的神经系统,增强记忆力	记忆力衰退、恶性贫血
	抗坏血酸	增强免疫力,抗坏血病	牙龈出血、抵抗力下降

三、维生素检测的意义和方法

食品中各种维生素的含量主要取决于食品的品种,此外,还与食品的工艺及储存等条件有关,许多维生素对光、热、氧、氢离子浓度指数敏感。因此,食品的加工条件不合理或贮存不当都会造成维生素的损失。测定食品中维生素的含量,在评价食品的营养价值,开发和利用富含维生素的食品资源,指导人们合理调整膳食结构,防止维生素缺乏,研究维生素在食品加工、贮存等过程中的稳定性,指导人们制定合理的工艺条件及贮存条件、最大限度地保留各种维生素,防止因摄入过多而引起维生素中毒等方面具有十分重要的意义和作用。

维生素的测定方法主要分为 3 类:仪器法、微生物法和化学法。其中仪器法中的高效液相色谱法运用更多,见表 3-6-2。

表 3-6-2　几种常见的维生素测定方法

维生素名称	测定方法	依据标准
维生素 A、E	反相高效液相色谱法(A、E) 正相高效液相色谱法(E)	《食品安全国家标准 食品中维生素 A、D、E 的测定》(GB 5009.82—2016)(注:VD 测定部分已被 GB 5009.296—2023 替代)
维生素 D	正相色谱净化-反相液相色谱法 在线柱切换-反相液相色谱法 液相色谱-串联质谱法	《食品安全国家标准 食品中维生素 D 的测定》(GB 5009.296—2023)
维生素 B_1	高效液相色谱法 荧光分光光度法(荧光法)	《食品安全国家标准 食品中维生素 B_1 的测定》(GB 5009.84—2016)
维生素 B_2	高效液相色谱法 荧光分光光度法(荧光法)	《食品安全国家标准 食品中维生素 B_2 的测定》(GB 5009.85—2016)

续表

维生素名称	测定方法	依据标准
抗坏血酸（VC）	高效液相色谱法 荧光分光光度法（荧光法） 2,6-二氯靛酚滴定法	《食品安全国家标准 食品中抗坏血酸的测定》（GB 5009.86—2016）
维生素 B_6	液相色谱-串联质谱法 液相色谱-质谱法 高效液相色谱-荧光检测法 微生物法（酿酒酵母）	《食品安全国家标准 食品中维生素 B_6 的测定》（GB 5009.154—2023）
维生素 K_1	高效液相色谱-荧光检测法 液相色谱-串联质谱法	《食品安全国家标准 食品中维生素 K_1 的测定》（GB 5009.158—2016）
叶酸（VM，VB_9）	微生物法（鼠李糖乳杆菌）	《食品安全国家标准 食品中叶酸的测定》（GB 5009.211—2022）
生物素（VH，VB_7）	液相色谱-串联质谱法 微生物法（植物乳植杆菌）	《食品安全国家标准 食品中生物素的测定》（GB 5009.259—2023）
维生素 B_{12}	液相色谱法 液相色谱-质谱法 微生物法（莱士曼氏乳酸杆菌）	《食品安全国家标准 食品中维生素 B_{12} 的测定》（GB 5009.285—2022）

表 3-6-3　几种维生素常规测定方法的比较

方法		优点	缺点	应用
仪器法	高效液相色谱法	选择性好、检测灵敏度高	费用高	大多数维生素测定
	荧光分光光度法	灵敏度高、线性关系好、杂质干扰小	稳定性和选择性不足	VC、VB_1、VB_2
化学滴定法		方便、快捷，操作简单	需定量完成滴定；存在物质干扰	VC
微生物法		特异性强、灵敏度高、不需要特殊仪器，样品不需经特殊处理	检测周期长，操作复杂	水溶性维生素测定

四、维生素检测样品制备与提取要点

由于大多维生素对光照、氧气、pH 和加热都非常敏感，在分析过程中应采取必要的措施防止维生素的损失。此外，采样和制备均匀度较高的样品也是维生素测定中的重要方面。

在多数情况下，维生素测定时需要将维生素从样品中提取出来加以分析。通常采用的处理措施有加热、酸化、碱处理、溶剂萃取及加酶。对于特定的维生素来说，其提取方法是一定的，要注意维生素的保护。有些提取方法往往会提取出多种维生素，如维生素 B_1、维生素 B_2 和一些脂溶性维生素。分析中通常采用的提取方法如下：

①抗坏血酸：采用偏磷酸、草酸或乙酸冷提取。

②维生素 B_1 和维生素 B_2：在酸性条件下加热沸腾或高压处理，也可以加酶辅助处理。

③烟酸(VB₃):非谷物类样品在酸性条件下高压处理,谷物类样品在碱性条件下高压处理。

④维生素 A、维生素 E 及维生素 D:有机溶剂的萃取、皂化、反萃取。对于一些不稳定的维生素,可加入抗氧化剂防止维生素被氧化。脂溶性维生素皂化时,通常在室温下过夜或在 70 ℃ 回流。

【技能性工作任务一】

奶粉中维生素 A、E 的测定

◆ 任务描述

奶粉中维生素 A、E 的测定,依据《食品安全国家标准 食品中维生素 A、D、E 的测定》(GB 5009.82—2016)中第一法 反相高效液相色谱法。要求根据操作规程,结合实验室条件,制定检验方案,完成奶粉中维生素 A、E 含量的测定,如实记录和分析检测数据,规范报告检测结果。

◆ 操作规程

食品中维生素 A、E 测定操作规程(反相高效液相色谱法)

1. 目的

学会反相高效液相色谱法测定食品中维生素 A、E 的操作技能,学会高效液相色谱仪的使用与维护;能正确记录计算处理检测数据;能规范地报告检测结果。

2. 原理

试样中的维生素 A 及维生素 E 经皂化(含淀粉先用淀粉酶酶解)、提取、净化、浓缩后,C_{30} 或 PFP 反相液相色谱柱分离,紫外检测器或荧光检测器检测,外标法定量。

适用范围:食品中维生素 A 和维生素 E 的测定。

3. 仪器与试剂

(1)主要仪器

高效液相色谱仪(带紫外检测器或二极管阵列检测器或荧光检测器)、分析天平(感量为 0.01 mg)、恒温水浴振荡器、旋转蒸发仪、氮吹仪、紫外分光光度计、分液漏斗萃取净化振荡器。

(2)主要试剂材料

①试剂

无水乙醇(不含醛类物质)、氢氧化钾、乙醚(不含过氧化物)、石油醚(沸程为 30 ~ 60 ℃)、无水硫酸钠、甲醇(色谱纯)、淀粉酶(活力单位 ≥100 U/mg)、2,6-二叔丁基对甲酚(简称 BHT)、抗坏血酸、pH 试纸(pH 范围 1 ~ 14)、有机系过滤头(孔径为 0.22 μm)。

维生素 A 标准品:视黄醇(CAS 号:68-26-8):纯度 ≥95%,或经国家认证并授予标准物质证书的标准物质。

维生素 E 标准品:α-生育酚(CAS 号:10191-41-0)、β-生育酚(CAS 号:148-03-8)、γ-生育酚(CAS 号:54-28-4)、δ-生育酚(CAS 号:119-13-1),纯度 ≥95%,或经国家认证并授予标准物质证书的标准物质。

②溶液配制

a. 氢氧化钾溶液(50 g/100 g):称取 50 g 氢氧化钾,加 50 mL 水溶解,冷却后,储存于聚乙烯瓶中。

b. 石油醚-乙醚溶液(1+1):量取 200 mL 石油醚,加入 200 mL 乙醚,混匀。

c. 维生素 A 标准储备溶液(0.500 mg/mL):准确称取 25.0 mg 维生素 A 标准品,用无水乙醇溶解后,转移入 50 mL 容量瓶中,定容至刻度,此溶液浓度约为 0.500 mg/mL。将溶液转移至棕色试剂瓶中,密封后,在 -20 ℃ 下避光保存,有效期 1 个月。临用前将溶液回温至 20 ℃,并进行浓度校正。

d. 维生素 E 标准储备溶液(1.00 mg/mL):分别准确称取 α-生育酚、β-生育酚、γ-生育酚、δ-生育酚各 50.0 mg,用无水乙醇溶解后,转移入 50 mL 容量瓶中,定容至刻度,此溶液浓度约为 1.00 mg/mL。将溶液转移至棕色试剂瓶中,密封后,在 -20 ℃ 下避光保存,有效期 6 个月。临用前将溶液回温至 20 ℃,并进行浓度校正。

e. 维生素 A 和维生素 E 混合标准溶液中间液:准确吸取维生素 A 标准储备溶液 1.00 mL 和维生素 E 标准储备溶液各 5.00 mL 于同一 50 mL 容量瓶中,用甲醇定容至刻度,此溶液中维生素 A 浓度为 10.0 μg/mL,维生素 E 各生育酚浓度为 100 μg/mL。在 -20 ℃ 下避光保存,有效期半个月。

f. 维生素 A 和维生素 E 标准系列工作溶液:分别准确吸取维生素 A 和维生素 E 混合标准溶液中间液 0.20 mL、0.50 mL、1.00 mL、2.00 mL、4.00 mL、6.00 mL 于 10 mL 棕色容量瓶中,用甲醇定容至刻度,该标准系列中维生素 A 浓度为 0.20 μg/mL、0.50 μg/mL、1.00 μg/mL、2.00 μg/mL、4.00 μg/mL、6.00 μg/mL,维生素 E 浓度为 2.00 μg/mL、5.00 μg/mL、10.0 μg/mL、20.0 μg/mL、40.0 μg/mL、60.0 μg/mL。临用前配制。

注:除非另有说明,本方法所用试剂均为分析纯,水为现行国家标准 GB/T 6682 规定的一级水。

4.操作步骤

(1)试样制备

将一定数量的样品按要求经过缩分、粉碎均质后,储存于样品瓶中,避光冷藏,尽快测定。

(2)试样处理

警示:使用的所有器皿不得含有氧化性物质;分液漏斗活塞玻璃表面不得涂油;处理过程应避免紫外光照,尽可能避光操作;提取过程应在通风柜中操作。

试样处理共分 4 步:

①皂化:

a. 不含淀粉样品:称取 2~5 g(精确至 0.01 g)经均质处理的固体试样或 50 g(精确至 0.01 g)液体试样于 150 mL 平底烧瓶中,固体试样需加入约 20 mL 温水,混匀,再加入 1.0 g 抗坏血酸和 0.1 g BHT,混匀,加入 30 mL 无水乙醇,加入 10~20 mL 氢氧化钾溶液,边加边振摇,混匀后于 80 ℃ 恒温水浴振荡皂化 30 min,皂化后立即用冷水冷却至室温。

注:皂化时间一般为 30 min,如皂化液冷却后,液面有浮油,需要加入适量氢氧化钾溶液,并适当延长皂化时间。

b. 含淀粉样品:称取 2~5 g(精确至 0.01 g)经均质处理的固体试样或 50 g(精确至 0.01 g)液体样品于 150 mL 平底烧瓶中,固体试样需用约 20 mL 温水混匀,加入 0.5~1 g 淀粉酶,放入 60 ℃ 水浴避光恒温振荡 30 min 后,取出,向酶解液中加入 1.0 g 抗坏血酸和 0.1 g BHT,混匀,加入 30 mL 无水乙醇、10~20 mL 氢氧化钾溶液,边加边振摇,混匀后于 80 ℃ 恒温水浴振荡皂化 30 min,皂化后立即用冷水冷却至室温。

②提取:将皂化液用 30 mL 水转入 250 mL 的分液漏斗中,加入 50 mL 石油醚-乙醚混合液,振荡萃取 5 min,将下层溶液转移至另一 250 mL 的分液漏斗中,加入 50 mL 的混合醚液再次萃取,合并醚层。

注：如只测维生素 A 与 α-生育酚,可用石油醚作提取剂。

③洗涤：用约 100 mL 水洗涤醚层,约需重复 3 次,直至将醚层洗至中性(可用 pH 试纸检测下层溶液 pH),去除下层水相。

④浓缩：将洗涤后的醚层经无水硫酸钠(约 3 g)滤入 250 mL 旋转蒸发瓶或氮气浓缩管中,用约 15 mL 石油醚冲洗分液漏斗及无水硫酸钠 2 次,并入蒸发瓶内,并将其接在旋转蒸发仪或气体浓缩仪上,于 40 ℃ 水浴中减压蒸馏或气流浓缩,待瓶中醚液剩约 2 mL 时,取下蒸发瓶,立即用氮气吹至近干。用甲醇分次将蒸发瓶中残留物溶解并转移至 10 mL 容量瓶中,定容至刻度。溶液过 0.22 μm 有机系滤膜后供高效液相色谱测定。

（3）色谱条件设定

色谱参考条件如下：

①色谱柱：C_{30} 柱(柱长 250 mm,内径 4.6mm,粒径 3 μm),或相当者。

②柱温：20 ℃。

③流动相：A 为水;B 为甲醇,梯度洗脱见表 3-6-4。

④流速：0.8 mL/min。

⑤紫外检测波长：维生素 A 为 325 nm;维生素 E 为 294 nm。

⑥进样量：10 μL。

注：a. 如难以将柱温控制在(20±2) ℃,可改用 PFP 柱分离异构体,流动相为水和甲醇梯度洗脱。

　　b. 如样品中只含 α-生育酚,不需分离 β-生育酚和 γ-生育酚,可选用 C_{18} 柱,流动相为甲醇。

　　c. 如有荧光检测器,可选用荧光检测器检测,对生育酚的检测有更高的灵敏度和选择性,可按以下检测波长检测：维生素 A 激发波长 328 nm,发射波长 440 nm;维生素 E 激发波长 294 nm,发射波长 328 nm。

表 3-6-4　C_{30} 色谱柱-反向高效液相色谱法梯度洗脱参考条件

时间/min	流动相 A/%	流动相 B/%	流速/(mL · min^{-1})
0.0	4	96	0.8
13.0	4	96	0.8
20.0	0	100	0.8
24.0	0	100	0.8
24.5	4	96	0.8
30.0	4	96	0.8

（4）标准曲线制作

本法采用外标法定量。将维生素 A 和维生素 E 标准系列工作溶液分别注入高效液相色谱仪中,测定相应的峰面积,以峰面积为纵坐标,以标准测定液浓度为横坐标绘制标准曲线,计算标准曲线方程。

（5）样品测定

试样液经高效液相色谱仪分析,测得峰面积,采用外标法通过上述标准曲线计算其浓度。在测定过程中,建议每测定 10 个样品用同一份标准溶液或标准物质检查仪器的稳定性。

（6）操作后清场

检查使用的仪器、设备水电是否关闭；仪器设备外表擦拭干净；剩余原料、试剂放到指定位置；打扫卫生；垃圾废物收集到指定位置。

（7）操作注意事项

①维生素 A 极易被破坏，实验操作应在微弱光线下进行，或用棕色玻璃仪器。

②在皂化过程中，应每 5 min 摇一下皂化瓶，使样品皂化完全。

③提取过程中，振摇不应太剧烈，避免溶液乳化而不易分层。

④洗涤时，最初水洗轻摇，逐次振摇强度可增加。

⑤无水硫酸钠如有结块，应烘干后使用。

⑥在旋转蒸发时，乙醚溶液不应蒸干，以免被测样品含量有损失。

⑦用高纯氮吹干时，氮气不能开得太大，避免样品吹出瓶外而使结果偏低。

5. 结果计算与报告

（1）数据记录（填入操作手册记录表中）

（2）结果计算

试样中维生素 A 或维生素 E 的含量，按式（3.8）计算：

$$X = \frac{\rho \times V \times f \times 100}{m} \tag{3.8}$$

式中　X——试样中维生素 A 或维生素 E 的含量，维生素 A μg/100 g，维生素 E mg/100 g；

　　ρ——根据标准曲线计算得到的试样中维生素 A 或维生素 E 的浓度，μg/mL；

　　V——定容体积，mL；

　　f——换算因子（维生素 A：$f=1$；维生素 E：$f=0.001$）；

　　100——试样中量以每 100 g 计算的换算系数；

　　m——试样的称样量，g。

注：如维生素 E 的测定结果要用 α-生育酚当量（α-TE）表示，可按下式计算：

维生素 E（mg α-TE/100 g）＝α-生育酚（mg/100 g）+β-生育酚（mg/100 g）×0.5+γ-生育酚（mg/100 g）×0.1+δ-生育酚（mg/100 g）×0.01。

（3）质量标准

①计算结果保留三位有效数字。

②在重复性条件下获得的两次独立测定结果的绝对差值不得超过算术平均值的 10%。

【任务实施】

预习手册

任务名称		指导教师	
小组成员		学生姓名	
引导问题		问题回答	
本任务的误差可能来自哪些方面？			

续表

引导问题	问题回答			
本任务的关键在哪里?				
本任务的主要设备有哪些?	设备用具名称	规格/型号	使用数量	使用情况
本任务的主要试剂有哪些?	试剂耗材名称	试剂浓度	配制数量	配制过程	使用情况
问题和建议				

操作手册

小组成员		指导教师	
操作前检查			
检查内容	检查结果		检查人
是否按规定穿工作服,戴口罩、手套等防护用具	是□ 否□		
检查仪器设备是否清洁,是否运转正常	是□ 否□		
检查检验设备的校验合格证是否在有效期内	是□ 否□		
检查操作现场水、电供应是否正常	是□ 否□		
检查试剂和耗材是否符合要求	是□ 否□		
操作过程记录			
基本信息	样品名称	样品编号	
	生产单位	检测编号	
	生产批号	检测项目	
	检验依据	检测方法	

续表

检测环境	室温/℃			相对湿度/%		
检测仪器	仪器名称					
	仪器精度					
	仪器编号					
标准物质						
液相色谱仪检测条件	色谱柱:		检测器:		检测波长:	
	柱温:		流速:		进样量:	
	流动相:		梯度洗脱条件:			

检测数据	标准曲线	序号	1	2	3	4	5	6
		VA 浓度/($\mu g \cdot mL^{-1}$)						
		VE 浓度/($mg \cdot mL^{-1}$)						
		VA 峰面积 A						
		VE 峰面积 A						
		标准曲线方程	维生素 A 回归方程: 维生素 E 回归方程:					
	样品处理	样品质量 m/g	样 1:		样 2:		试剂空白	
		样品处理方法						
		定容体积 V/mL						
	试样测定	维生素 A 峰面积 A_1						
		维生素 E 峰面积 A_1						

结果计算	样品中维生素浓度 ρ/($\mu g \cdot mL^{-1}$)	维生素 A	
		维生素 E	
	试样中维生素的含量	维生素 A/[$\mu g \cdot (100\ g)^{-1}$]	
		维生素 E/[$mg \cdot (100\ g)^{-1}$]	
	维生素含量平均值	维生素 A/[$\mu g \cdot (100\ g)^{-1}$]	
		维生素 E/[$mg \cdot (100\ g)^{-1}$]	
	相对相差/%		
	计算公式	$$X = \dfrac{\rho \times V \times f \times 100}{m}$$ 维生素 A:$f=1$;维生素 E:$f=0.001$	

续表

结果报告				
检验员：		复核人：		
日　期：		日　期：		
操作后清场				
清场项目		清场结果	清场人	复核人
仪器清洁,设备外表擦拭干净		合格□　不合格□		
工具擦拭或清洗干净,放到指定位置		合格□　不合格□		
地面、台面清洁干净		合格□　不合格□		
实验垃圾及废物收集到指定位置		合格□　不合格□		
关好水、电及门窗		合格□　不合格□		
指导教师签字：			年　月　日	

【任务考评】

技能性工作任务考核表

任务名称		学生姓名				
考核指标	评价内容	分值/分	得分/分			
			自评	互评	组长评	教师评
预习考核	预习手册填写情况	5				
	实操方案设计情况	5				
任务实施过程考核	操作规范性,熟练度	10				
	操作规程执行情况	10				
	记录填写情况(及时、准确、清晰、整洁、真实)	10				
	清场情况	5				
任务结果考核	结果计算准确	5				
	有效数字位数保留适当	5				
	精密度符合要求	5				
	结果报告简洁、明确	5				

续表

考核指标	评价内容	分值/分	得分/分			
			自评	互评	组长评	教师评
职业素养考核	遵守纪律:遵守实验室规章制度,不迟到早退,不无故请假,不脱岗串岗	5				
	安全意识:穿工作服,戴防护用品,爱护仪器设备,不乱丢乱倒原料试剂等	5				
	环保意识:台面清洁,不乱丢废弃物,节约用水、用电,集中处理废液废物	5				
	团队协作、沟通交流能力:服从组长安排,配合良好,积极主动地完成本岗位任务	5				
	学习能力:有较强的自主学习能力和创新意识	5				
	严谨、求实、诚信的品质,责任意识和质量意识	5				
	精益求精、爱岗敬业、精细操作的劳动精神	5				
	总计	100				

【交流探讨】

1. 脂溶性维生素易氧化,在试样皂化过程中是如何防止其氧化的?
2. 皂化有何作用? 为什么要先皂化再提取?

【技能性工作任务二】

水果中总抗坏血酸和还原型抗坏血酸的测定

◆ 任务描述

抗坏血酸:一种己糖醛基酸(具有抗氧化性质的有机化合物),有抗坏血病的作用,是人体必需的营养素之一。新鲜的水果、蔬菜,特别是枣、辣椒、苦瓜、猕猴桃、柑橘等食品中的抗坏血酸含量尤为丰富。

L(+)-抗坏血酸:左式右旋光抗坏血酸。具有强还原性,对人体具有生物活性。

D(-)-抗坏血酸:又称异抗坏血酸。具有强还原性,但对人体基本无生物活性。

L(+)-脱氢抗坏血酸:L(+)-抗坏血酸极易被氧化为 L(+)-脱氢抗坏血酸,L(+)-脱氢抗坏血酸亦可被还原为 L(+)-抗坏血酸。通常称为脱氢抗坏血酸。

L(+)-抗坏血酸总量:将试样中 L(+)-脱氢抗坏血酸还原成的 L(+)-抗坏血酸或将试样中 L(+)-抗坏血酸氧化成的 L(+)-脱氢抗坏血酸后测得的 L(+)-抗坏血酸总量。

测定抗坏血酸常用的国家标准分析方法有 3 种:高效液相色谱法、荧光法、2,6-二氯靛酚滴定法。高效液相色谱法可以测定 L(+)-抗坏血酸、D(-)-抗坏血酸和 L(+)-抗坏血酸总量,是目前最先进、可靠的方法,但需要大型仪器。荧光法测得的是总抗坏血酸的含量,准确度高、重现性好。2,6-二氯靛酚滴定法主要测定还原型抗坏血酸,操作简单,灵敏度较高,但样品中的其他还原性物质会干扰测定,使测定值偏高,且对深色样品滴定终点不易辨别。

依据《食品安全国家标准 食品中抗坏血酸的测定》(GB 5009.86—2016),本任务采取第二法 荧光法和第三法 2,6-二氯靛酚滴定法。要求根据操作规程,结合实验室条件,制订检验方案,完成水果中总抗坏血酸和还原型抗坏血酸含量的测定,如实记录和分析检测数据,规范报告检测结果。

◆ 操作规程

食品中抗坏血酸测定操作规程

1. 目的

学会用荧光法测定食品中总抗坏血酸;学会用2,6-二氯靛酚滴定法测定食品中还原型抗坏血酸;学会荧光分光光度计的使用;能正确记录计算处理检测数据;能规范地报告检测结果。

2. 原理

(1)荧光法原理

试样中L(+)-抗坏血酸经活性炭氧化为L(+)-脱氢抗坏血酸后,与邻苯二胺(OPDA)反应生成有荧光的喹喔啉,其荧光强度与L(+)-抗坏血酸的浓度在一定条件下成正比,以此测定试样中L(+)-抗坏血酸总量。

注:L(+)-脱氢抗坏血酸与硼酸可形成复合物而不与OPDA反应,以此排除试样中荧光杂质产生的干扰。

适用范围:乳粉、蔬菜、水果及其制品中L(+)-抗坏血酸总量的测定。

(2)2,6-二氯靛酚滴定法原理

用蓝色的碱性染料2,6-二氯靛酚标准溶液对含L(+)-抗坏血酸的试样酸性浸出液进行氧化还原滴定,2,6-二氯靛酚被还原为无色,当到达滴定终点时,多余的2,6-二氯靛酚在酸性介质中显浅红色,由2,6-二氯靛酚的消耗量计算样品中L(+)-抗坏血酸的含量。

适用范围:水果、蔬菜及其制品中L(+)-抗坏血酸的测定。

3. 仪器和试剂

(1)主要仪器

荧光分光光度计:具有激发波长338 nm及发射波长420 nm。配有1 cm比色皿。

(2)主要试剂材料

①荧光法试剂。

a. 偏磷酸-乙酸溶液:称取15 g偏磷酸,加入40 mL冰醋酸及250 mL水,加温,搅拌,使之逐渐溶解,冷却后加水至500 mL。于4 ℃冰箱可保存7~10 d。

b. 偏磷酸-乙酸-硫酸溶液:称取15 g偏磷酸,加入40 mL冰醋酸,滴加0.15 mol/L硫酸溶液至溶解,并稀释至500 mL。

c. 硼酸-乙酸钠溶液:称取3 g硼酸,用500 g/L乙酸钠溶液溶解并稀释至100 mL。临用时配制。

d. 酸性活性炭:称取约200 g活性炭粉(75~177 μm),加入1 L盐酸(1+9),加热回流1~2 h,过滤,用水洗至滤液中无铁离子为止,置于110~120 ℃烘箱中干燥10 h,备用。

检验铁离子方法:利用普鲁士蓝反应。将20 g/L亚铁氰化钾与1%盐酸等量混合,将上述洗出滤液滴入,如有铁离子则产生蓝色沉淀。

e.百里酚蓝指示剂溶液(0.4 mg/mL):称取 0.1 g 百里酚蓝,加入 0.02 mol/L 氢氧化钠溶液约 10.75 mL,在玻璃研钵中研磨至溶解,用水稀释至 250 mL。(变色范围:pH=1.2 时呈红色;pH=2.8 时呈黄色;pH>4 时呈蓝色)。

f.L(+)-抗坏血酸标准溶液(1.000 mg/mL):称取 L(+)-抗坏血酸 0.05 g(精确至 0.01 mg),用偏磷酸-乙酸溶液溶解并稀释至 50 mL,该贮备液在 2~8 ℃ 避光条件下可保存一周。

g.L(+)-抗坏血酸标准工作液(100.0 μg/mL):准确吸取 L(+)-抗坏血酸标准液 10 mL,用偏磷酸-乙酸溶液稀释至 100 mL,临用时配制。

②靛酚滴定法试剂。

a.偏磷酸溶液(20 g/L):称取 20 g 偏磷酸,用水溶解并定容至 1 L。

b.草酸溶液(20 g/L):称取 20 g 草酸,用水溶解并定容至 1 L。

c.2,6-二氯靛酚(2,6-二氯靛酚钠盐)溶液:称取碳酸氢钠 52 mg 溶解在 200 mL 热蒸馏水中,然后称取 2,6-二氯靛酚 50 mg 溶解在上述碳酸氢钠溶液中。冷却并用水定容至 250 mL,过滤至棕色瓶内,于 4~8 ℃ 环境中保存。每次使用前,用标准抗坏血酸溶液标定其滴定度。

注:除非另有说明,本方法所用试剂均为分析纯,水为现行国家标准 GB/T 6682 规定的三级水。

4.操作步骤

(1)荧光法步骤(警示:全部实验过程应避光)

①试样制备:称取约 100 g(精确至 0.1 g)试样,加 100 g 偏磷酸-乙酸溶液,倒入捣碎机内打成匀浆,用百里酚蓝指示剂测试匀浆的酸碱度。如呈红色,即称取适量匀浆用偏磷酸-乙酸溶液稀释;若呈黄色或蓝色,则称取适量匀浆用偏磷酸-乙酸-硫酸溶液稀释,使其 pH 为 1.2。匀浆的取用量根据试样中抗坏血酸的含量而定。当试样液中抗坏血酸含量在 40~100 μg/mL 时,一般称取 20 g(精确至 0.01 g)匀浆,用相应溶液稀释至 100 mL,过滤,滤液备用。

②氧化处理:分别准确吸取 50 mL 试样滤液及抗坏血酸标准工作液于 200 mL 具塞锥形瓶中,加入 2 g 活性炭,用力振摇 1 min,过滤,弃去最初数毫升滤液,分别收集其余全部滤液,即为试样氧化液和标准氧化液,待测定。

③待测液制备。

a.分别准确吸取 10 mL 试样氧化液于两个 100 mL 容量瓶中,作为“试样液”和“试样空白液”。

b.分别准确吸取 10 mL 标准氧化液于两个 100 mL 容量瓶中,作为“标准液”和“标准空白液”。

c.于“试样空白液”和“标准空白液”中各加 5 mL 硼酸-乙酸钠溶液,混合摇动 15 min,用水稀释至 100 mL,在 4 ℃ 冰箱中放置 2~3 h,取出待测。

d.于“试样液”和“标准液”中各加 5 mL 的 500 g/L 乙酸钠溶液,用水稀释至 100 mL,待测。

④标准曲线制作。

a.准确吸取上述“标准液”[L(+)-抗坏血酸含量 10 μg/mL]0.5 mL、1.0 mL、1.5 mL、2.0 mL,分别置于 10 mL 具塞刻度试管中,用水补充至 2.0 mL。

b.另准确吸取“标准空白液”2 mL 于 10 mL 带盖刻度试管中。

c.在暗室迅速向各管中加入 5 mL 邻苯二胺溶液,振摇混合,在室温下反应 35 min,于激

发波长 338 nm、发射波长 420 nm 处测定荧光强度。以"标准液"系列荧光强度分别减去"标准空白液"荧光强度的差值为纵坐标,对应的 L(+)-抗坏血酸含量为横坐标,绘制标准曲线或计算直线回归方程。

⑤样品测定:分别准确吸取 2 mL"试样液"和"试样空白液"于 10 mL 具塞刻度试管中,在暗室迅速向各管中加入 5 mL 邻苯二胺溶液,振摇混合,在室温下反应 35 min,于激发波长 338 nm、发射波长 420 nm 处测定荧光强度。以"试样液"荧光强度减去"试样空白液"的荧光强度的差值于标准曲线上查得或用回归方程计算试样溶液中 L(+)-抗坏血酸总量。

(2)2,6-二氯靛酚法操作步骤(警示:全部实验过程应避光)

①配制 L(+)-抗坏血酸标准溶液(1.000 mg/mL):称取 100 mg(精确至 0.1 mg)L(+)-抗坏血酸标准品,溶于偏磷酸溶液或草酸溶液并定容至 100 mL。该贮备液在 2~8 ℃避光条件下可保存一周。

②标定 2,6-二氯靛酚溶液:准确吸取 1 mL 抗坏血酸标准溶液于 50 mL 锥形瓶中,加入 10 mL 偏磷酸溶液或草酸溶液,摇匀,用 2,6-二氯靛酚溶液滴定至粉红色,保持 15 s 不褪色为止。同时另取 10 mL 偏磷酸溶液或草酸溶液做空白试验。2,6-二氯靛酚溶液的滴定度,按式(3.9)计算:

$$T = \frac{c \times V}{V_1 - V_0} \tag{3.9}$$

式中　T——2,6-二氯靛酚溶液的滴定度,即每毫升 2,6-二氯靛酚溶液相当于抗坏血酸的毫克数,mg/mL;

　　　c——抗坏血酸标准溶液的质量浓度,mg/mL;

　　　V——吸取抗坏血酸标准溶液的体积,mL;

　　　V_1——滴定抗坏血酸标准溶液所消耗 2,6-二氯靛酚溶液的体积,mL;

　　　V_0——滴定空白所消耗 2,6-二氯靛酚溶液的体积,mL。

③试液制备:称取具有代表性样品的可食部分 100 g,放入粉碎机中,加入 100 g 偏磷酸溶液或草酸溶液,迅速捣成匀浆。准确称取 10~40 g 匀浆样品(精确至 0.01 g)于烧杯中,用偏磷酸溶液或草酸溶液将样品转移至 100 mL 容量瓶,并稀释至刻度,摇匀后过滤。若滤液有颜色,可按每克样品加 0.4 g 白陶土脱色后再过滤。

④滴定:准确吸取 10 mL 滤液于 50 mL 锥形瓶中,用标定过的 2,6-二氯靛酚溶液滴定,直至溶液呈粉红色并保持 15 s 不褪色为止。同时做空白试验。

(3)操作后清场

检查使用的仪器、设备、水电是否关闭;仪器设备外表擦拭干净;剩余原料、试剂放到指定位置;打扫卫生;垃圾废物收集到指定位置。

(4)操作注意事项

①所有试剂最好用重蒸馏水配制。

②样品采取后,应浸泡在已知量的 2% 草酸溶液中,以防止抗坏血酸氧化损失。测定时整个操作过程要迅速,防止抗坏血酸被氧化。

③若测动物性样品,须用 10% 三氯乙酸代替 2% 草酸溶液提取。

④若样品滤液颜色较深,影响滴定终点观察,可加入白陶土再过滤。

⑤若样品中含有 Fe^{2+}、Cu^{2+}、Sn^{2+}、亚硫酸盐、硫代硫酸盐等还原性杂质时,会使结果偏高。

5. 结果计算与报告

(1)数据记录(填入操作手册中)

(2)结果计算

试样中 L(+)-抗坏血酸总量,结果以"mg/100 g"表示,按式(3.10)计算:

$$X = \frac{c \times V}{m} \times F \times \frac{100}{1\,000} \tag{3.10}$$

式中　X——试样中 L(+)-抗坏血酸的总量,mg/100 g;

　　　c——由标准曲线查得或回归方程计算的进样液中 L(+)-抗坏血酸的质量浓度,μg/mL;

　　　V——荧光反应所用试样体积,mL;

　　　F——试样的稀释倍数;

　　　m——试样的质量,g;

　　　100——换算系数;

　　　1 000——换算系数。

试样中 L(+)-抗坏血酸含量,结果以"mg/100 g"表示,按式(3.11)计算:

$$X = \frac{(V - V_0) \times T \times A}{m} \times 100 \tag{3.11}$$

式中　X——试样中 L(+)-抗坏血酸含量,mg/100 g;

　　　V——滴定试样所消耗 2,6-二氯靛酚溶液的体积,mL;

　　　V_0——滴定空白所消耗 2,6-二氯靛酚溶液的体积,mL;

　　　T——2,6-二氯靛酚溶液的滴定度,即每毫升 2,6-二氯靛酚溶液相当于抗坏血酸的毫克数,mg/mL;

　　　A——稀释倍数;

　　　m——试样质量,g。

(3)质量标准

①计算结果保留三位有效数字。

②荧光法:在重复性条件下获得的两次独立测定结果的绝对差值不得超过算术平均值的 10%。

③靛酚滴定法:在重复性条件下获得的两次独立测定结果的绝对差值,在 L(+)-抗坏血酸含量大于 20 mg/100 g 时不得超过算术平均值的 2%。在 L(+)-抗坏血酸含量小于或等于 20 mg/100 g 时不得超过算术平均值的 5%。

【任务实施】

预习手册

任务名称		指导教师	
小组成员		学生姓名	
引导问题		问题回答	
本任务的误差可能来自哪些方面?			

续表

引导问题	问题回答			
本任务的关键在哪里?				
本任务的主要设备有哪些?	设备用具名称	规格/型号	使用数量	使用情况

本任务的主要试剂有哪些?	试剂耗材名称	试剂浓度	配制数量	配制过程	使用情况

问题和建议

操作手册(荧光法)

小组成员		指导教师	
操作前检查			

检查内容	检查结果	检查人
是否按规定穿工作服,戴口罩、手套等防护用具	是□ 否□	
检查仪器设备是否清洁,是否运转正常	是□ 否□	
检查检验设备的校验合格证是否在有效期内	是□ 否□	
检查操作现场水、电供应是否正常	是□ 否□	
检查试剂和耗材是否符合要求	是□ 否□	

操作过程记录								
基本信息	样品名称					样品编号		
	生产单位					检测编号		
	生产批号					检测项目		
	检验依据					检测方法		
检测环境	室温/℃					相对湿度/%		
检测设备	设备名称							
	精度							
	设备编号							
标准物质								
仪器条件	激发波长：			发射波长：			样品池：	
检测数据	标准曲线	序号	1	2	3	4	5	标准空白液
		抗坏血酸浓度/(μg·mL⁻¹)						
		峰面积 A						
		标准曲线方程						
	样品处理	样品质量 m/g	样1：		样2：		试样空白液	
		样品处理方法						
		试样液稀释倍数 F						
	试样测定	荧光反应体积 V/mL						
		峰面积 A₁						
结果计算	样品中抗坏血酸浓度 c/(μg·mL⁻¹)							
	试样中总抗坏血酸的含量/[mg·(100 g)⁻¹]							
	总抗坏血酸含量平均值/[mg·(100 g)⁻¹]							
	相对相差/%							
	计算公式		$X = \dfrac{c \times V}{m} \times F \times \dfrac{100}{1\,000}$					
结果报告								

续表

检验员：		复核人：	
日　期：		日　期：	

操作后清场			
清场项目	清场结果	清场人	复核人
仪器清洁,设备外表擦拭干净	合格□　不合格□		
工具擦拭或清洗干净,放到指定位置	合格□　不合格□		
地面、台面清洁干净	合格□　不合格□		
实验垃圾及废物收集到指定位置	合格□　不合格□		
关好水、电及门窗	合格□　不合格□		
指导教师签字：			年　　月　　日

操作手册(2,6-二氯靛酚滴定法)

小组成员			指导教师	
操作前检查				
检查内容		检查结果	检查人	
是否按规定穿工作服,戴口罩、手套等防护用具		是□　否□		
检查仪器设备是否清洁,是否运转正常		是□　否□		
检查检验设备的校验合格证是否在有效期内		是□　否□		
检查操作现场水、电供应是否正常		是□　否□		
检查试剂和耗材是否符合要求		是□　否□		
操作过程记录				
基本信息	样品名称		样品编号	
	生产单位		检测编号	
	生产批号		检测项目	
	检验依据		检测方法	
检测环境	室温/℃		相对湿度/%	
检测设备	设备名称			
	精度			
	设备编号			
标准物质				

检测数据	滴定度	序号	1	2	3	空白
		吸取抗坏血酸标准溶液的体积 V/mL				
		滴定抗坏血酸标准溶液消耗靛酚溶液的体积 V_1/mL				
		滴定空白所消耗靛酚溶液的体积 V_0/mL				
		滴定度 T/(mg·L^{-1})				
		滴定度平均值				
	样品处理	样品质量 m/g	样1:	样2:		空白试验
		样品处理方法				
		试样液稀释倍数 A				
	试样测定	滴定试样消耗靛酚溶液的体积 V/mL				—
		滴定空白消耗靛酚溶液的体积 V_0/mL	—	—		
结果计算		试样中还原型抗坏血酸的含量 X/[mg·(100 g)$^{-1}$]				
		还原型抗坏血酸含量平均值/[mg·(100 g)$^{-1}$]				
		相对相差/%				
		计算公式	$X = \dfrac{(V - V_0) \times T \times A}{m} \times 100$			

结果报告	

检验员：　　　　　　　　　　复核人：

日　　期：　　　　　　　　　日　　期：

操作后清场			
清场项目	清场结果	清场人	复核人
仪器清洁,设备外表擦拭干净	合格□ 不合格□		
工具擦拭或清洗干净,放到指定位置	合格□ 不合格□		

续表

清场项目	清场结果	清场人	复核人
地面、台面清洁干净	合格□ 不合格□		
实验垃圾及废物收集到指定位置	合格□ 不合格□		
关好水、电及门窗	合格□ 不合格□		
指导教师签字：		年 月 日	

【任务考评】

技能性工作任务考核表

任务名称			学生姓名				
考核指标	评价内容	分值/分	得分/分				
			自评	互评	组长评	教师评	
预习考核	预习手册填写情况	5					
	实操方案设计情况	5					
任务实施过程考核	操作规范性,熟练度	10					
	操作规程执行情况	10					
	记录填写情况(及时、准确、清晰、整洁、真实)	10					
	清场情况	5					
任务结果考核	结果计算准确	5					
	有效数字位数保留适当	5					
	精密度符合要求	5					
	结果报告简洁、明确	5					
职业素养考核	遵守纪律:遵守实验室规章制度,不迟到早退,不无故请假,不脱岗串岗	5					
	安全意识:穿工作服,戴防护用品,爱护仪器设备,不乱丢乱倒原料试剂等	5					
	环保意识:台面清洁,不乱丢废弃物,节约用水、用电,集中处理废液废物	5					
	团队协作、沟通交流能力:服从组长安排,配合良好,积极主动地完成本岗位任务	5					
	学习能力:有较强的自主学习能力和创新意识	5					
	严谨、求实、诚信的品质,责任意识和质量意识	5					
	精益求精、爱岗敬业、精细操作的劳动精神	5					
总计		100					

【交流探讨】

1. 维生素 A 和抗坏血酸的测定中样品处理及提取有何不同之处？为什么？
2. 抗坏血酸的测定方法有哪些？适用范围如何？

食品中维生
素的测定相
关知识

课后练习

项目四
食品添加剂的检测 ....○

【知识导图】

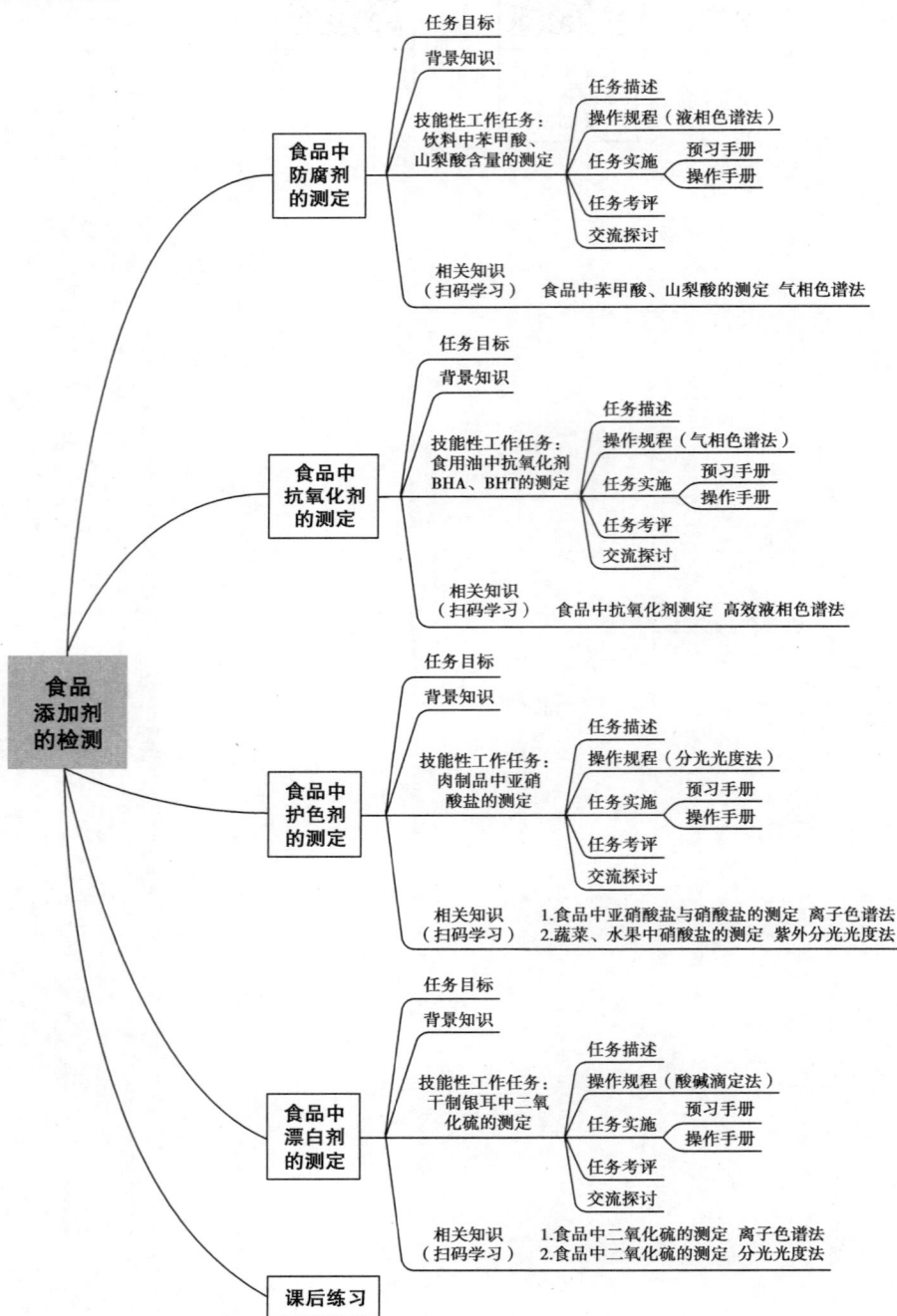

食品添加剂一词始于西方工业革命,但其应用和研究历史悠久。我国古代就有在食品中使用天然色素的记载,如《神农本草》《本草图经》中就有用栀子染色的记载;周朝时就已开始使用肉桂增香;北魏时期的《食经》《齐民要术》中也有用盐卤、石膏凝固豆浆等的记载。随着食品工业的发展,食品添加剂是食品加工过程中不可缺少的基料,因此,食品添加剂的质量直接影响食品的质量。

我国《食品安全国家标准 食品添加剂使用标准》(GB 2760—2024)中将食品添加剂定义为改善食品品质和色、香、味,以及为防腐、保鲜和加工工艺的需要而加入食品中的人工合成或者天然物质。包括传统意义的食品添加剂共2 000多个品种,涉及16类食品、23个功能类别。其中防腐剂、抗氧化剂较为常见;着色剂、护色剂和漂白剂主要是调色;食品用香料主要是调香;甜味剂、酸度调节剂、增味剂用于调味;增稠剂、乳化剂、消泡剂、被膜剂、凝固剂、膨松剂、稳定剂、胶姆糖基础剂、面粉处理剂、水分保持剂和抗结剂用于改善食品的质地;还有酶制剂、食品加工助剂和其他类别。

绝大多数食品添加剂是化学合成的,有的具有一定的毒性,有的会在食品中起变态反应,甚至转化成其他有毒物质,有些物质还具有"三致"(致癌、致畸、致突变)的潜在危害,某些原来认为无害的食品添加剂,近年来也发现可能存在各种潜在的危害。因此,国内外对食品添加剂品种和使用量均有选择和限制,并对添加的对象亦有规定,目的是控制食品添加剂对食品的污染。然而,仍有一些食品生产者为牟取暴利,使用不符合卫生要求的食品添加剂,甚至滥用、超范围或过量使用食品添加剂,导致食品安全事故频发。因此,对食品添加剂的含量进行分析检测,对保证食品质量,保障食用者的健康具有重要意义。

任务一　食品中防腐剂的测定

【任务目标】

◆ 知识目标

1. 理解防腐剂的意义,掌握食品中防腐剂的概念和知识;
2. 熟悉食品中苯甲酸、山梨酸含量的测定的原理及操作要点;
3. 掌握液相色谱法、气相色谱法测定食品中防腐剂的原理、适用范围及操作技术。

◆ 能力目标

1. 会样品的处理与提取;
2. 能用液相色谱法测定食品中苯甲酸、山梨酸;
3. 会标准曲线制作的方法与操作技能;
4. 能如实记录检验过程中的现象和问题;
5. 会分析测定过程的误差来源;
6. 会进行结果计算。

◆ 素质目标

1. 培养学生实事求是,严谨细致的态度;
2. 培养学生的食品安全与风险意识和对标意识。

【背景知识】

一、食品防腐剂的概念及种类

防腐剂是指能防止食品腐败、变质,抑制食品中微生物繁殖,延长食品保存期的物质。它也是人类使用最悠久、最广泛的食品添加剂之一。

目前,我国允许使用的防腐剂有 30 多种,主要有苯甲酸、苯甲酸钠、山梨酸、山梨酸钾、亚硝酸钠、丙酸、丙酸钙、乳酸链球菌素、对羟基苯甲酸酯类等。

二、常见的食品防腐剂

①苯甲酸又名安息香酸,为白色有丝光的鳞片或针状结晶,微溶于水,使用不便,实际场景中多用其钠盐。苯甲酸及其钠盐主要用于酸性食品的防腐,pH 在 2.5 ~ 4 时,其抑菌作用较强,当 pH>5.5 时,抑菌效果明显减弱。对霉菌和酵母菌效果甚微。苯甲酸的毒性较小。苯甲酸及其钠盐在食品中的应用范围及限量见表 4-1-1。

表 4-1-1　苯甲酸及其钠盐在食品中的应用及限量(依据 GB 2760—2024 的规定)

应用范围	限量标准 (以苯甲酸计,g/kg)
风味冰、冰棍、果酱(罐头除外)、腌渍的蔬菜、调味糖浆、食醋、酱油、酿造酱、半固体复合调味料、液体复合调味料、果蔬汁(浆)类饮料、蛋白饮料、茶、咖啡、植物(类)饮料、风味饮料	1.0
碳酸饮料、特殊用途饮料	0.2
配制酒	0.4
蜜饯	0.5
复合调味料	0.6
果酒、除胶基糖果外其他糖果	0.8
胶基糖果	1.5
浓缩果蔬汁(浆)(仅限食品工业用)	2.0

②山梨酸又名花楸酸,为无色、无嗅的针状结晶,难溶于水。山梨酸是一种直链不饱和脂肪酸,可参与人体的正常代谢,并被同化产生 CO_2 和水,所以几乎对人体没有毒性。山梨酸和山梨酸钾比苯甲酸更安全,是目前国际上公认的安全防腐剂。山梨酸的使用范围较广,其使用范围和安全限量要符合《食品安全国家标准 食品添加剂使用标准》(GB 2760—2024)中的要求。

三、食品中防腐剂的测定方法

苯甲酸和山梨酸的检测主要采用液相色谱法、气相色谱法。

【技能性工作任务】

饮料中苯甲酸、山梨酸含量的测定

◆ 任务描述

饮料中苯甲酸、山梨酸的测定依据《食品安全国家标准 食品中苯甲酸、山梨酸和糖精钠的测定》(GB 5009.28—2016),本任务采用第一法 液相色谱法。要求根据操作规程,结合实验室条件,制定检验方案,完成饮料中苯甲酸、山梨酸含量的测定,如实记录和分析检测数据,规范报告检测结果。

◆ 操作规程

饮料中苯甲酸、山梨酸含量测定操作规程(液相色谱法)

1.目的

学会液相色谱法测定食品中苯甲酸、山梨酸含量的操作技能,能正确记录计算处理检测数据;能规范地报告检测结果。

2.原理

样品经水提取,高脂肪样品经正己烷脱脂、高蛋白样品经蛋白沉淀剂沉淀蛋白,采用液相色谱分离、紫外检测器检测,外标法定量。

适用范围:食品中苯甲酸、山梨酸和糖精钠的测定。

3.仪器与试剂

(1)主要仪器

高效液相色谱仪(配紫外检测器)、分析天平(感量为 0.001 g 和 0.000 1 g)、涡旋振荡器、离心机(转速>8 000 r/min)、匀浆机、恒温水浴锅、超声波发生器、水相微孔滤膜(0.22 μm)、塑料离心管(50 mL)。

(2)主要试剂

①氨水溶液(1+99):取氨水 1 mL,加到 99 mL 水中,混匀。

②亚铁氰化钾溶液(92 g/L):称取 106 g 亚铁氰化钾,加入适量水溶解,用水定容至1 000 mL。

③乙酸锌溶液(183 g/L):称取 220 g 乙酸锌溶于少量水中,加入 30 mL 冰乙酸,用水定容至 1 000 mL。

④乙酸铵溶液(20 mmol/L):称取 1.54 g 乙酸铵,加入适量水溶解,用水定容至 1 000 mL,经 0.22 μm 水相微孔滤膜过滤后备用。

⑤甲酸-乙酸铵溶液(2 mmol/L 甲酸+20 mmol/L 乙酸铵):称取 1.54 g 乙酸铵,加入适量水溶解,再加入 75.2 μL 甲酸,用水定容至 1 000 mL,经 0.22 μm 水相微孔滤膜过滤后备用。

⑥无水乙醇;正己烷;甲醇备用。

(3)标准溶液的配制

①标准品。

a.苯甲酸钠(CAS 号:532-32-1),纯度≥99.0%,或经国家认证并授予标准物质证书的标准物质。

b.山梨酸钾(CAS 号:590-00-1),纯度≥99.0%,或经国家认证并授予标准物质证书的标准物质。

②标准溶液的配制。

a.苯甲酸、山梨酸标准储备溶液(1 000 mg/L):分别准确称取苯甲酸钠、山梨酸钾各0.118 g、0.134 g(精确至 0.000 1 g),用水溶解并分别定容至 100 mL。于 4 ℃贮存,保存期为6 个月。当使用苯甲酸和山梨酸作为标准品时,需要用甲醇溶解并定容。

b.苯甲酸、山梨酸混合标准中间溶液(200 mg/L):分别准确吸取苯甲酸、山梨酸标准储备溶液各 10.0 mL 于 50 mL 容量瓶中,用水定容。于 4 ℃贮存,保存期为 3 个月。

c. 苯甲酸、山梨酸混合标准系列工作溶液:分别准确吸取苯甲酸、山梨酸混合标准中间溶液 0 mL、0.05 mL、0.25 mL、0.50 mL、1.00 mL、2.50 mL、5.00 mL 和 10.0 mL,用水定容至 10 mL,配制成质量浓度分别为 0 mg/L、1.00 mg/L、5.00 mg/L、10.0 mg/L、20.0 mg/L、50.0 mg/L、100 mg/L 和 200 mg/L 的混合标准系列工作溶液。临用现配。

注:除非另有说明,本方法所用试剂均为分析纯,水为现行国家标准 GB/T 6682 规定的一级水。

4. 操作步骤

(1)试样制备

取多个预包装的饮料、液态奶等均匀样品直接混合,非均匀的液态、半固态样品用组织匀浆机匀浆。取其中的 200 g 装入玻璃容器中,密封,于 4 ℃保存。

(2)试样提取

准确称取约 2 g(精确至 0.001 g)试样于 50 mL 具塞离心管中,加水约 25 mL,涡旋混匀,于 50 ℃水浴超声 20 min,冷却至室温后加亚铁氰化钾溶液 2 mL 和乙酸锌溶液 2 mL,混匀,于 8 000 r/min 离心 5 min,将水相转移至 50 mL 容量瓶中,于残渣中加水 20 mL,涡旋混匀后超声 5 min,于 8 000 r/min 离心 5 min,将水相转移到同一 50 mL 容量瓶中,并用水定容至刻度,混匀。取适量上清液过 0.22 μm 滤膜,待液相色谱测定。

注:碳酸饮料、果酒、果汁、蒸馏酒等测定时可以不加蛋白沉淀剂。

(3)仪器参考条件

①色谱柱:C$_{18}$ 柱,柱长 250 mm,内径 4.6mm,粒径 5 μm,或等效色谱柱。

②流动相:甲醇+乙酸铵溶液=5+95。

③检测波长:230 nm。

④进样量:10 μL。

⑤流速:1 mL/min。

注:当存在干扰峰或需要辅助定性时,可以采用加入甲酸的流动相来测定,如流动相:甲醇+甲酸-乙酸铵溶液=8+92。

(4)标准曲线的制作

将混合标准系列工作溶液分别注入液相色谱仪中,测定相应的峰面积,以混合标准系列工作溶液的质量浓度为横坐标,以峰面积为纵坐标,绘制标准曲线。

(5)试样溶液的测定

将试样溶液注入液相色谱仪中,得到峰面积,根据标准曲线得到待测液中苯甲酸、山梨酸的质量浓度。

(6)操作后清场

检查使用的仪器、设备、水电是否关闭;仪器设备外表擦拭干净;剩余原料、试剂放到指定位置;打扫卫生;垃圾废物收集到指定位置。

(7)操作注意事项

①如果被测溶液含有气泡,需要将被测溶液超声加热以除去二氧化碳。

②苯甲酸的灵敏波长为 230 nm,山梨酸的灵敏波长为 254 nm,在此波长测定时苯甲酸的灵敏度较低。因此波长选择 230 nm。

③平衡前用甲醇:水(5:95)冲洗柱子 15 min,再用甲醇-0.02 mol/L 醋酸铵溶液(5:95)

进行平衡。

④若样品和标准溶液需保存,应置于冰箱中。

⑤为获得良好的结果,标准和样品的进样量要严格保持一致。

5.结果计算与报告

(1)数据记录(填入操作手册中)

(2)结果计算

试样中苯甲酸、山梨酸含量,按式(4.1)计算:

$$X = \frac{\rho \times V}{m \times 1\,000} \tag{4.1}$$

式中　X——试样中待测组分含量,g/kg;

　　　ρ——由标准曲线得出的试样液中待测物的质量浓度,mg/L;

　　　V——试样定容体积,mL;

　　　m——试样质量,g;

　　　1 000——由 mg/kg 转换为 g/kg 的换算因子。

(3)质量标准

①结果保留三位有效数字。

②在重复性条件下获得的两次独立测定结果的绝对差值不得超过算术平均值的10%。

③按取样量 2 g,定容 50 mL 时,苯甲酸、山梨酸的检出限均为 0.005 g/kg,定量限均为 0.01 g/kg。

【任务实施】

预习手册

任务名称		指导教师		
小组成员		学生姓名		
引导问题	问题回答			
本任务的误差可能来自哪些方面?				
本任务的关键在哪里?				
本任务的主要设备有哪些?	设备用具名称	规格/型号	使用数量	使用情况

续表

引导问题	问题回答				
	试剂耗材名称	试剂浓度	配制数量	配制过程	使用情况
本任务的主要试剂有哪些?					
问题和建议					

操作手册

小组成员			指导教师	
操作前检查				
检查内容		检查结果		检查人
是否按规定穿工作服,戴口罩、手套等防护用具		是□ 否□		
检查仪器设备是否清洁,是否运转正常		是□ 否□		
检查检验设备的校验合格证是否在有效期内		是□ 否□		
检查操作现场水、电供应是否正常		是□ 否□		
检查试剂和耗材是否符合要求		是□ 否□		
操作过程记录				
基本信息	样品名称		样品编号	
	生产单位		检测编号	
	生产批号		检测项目	
	检验依据		检测方法	
检测环境	室温/℃		相对湿度/%	
检测设备	设备名称			
	精度			
	设备编号			
标准物质				
液相色谱仪检测条件	色谱柱:	检测器:	检测波长:	
	柱温:	流速:	进样量:	
	流动相:	梯度洗脱条件:		

续表

检测数据	标准曲线	序号	1	2	3	4	5	6
		苯甲酸浓度/(mg·L^{-1})						
		山梨酸浓度/(mg·L^{-1})						
		苯甲酸峰面积 A						
		山梨酸峰面积 A						
		标准曲线方程	苯甲酸回归方程: 山梨酸回归方程:					
	样品处理	样品质量 m/g	样1:		样2:		试剂空白	
		样品处理方法						
		定容体积 V/mL						
	试样测定	苯甲酸峰面积 A$_1$						
		山梨酸峰面积 A$_1$						

结果计算			
	样品中防腐剂浓度 ρ/(mg·L^{-1})	苯甲酸	
		山梨酸	
	试样中防腐剂的含量	苯甲酸/(g·kg^{-1})	
		山梨酸/(g·kg^{-1})	
	防腐剂含量平均值	苯甲酸/(g·kg^{-1})	
		山梨酸/(g·kg^{-1})	
	相对相差/%		
	计算公式	$X = \dfrac{\rho \times V}{m \times 1\,000}$	

结果报告	

检验员：　　　　　　　　　　复核人：

日　期：　　　　　　　　　　日　期：

操作后清场			
清场项目	清场结果	清场人	复核人
仪器清洁,设备外表擦拭干净	合格□　不合格□		
工具擦拭或清洗干净,放到指定位置	合格□　不合格□		

续表

清场项目	清场结果	清场人	复核人
地面、台面清洁干净	合格□ 不合格□		
实验垃圾及废物收集到指定位置	合格□ 不合格□		
关好水、电及门窗	合格□ 不合格□		
指导教师签字:		年 月 日	

【任务考评】

技能性工作任务考核表

任务名称		学生姓名				
考核指标	评价内容	分值/分	得分/分			
			自评	互评	组长评	教师评
预习考核	预习手册填写情况	5				
	实操方案设计情况	5				
任务实施过程考核	操作规范性,熟练度	10				
	操作规程执行情况	10				
	记录填写情况(及时、准确、清晰、整洁、真实)	10				
	清场情况	5				
任务结果考核	结果计算准确	5				
	有效数字位数保留适当	5				
	精密度符合要求	5				
	结果报告简洁、明确	5				
职业素养考核	遵守纪律:遵守实验室规章制度,不迟到早退,不无故请假,不脱岗串岗	5				
	安全意识:穿工作服,戴防护用品,爱护仪器设备,不乱丢乱倒原料试剂等	5				
	环保意识:台面清洁,不乱丢废弃物,节约用水、用电,集中处理废液废物	5				
	团队协作、沟通交流能力:服从组长安排,配合良好,积极主动地完成本岗位任务	5				
	学习能力:有较强的自主学习能力和创新意识	5				
	严谨、求实、诚信的品质,责任意识和质量意识	5				
	精益求精、爱岗敬业、精细操作的劳动精神	5				
总计		100				

【交流探讨】

1. 完成这个任务后你有什么收获？有哪些未解决的问题或疑惑的地方？
2. 根据苯甲酸的结构式,苯甲酸能用离子色谱法分析吗？为什么？
3. 如何对苯甲酸进行定性和定量分析,方法有哪些？
4. 流动相不同比例的改变对分离结果有什么影响？原因何在？
5. 饮料为什么需要进行超声处理,原因何在？
6. 实验之前的流动相应该如何处理,为什么？

食品中防腐剂的测定相关知识

任务二　食品中抗氧化剂的测定

【任务目标】

◆ 知识目标

1. 理解食品中加入抗氧化剂的意义与作用;
2. 掌握抗氧化剂的概念、抗氧化原理和相关知识;
3. 掌握抗氧化剂测定方法的原理、适用范围及操作技术要求。

◆ 能力目标

1. 会气相色谱的使用与维护;
2. 会样品处理与提取的原理及操作技能;
3. 能用气相色谱法测定食品中叔丁基对羟基茴香醚（BHA）、二丁基羟基甲苯（BHT）;
4. 会标准曲线制作的方法与操作技能;
5. 能如实记录检验过程中的现象和问题;
6. 会分析测定过程的误差来源;
7. 会进行结果计算。

◆ 素质目标

1. 培养学生实事求是,严谨细致的态度;
2. 培养学生的食品安全与风险意识和对标意识。

【背景知识】

一、食品中抗氧化剂的作用

抗氧化剂是能阻止或延迟食品氧化变质,提高食品稳定性、延长储存期的食品添加剂。

在食品中添加抗氧化剂,是通过化学法来防止食品的氧化。

按来源可分为天然抗氧化剂和人工合成抗氧化剂。按溶解度可分为油溶性和水溶性等,按作用方式也可分为很多类别,目前常用的抗氧化剂有:叔丁基对羟基茴香醚(BHA)、二丁基羟基甲苯(BHT)、没食子酸丙酯(PG)、叔丁基对苯二酚(TBHQ)、茶多酚(TP)、异抗坏血酸(EA)等,主要用于油脂和高油脂产品,以延缓食品的氧化变质。

二、食品中常见的抗氧化剂

常用的 BHA 是以 3-BHA 为主,且含少量 2-BHA 的混合物,是一种无色至微黄色蜡样结晶粉末,不溶于水,可溶于油脂和有机溶剂。在日光长期照射下,色泽会变深,对人体健康有害。BHA 作为一种成熟的抗氧化剂,根据 GB 2760—2024 中的规定,BHA 允许在油脂、坚果与籽类、油炸面制品、杂粮粉、方便米面制品、饼干、腌腊肉制品、干制海产品、鸡肉粉、膨化食品中添加,最大使用量为 0.2 g/kg,在胶基糖果中最大使用量为 0.4 g/kg。

BHT 是一种无色晶体或白色结晶粉末的抗氧化剂。无嗅、无味,不溶于水和甘油,溶于乙醇和各种油脂,价格低廉,没有 BHA 的特异臭味,毒性相对较高,对人体健康有害。BHT 允许在脂肪、油、干制蔬菜、坚果与籽类、油炸面制品、即食谷物、方便米面制品、饼干、腌腊肉制品、干制海产品、膨化食品中添加,最大使用量均为 0.2 g/kg,在胶基糖果中最大使用量为 0.4 g/kg。

PG 是一种白色至褐色结晶粉末或灰黄色针状结晶,无嗅、稍有苦味,水溶液无味,可单独使用或与 BHA、BHT 混合使用。PG 允许在油脂、坚果与籽类、油炸面制品、杂粮粉、方便米面制品、饼干、腌腊肉制品、干制海产品、鸡肉粉、膨化食品中添加,最大使用量为 0.1 g/kg,在胶基糖果中最大使用量为 0.4 g/kg。

三、食品中抗氧化剂测定的意义

①食品抗氧化剂是食品安全的重要指标之一。

②通过食品中抗氧化剂的添加量和残留量的测定,对比脂质酸败的指标,可以分析食品抗氧化剂的效价。

四、食品中抗氧化剂的测定方法

①食品抗氧化剂的测定可采用高效液相色谱法、液相色谱串联质谱法、气相色谱法及比色法。

②BHA 和 BHT 的测定适用于气相色谱法和分光光度法,PG 的测定适用于比色法。

【技能性工作任务】

食用油中抗氧化剂 BHA、BHT 的测定

◆ 任务描述

食用油中抗氧化剂 BHA、BHT 的测定依据《食品安全国家标准 食品中 9 种抗氧化剂的测定》(GB 5009.32—2016),本任务采用第四法 气相色谱法。要求根据操作规程,结合实验室条件,制定检验方案,完成食用油中抗氧化剂 BHA、BHT 含量的测定,如实记录和分析检测数

据,规范地报告检测结果。

◆**操作规程**

食用油中抗氧化剂 BHA、BHT 测定操作规程(气相色谱法)

1. 目的

学会气相色谱法测定食品中抗氧化剂 BHA、BHT 含量;学会气相色谱仪的使用与维护;能正确记录计算处理检测数据;能规范地报告检测结果。

2. 原理

样品中的抗氧化剂用有机溶剂提取、凝胶渗透色谱(GPC)净化后,用气相色谱氢火焰离子化检测器检测,采用保留时间定性,外标法定量。

3. 仪器与试剂

(1)主要仪器

粉碎机、分析天平(感量 0.01 g 和 0.1 mg)、旋转蒸发仪、涡旋振荡器、有机系滤膜(0.45 μm)、气相色谱仪[配氢火焰离子化检测器(FID)]、凝胶渗透色谱仪(GPC)或可进行脱脂的等效分离装置。

(2)主要试剂

①试剂配制。

a. 乙酸乙酯和环己烷混合液(1+1):量取 50 mL 乙酸乙酯和 50 mL 环己烷混匀。

b. 石油醚:沸程 30~60 ℃(重蒸);乙腈;丙酮备用。

②标准品及标准溶液的配制。

a. BHA 标准品:纯度≥99.0%;BHT 标准品:纯度≥99.3%。

b. BHA、BHT 标准储备液:准确称取 BHA、BHT 标准品各 50 mg(精确至 0.1 mg),用乙酸乙酯和环己烷混合溶液定容至 50 mL,配制成 1 mg/mL 的储备液,于 4 ℃冰箱中避光保存。

c. BHA、BHT 标准使用液:吸取标准储备液 0.1 mL、0.5 mL、1.0 mL、2.0 mL、3.0 mL、4.0 mL、5.0 mL 于一组 10 mL 容量瓶中,用乙酸乙酯和环己烷混合溶液定容,此标准系列的浓度为 0.01 mg/mL、0.05 mg/mL、0.1 mg/mL、0.2 mg/mL、0.3 mg/mL、0.4 mg/mL、0.5 mg/mL,现用现配。

注:除非另有说明,本方法所用试剂均为色谱纯,水为现行国家标准 GB/T 6682 规定的一级水。

4. 操作步骤

(1)试样制备

样品混合均匀,取有代表性试样,密封保存。

(2)试样处理

混合均匀的油脂样品,过 0.45 μm 滤膜后,准确称取 0.5 g(精确至 0.1 mg),用乙酸乙酯和环己烷的混合溶液准确定容至 10.0 mL,混合均匀待净化。

(3)净化

处理得到的试样经凝胶渗透色谱装置净化,收集流出液蒸发浓缩至近干,用乙酸乙酯和环己烷混合溶液定容至 2 mL,进气相色谱仪分析。

不同试样的前处理需要同时做试样空白试验。

（4）色谱参考条件

①色谱柱:5%苯基-甲基聚硅氧烷毛细管柱,柱长30 m,内径0.25 mm,膜厚0.25 μm,或等效色谱柱。

②进样口温度:230 ℃。

③升温程序:初始柱温80 ℃,保持1 min,以10 ℃/min升温至250 ℃,保持5 min。

④检测器温度:250 ℃。

⑤进样量:1 μL。

⑥进样方式:不分流进样。

⑦载气:氮气,纯度≥99.999%,流速1 mL/min。

（5）标准曲线的制作

将标准系列工作液分别注入气相色谱仪中,测定相应的抗氧化剂,以标准工作液的浓度为横坐标,以响应值(如峰面积、峰高、吸收值等)为纵坐标,绘制标准曲线。

（6）试样溶液的测定

将试样溶液注入气相色谱仪中,得到相应抗氧化剂的响应值,根据标准曲线得到待测液中相应抗氧化剂的浓度。

（7）操作后清场

检查使用的仪器、设备水电是否关闭;仪器设备外表擦拭干净;剩余原料、试剂放到指定位置;打扫卫生;垃圾废物收集到指定位置。

（8）操作注意事项

①BHA、BHT遇光易分解,故试剂需用棕色试剂瓶保存;样品应及时处理,不宜存放过久。

②GPC进样时注意不要把气泡打进去。

③凝胶柱的方向不要接反,柱中不能进水。

5.结果计算与报告

（1）数据记录(填入操作手册中)

（2）结果计算

试样中BHA、BHT含量,按式(4.2)计算:

$$X = \rho \times \frac{V}{m} \tag{4.2}$$

式中　X——试样中抗氧化剂含量,mg/kg;

　　　ρ——从标准曲线上得到的抗氧化剂溶液浓度,μg/mL;

　　　V——样液最终定容体积,mL;

　　　m——称取的试样质量,g。

（3）质量标准

①结果保留三位有效数字(或保留到小数点后两位)。

②在重复性条件下获得的两次独立测定结果的绝对差值不得超过算术平均值的10%。

③检出限与定量限:本方法中叔丁基对羟基茴香醚与2,6-二叔丁基对甲基苯酚的检出限为2 mg/kg,定量限为5 mg/kg。

【任务实施】

预习手册

任务名称		指导教师	
小组成员		学生姓名	
引导问题	问题回答		

本任务的误差可能来自哪些方面?	

本任务的关键在哪里?	

本任务的主要设备有哪些?	设备用具名称	规格/型号	使用数量	使用情况

本任务的主要试剂有哪些?	试剂耗材名称	试剂浓度	配制数量	配制过程	使用情况

问题和建议

操作手册

小组成员				指导教师	
操作前检查					
检查内容		检查结果		检查人	
是否按规定穿工作服,戴口罩、手套等防护用具		是□ 否□			
检查仪器设备是否清洁,是否运转正常		是□ 否□			
检查检验设备的校验合格证是否在有效期内		是□ 否□			
检查操作现场水、电供应是否正常		是□ 否□			
检查试剂和耗材是否符合要求		是□ 否□			
操作过程记录					

基本信息	样品名称		样品编号	
	生产单位		检测编号	
	生产批号		检测项目	
	检验依据		检测方法	
检测环境	室温/℃		相对湿度/%	

检测设备	设备名称	
	精度	
	设备编号	

标准物质	

气相色谱仪检测条件	色谱柱:		升温程序:		
	进样口温度:		检测器:		检测器温度:
	进样方式:		进样量:		载气与流速:

检测数据		序号	1	2	3	4	5	6
	标准曲线	BHA 浓度/($mg \cdot mL^{-1}$)						
		BHT 浓度/($mg \cdot mL^{-1}$)						
		BHA 峰面积 A						
		BHT 峰面积 A						
		曲线方程	BHA 回归方程: BHT 回归方程:					
	样品处理	样品质量 m/g	样1:		样2:		空白试验	
		样品处理方法						
		定容体积 V/mL						
	试样测定	BHA 峰面积 A_1						
		BHT 峰面积 A_1						

结果计算	样品中抗氧化剂浓度 $\rho/(\mathrm{mg \cdot mL^{-1}})$	BHA/$(\mathrm{mg \cdot mL^{-1}})$			
		BHT/$(\mathrm{mg \cdot mL^{-1}})$			
	试样中抗氧化剂的含量	BHA/$(\mathrm{mg \cdot kg^{-1}})$			
		BHT/$(\mathrm{mg \cdot kg^{-1}})$			
	抗氧化剂含量平均值	BHA/$(\mathrm{mg \cdot kg^{-1}})$			
		BHT/$(\mathrm{mg \cdot kg^{-1}})$			
	相对相差/%				
	计算公式	$X = \rho \times \dfrac{V}{m}$			

结果报告	

检验员：	复核人：
日　期：	日　期：

操作后清场			
清场项目	清场结果	清场人	复核人
仪器清洁,设备外表擦拭干净	合格□　不合格□		
工具擦拭或清洗干净,放到指定位置	合格□　不合格□		
地面、台面清洁干净	合格□　不合格□		
实验垃圾及废物收集到指定位置	合格□　不合格□		
关好水、电及门窗	合格□　不合格□		
指导教师签字：		年　　月　　日	

【任务考评】

技能性工作任务考核表

任务名称			学生姓名			
考核指标	评价内容	分值/分	得分/分			
			自评	互评	组长评	教师评
预习考核	预习手册填写情况	5				
	实操方案设计情况	5				

续表

考核指标	评价内容	分值/分	得分/分			
			自评	互评	组长评	教师评
任务实施过程考核	操作规范性,熟练度	10				
	操作规程执行情况	10				
	记录填写情况(及时、准确、清晰、整洁、真实)	10				
	清场情况	5				
任务结果考核	结果计算准确	5				
	有效数字位数保留适当	5				
	精密度符合要求	5				
	结果报告简洁、明确	5				
职业素养考核	遵守纪律:遵守实验室规章制度,不迟到早退,不无故请假,不脱岗串岗	5				
	安全意识:穿工作服,戴防护用品,爱护仪器设备,不乱丢乱倒原料试剂等	5				
	环保意识:台面清洁,不乱丢废弃物,节约用水、用电,集中处理废液废物	5				
	团队协作、沟通交流能力:服从组长安排,配合良好,积极主动地完成本岗位任务	5				
	学习能力:有较强的自主学习能力和创新意识	5				
	严谨、求实、诚信的品质,责任意识和质量意识	5				
	精益求精、爱岗敬业、精细操作的劳动精神	5				
总计		100				

【交流探讨】

1. 完成这个任务后你有什么收获?有哪些未解决的问题或疑惑的地方?

2. 如何配置标准系列溶液?影响测定稳定性和准确性的因素有哪些?

3. 气相色谱法的误差可能源于哪些方面?

4. 气相色谱法测定食品中 BHA、BHT 的操作要点是什么?

5. 测定食品中 BHA、BHT 含量有何意义?还有哪些测定方法?

食品中抗氧化剂的测定相关知识

任务三　食品中护色剂的测定

【任务目标】

◆ 知识目标

1. 理解食品中添加护色剂的作用与意义；
2. 掌握护色剂的概念、常见种类、安全性和相关知识；
3. 熟悉食品中亚硝酸盐含量的卫生标准；
4. 掌握食品中亚硝酸盐含量测定的基本方法。

◆ 能力目标

1. 学会分光光度计的使用与维护；
2. 能用分光光度法测定食品中亚硝酸盐含量；
3. 能如实记录检验过程中的现象和问题；
4. 会分析测定过程的误差来源；
5. 会进行结果计算。

◆ 素质目标

1. 培养学生实事求是,严谨细致的态度；
2. 培养学生的食品安全与风险意识和对标意识。

【背景知识】

一、食品中护色剂的作用

护色剂又称发色剂或呈色剂,能够使肉与肉制品呈现良好色泽,最常用的护色剂是硝酸盐和亚硝酸盐。其发色机理是亚硝酸盐和硝酸盐添加在肉制品中会转化为亚硝酸,亚硝酸易分解出亚硝基,生成的亚硝基(NO)会迅速与肌红蛋白反应生成鲜艳的亮红色的亚硝基肌红蛋白(NO-Mb),亚硝基肌红蛋白遇热后放出巯基(—SH),转化为鲜红色的亚硝基血色原,从而赋予食品鲜艳的红色。

亚硝酸盐对微生物有抑制作用,与食盐并用可以增强抑菌效果,对肉毒梭状芽孢杆菌有特殊的抑制作用。

二、食品中护色剂测定的意义

①食品中的护色剂的使用是食品安全的重要指标之一。硝酸盐和亚硝酸盐可添加至腌腊、酱卤、熏、烧、烤肉类,油炸肉类和西式火腿、肉灌肠和发酵肉制品中,其中硝酸盐的最大使用量为 0.5 g/kg,亚硝酸盐为 0.15 g/kg;在检测中一般以亚硝酸钠或亚硝酸钾的含量计,残留量必须控制在 30 mg/kg 以内。

②亚硝酸盐与仲胺反应生成具有致癌作用的亚硝胺,因此亚硝酸盐和硝酸盐作为食品添加剂过多使用会对人体产生毒害作用。

三、食品中护色剂的测定方法

护色剂的测定方法很多,公认的测定法为格里斯试剂比色法测亚硝酸盐含量和镉柱法测硝酸盐含量,其他的还有示波极谱法、气相色谱法、荧光法和离子选择性电极法等。

【技能性工作任务】

肉制品中亚硝酸盐的测定

◆任务描述

肉制品中亚硝酸盐的测定依据《食品安全国家标准 食品中亚硝酸盐与硝酸盐的测定》(GB 5009.33—2016),本任务采用第二法 分光光度法。要求根据操作规程,结合实验室条件,制定检验方案,完成肉制品中亚硝酸盐含量的测定,如实记录和分析检测数据,规范地报告检测结果。

◆操作规程

肉制品中亚硝酸盐测定操作规程(分光光度法)

1. 目的

学会分光光度法测定食品中亚硝酸盐含量的操作技能;学会分光光度计的使用与维护;能正确记录计算处理检测数据;能规范地报告检验结果。

2. 原理

亚硝酸盐采用盐酸萘乙二胺法测定。试样经沉淀蛋白质、除去脂肪后,在弱酸条件下,亚硝酸盐与对氨基苯磺酸重氮化后,再与盐酸萘乙二胺偶合形成紫红色染料,外标法测得亚硝酸盐含量。

3. 仪器与试剂

(1)主要仪器

天平(感量0.1 mg和1 mg)、组织捣碎机、超声波清洗器、恒温干燥箱、分光光度计。

(2)主要试剂

①试剂配制。

a. 亚铁氰化钾溶液(106 g/L):称取106.0 g亚铁氰化钾,用水溶解,并稀释至1 000 mL。

b. 乙酸锌溶液(220 g/L):称取220.0 g乙酸锌,先加30 mL冰乙酸溶解,然后用水稀释至1 000 mL。

c. 饱和硼砂溶液(50 g/L):称取5.0 g硼酸钠,溶于100 mL热水中,冷却后备用。

d. 对氨基苯磺酸溶液(4 g/L):称取0.4 g对氨基苯磺酸,溶于100 mL 20%盐酸中,混匀,置棕色瓶中,避光保存。

e. 盐酸萘乙二胺溶液(2 g/L):称取0.2 g盐酸萘乙二胺,溶于100 mL水中,混匀,置棕色瓶中,避光保存。

②标准品及标准溶液配制。

a. 亚硝酸钠(CAS号:7632-00-0):基准试剂,或采用具有标准物质证书的标准溶液。

b. 亚硝酸钠标准溶液(200 μg/mL,以亚硝酸钠计):准确称取0.100 0 g于110~120 ℃干燥恒重的亚硝酸钠,加水溶解,移入500 mL容量瓶中,加水稀释至刻度,混匀。

c. 亚硝酸钠标准使用液(5.0 μg/mL):临用前,吸取 2.50 mL 亚硝酸钠标准溶液,并将其置于 100 mL 容量瓶中,加水稀释至刻度。

注:除非另有说明,本方法所用试剂均为分析纯,水为现行国家标准 GB/T 6682 规定的一级水。

4. 操作步骤

(1)试样的预处理

用四分法取适量或取全部肉样,用食物粉碎机制成匀浆,备用。

(2)提取

称取 5 g(精确至 0.001 g)匀浆试样(如制备过程中加水,应按加水量折算),置于 250 mL 具塞锥形瓶中,加 12.5 mL 50 g/L 饱和硼砂溶液,加入 70 ℃左右的水约 150 mL,混匀,于沸水浴中加热 15 min,取出置冷水浴中冷却,并放置至室温。定量转移上述提取液至 200 mL 容量瓶中,加入 5 mL 106 g/L 亚铁氰化钾溶液,摇匀,再加入 5 mL 220 g/L 乙酸锌溶液,以沉淀蛋白质。加水至刻度,摇匀,放置 30 min,除去上层脂肪,上清液用滤纸过滤,弃去初滤液 30 mL,滤液备用。

(3)亚硝酸盐的测定

吸取 40 mL 上述滤液于 50 mL 带塞比色管中,另吸取 0.00 mL、0.20 mL、0.40 mL、0.60 mL、0.80 mL、1.00 mL、1.50 mL、2.00 mL、2.50 mL 亚硝酸钠标准使用液(相当于 0.0 μg、1.0 μg、2.0 μg、3.0 μg、4.0 μg、5.0 μg、7.5 μg、10.0 μg、12.5 μg 亚硝酸钠),分别置于 50 mL 带塞比色管中。于标准管与试样管中分别加入 2 mL 4 g/L 对氨基苯磺酸溶液,混匀,静置 3~5 min 后各加入 1 mL 2 g/L 盐酸萘乙二胺溶液,加水至刻度,混匀,静置 15 min,用 1 cm 比色杯,以零管调节零点,于波长 538 nm 处测吸光度,绘制标准曲线比较。同时做试剂空白试验。

(4)操作后清场

检查使用的仪器、设备、水电是否关闭;仪器设备外表擦拭干净;剩余原料、试剂放到指定位置;打扫卫生;垃圾废物收集到指定位置。

(5)操作注意事项

①测定油脂多的样品(如肉制品)时,可通过冷却使脂肪凝固后再把它滤去,或用撇去法萃取最上层的脂肪。

②肉类样品在沉淀蛋白质时,所用乙酸锌溶液不宜过多,否则会生成白色沉淀影响测定。

③对有色的样品(如红烧肉类)因其色素可能影响萃取液的比色测定,应在加热萃取并滴加沉淀剂使蛋白质沉淀,取其滤液 60 mL 放入 100 mL 容量瓶中,加氢氧化铝溶液定容,然后过滤。取其无色透明滤液进行比色测定。

④测定果蔬类亚硝酸盐含量时,不必加蛋白质沉淀剂。可根据硝酸盐的含量,称取水果 15 g、蔬菜 5 g,匀浆于 250 mL 容量瓶中,加水 100 mL 摇匀 1 h,加 20 mL 的氢氧化钠定容后立即过滤。滤液取 30 mL 于 50 mL 容量瓶中,用氢氧化铝定容至刻度,取其无色透明滤液进行比色测定。

⑤滤液不要放置过久,以免亚硝酸盐或硝酸盐发生氧化或还原作用,影响测定结果。

5. 结果计算与报告

（1）数据记录（填入操作手册中）

（2）结果计算

亚硝酸盐（以亚硝酸钠计）的含量，按式（4.3）计算：

$$X = \frac{m_1 \times 1\,000}{m_2 \times \dfrac{V_1}{V_2} \times 1\,000} \qquad\qquad (4.3)$$

式中　X——试样中亚硝酸钠的含量，mg/kg；

　　　m_1——测定用样液中亚硝酸钠的质量，μg；

　　　m_2——试样质量，g；

　　　V_1——测定用样液体积，mL；

　　　V_2——试样处理液总体积，mL；

　　　1 000——转换系数。

（3）质量标准

①结果保留两位有效数字。

②在重复性条件下获得的两次独立测定结果的绝对差值不得超过算术平均值的10%。

③肉制品中亚硝酸盐检出限：1 mg/kg。

【任务实施】

预习手册

任务名称		指导教师	
小组成员		学生姓名	
引导问题	问题回答		
本任务的误差可能来自哪些方面？			
本任务的关键在哪里？			
本任务的主要设备有哪些？	设备用具名称	规格/型号	使用数量	使用情况

续表

引导问题	问题回答				
	试剂耗材名称	试剂浓度	配制数量	配制过程	使用情况
本任务的主要试剂有哪些?					
问题和建议					

操作手册

小组成员				指导教师	
操作前检查					
检查内容		检查结果		检查人	
是否按规定穿工作服,戴口罩、手套等防护用具		是□ 否□			
检查仪器设备是否清洁,是否运转正常		是□ 否□			
检查检验设备的校验合格证是否在有效期内		是□ 否□			
检查操作现场水、电供应是否正常		是□ 否□			
检查试剂和耗材是否符合要求		是□ 否□			
操作过程记录					
基本信息	样品名称			样品编号	
	生产单位			检测编号	
	生产批号			检测项目	
	检验依据			检测方法	
检测环境	室温/℃			相对湿度/%	
检测设备	设备名称				
	精度				
	设备编号				
标准物质					
仪器条件	比色管体积: 检测波长: 比色皿:				

续表

检测数据	标准曲线	序号	1	2	3	4	5	6	7	8
		$NaNO_2$ 标准使用液/mL								
		对氨基苯磺酸溶液/mL								
		盐酸萘乙二胺溶液/mL								
		定容体积/mL								
		$NaNO_2$ 质量/μg								
		吸光度 A								
		曲线方程								
	样品处理	样品质量 m_2/g	样1:		样2:			空白对照		
		样品处理方法								
		试样定容体积 V_2/mL								
	试样测定	测定用样液体积 V_1/mL								
		吸光度 A_1								
结果计算		测定用样液中 $NaNO_2$ 质量 m_1/μg								
		试样中亚硝酸盐的含量/$(mg \cdot kg^{-1})$								
		亚硝酸盐含量平均值/$(mg \cdot kg^{-1})$								
		相对相差/%								
		计算公式	$$X = \dfrac{m_1 \times 1\,000}{m_2 \times \dfrac{V_1}{V_2} \times 1\,000}$$							
结果报告										

检验员：　　　　　　　　　　　　复核人：

日　期：　　　　　　　　　　　　日　期：

操作后清场			
清场项目	清场结果	清场人	复核人
仪器清洁,设备外表擦拭干净	合格□　不合格□		
工具擦拭或清洗干净,放到指定位置	合格□　不合格□		
地面、台面清洁干净	合格□　不合格□		
实验垃圾及废物收集到指定位置	合格□　不合格□		
关好水、电及门窗	合格□　不合格□		
指导教师签字：		年　月　日	

【任务考评】

技能性工作任务考核表

任务名称			学生姓名				
考核指标	评价内容	分值/分	得分/分				
			自评	互评	组长评	教师评	
预习考核	预习手册填写情况	5					
	实操方案设计情况	5					
任务实施过程考核	操作规范性,熟练度	10					
	操作规程执行情况	10					
	记录填写情况(及时、准确、清晰、整洁、真实)	10					
	清场情况	5					
任务结果考核	结果计算准确	5					
	有效数字位数保留适当	5					
	精密度符合要求	5					
	结果报告简洁、明确	5					
职业素养考核	遵守纪律:遵守实验室规章制度,不迟到早退,不无故请假,不脱岗串岗	5					
	安全意识:穿工作服,戴防护用品,爱护仪器设备,不乱丢乱倒原料试剂等	5					
	环保意识:台面清洁,不乱丢废弃物,节约用水、用电,集中处理废液废物	5					
	团队协作、沟通交流能力:服从组长安排,配合良好,积极主动地完成本岗位任务	5					
	学习能力:有较强的自主学习能力和创新意识	5					
	严谨、求实、诚信的品质,责任意识和质量意识	5					
	精益求精、爱岗敬业、精细操作的劳动精神	5					
总计		100					

【交流探讨】

1. 完成这个任务后你有什么收获? 有哪些未解决的问题或疑惑的地方?
2. 测定结果的误差可能源于哪些方面?
3. 盐酸萘乙二胺法测定食品中亚硝酸盐含量的操作要点?
4. 食品中亚硝酸盐含量测定还有哪些方法?

食品中护色剂的测定相关知识

任务四　食品中漂白剂的测定

【任务目标】

◆ 知识目标

1. 了解食品中漂白剂测定的意义与方法；
2. 掌握食品中漂白剂常用的测定方法。

◆ 能力目标

1. 学会充氮蒸馏的操作技能；
2. 能用酸碱滴定法测定食品中二氧化硫；
3. 能如实记录检验过程中的现象和问题；
4. 会分析测定过程的误差来源；
5. 会进行结果计算。

◆ 素质目标

1. 培养学生实事求是,严谨细致的态度；
2. 培养学生的食品安全与风险意识和对标意识。

【背景知识】

一、食品中漂白剂的作用和种类

漂白剂是指可使食品中的有色物质经化学作用分解转变为无色物质,或使其褪色的一类食品添加剂,可分为还原型和氧化型两类。还原型的漂白剂如亚硫酸钠(Na_2SO_3)、低亚硫酸钠($Na_2S_2O_4$)、焦亚硫酸钠盐($Na_2S_2O_5$)、亚硫酸氢钠($NaHSO_3$)和二氧化硫(SO_2)等。氧化型的漂白剂,如次氯酸钙[$Ca(ClO)_2$,俗称漂白粉]、二氧化氯(ClO_2)、过氧化氢(H_2O_2)、高锰酸钾($KMnO_4$)等。目前,我国使用的大多是以亚硫酸类化合物为主的还原型漂白剂,通过产生SO_2的还原作用使食品漂白。

二氧化硫和亚硫酸盐等几类还原型的漂白剂的使用范围和限量应按照现行国家标准 GB 2760 中的使用范围和限量要求,这里需要注意的是二氧化硫和亚硫酸盐的限量测定是以二氧化硫残留量计。

二、食品中漂白剂的使用与测定意义

①食品中的漂白剂主要是可以抑制和破坏食品中的变色因子,使食品褪色或免于发生褐变。

②食品中的漂白剂是食品安全的重要指标之一。目前在我国食品行业中使用较多的是二氧化硫和亚硫酸盐,二者本身没有营养价值,也非食品中不可缺少的成分,且还有一定的腐蚀性,对人体健康也有一定的影响。因此在食品中添加应加以限制。

③食品漂白剂添加到食品中主要的功能使其漂白,同时还有一定的防腐和抗氧化作用。

三、食品中漂白剂的测定方法

测定二氧化硫和亚硫酸盐的方法有:分光光度法、酸碱滴定法、碘量法、高效液相色谱法、

极谱法等,其中常用的是前两种方法。

【技能性工作任务】

干制银耳中二氧化硫的测定

◆任务描述

干制银耳中二氧化硫含量的测定依据《食品安全国家标准 食品中二氧化硫的测定》(GB 5009.34—2022),本任务采用第一法 酸碱滴定法。要求根据操作规程,结合实验室条件,制定检验方案,完成干制银耳中二氧化硫含量的测定,如实记录和分析检测数据,规范地报告检测结果。

◆操作规程

干制银耳中二氧化硫的测定操作规程(酸碱滴定法)

1. 目的

学会酸碱滴定法测定食品中漂白剂含量;学会充氮蒸馏操作技能;能正确记录计算处理检测数据;能规范地报告检验结果。

2. 原理

采用充氮蒸馏法处理试样,试样酸化后在加热条件下亚硫酸盐等系列物质释放二氧化硫,用过氧化氢溶液吸收蒸馏物,二氧化硫溶于吸收液被氧化生成硫酸,采用氢氧化钠标准溶液滴定,根据氢氧化钠标准溶液消耗量计算试样中二氧化硫的含量。

3. 仪器与试剂

(1)主要仪器

粉碎机、组织捣碎机、电子天平(感量为 0.01 g)、10 mL 半微量滴定管和 25 mL 滴定管、玻璃充氮蒸馏器(500 mL 或 1 000 mL,另配电热套、氮气源及气体流量计或等效的蒸馏设备)。

(2)主要试剂材料

①试剂及试剂配制。

a. 过氧化氢溶液(3%):量取质量分数为 30% 的过氧化氢溶液 100 mL,加水稀释至 1 000 mL。临用时现配。

b. 盐酸溶液(6 mol/L):量取盐酸(ρ_{20} = 1.19 g/mL)50 mL,缓缓倾入 50 mL 水中,边加边搅拌。

c. 甲基红乙醇溶液指示剂(2.5 g/L):称取甲基红指示剂 0.25 g,溶于 100 mL 无水乙醇中。

d. 氮气(纯度>99.9%)。

②标准溶液配制。

a. 氢氧化钠标准溶液(0.1 mol/L):按照现行国家标准 GB/T 601 配制并标定,或经国家认证并授予标准物质证书的标准滴定溶液。

b. 氢氧化钠标准溶液(0.01 mol/L):移取氢氧化钠标准溶液(0.1 mol/L)10.0 mL 于 100 mL 容量瓶中,加入无二氧化碳的水稀释至刻度。

注:除非另有说明,本方法所用试剂均为分析纯,水为现行国家标准 GB/T 6682 规定的三级水。

4. 操作步骤

（1）试样前处理

①液体试样：取啤酒、葡萄酒、果酒、其他发酵酒、配制酒、饮料类试样，采样量应大于 1 L，对于袋装、瓶装等包装试样需至少采集 3 个包装（同一批次或号），将所有液体在一个容器中混合均匀后，密闭并标识，供检测用。

②固体试样：采样量应大于 600 g，根据具体产品的不同性质和特点，直接取样，充分混合均匀，或者将可食用的部分，采用粉碎机等合适的粉碎手段进行粉碎，充分混合均匀，贮存于洁净盛样袋内，密闭并标识，供检测用。

③半流体试样：对于袋装、瓶装等包装试样至少需采集 3 个包装（同一批次或号）；对于酱、果蔬罐头及其他半流体试样，采样量均应大于 600 g，采用组织捣碎机捣碎混匀后，贮存于洁净盛样袋内，密闭并标识，供检测用。

（2）试样测定

①取固体或半流体试样 20 ~ 100 g（精确至 0.01 g，取样量可视含量高低而定）；取液体试样 20 ~ 200 mL（g），将称量好的试样置于圆底烧瓶 A 中，如图 4-4-1 所示，加水 200 ~ 500 mL。

②按如图 4-4-1 所示安装好装置后，打开回流冷凝管开关给水（冷凝水温度<15 ℃），将冷凝管的上端 E 口处连接的玻璃导管置于 100 mL 锥形瓶底部。锥形瓶内加入 3% 过氧化氢溶液 50 mL 作为吸收液（玻璃导管的末端应在吸收液液面以下）。在吸收液中加入 3 滴 2.5 g/L 甲基红乙醇溶液指示剂，并用氢氧化钠标准溶液（0.01 mol/L）滴定至黄色即终点（如果超过终点，则应舍弃该吸收溶液）。

③开通氮气，调节气体流量计至 1.0 ~ 2.0 L/min；打开分液漏斗 C 的活塞，使 6 mol/L 盐酸溶液 10 mL 快速流入蒸馏瓶，立刻加热烧瓶内的溶液至沸，并保持微沸 1.5 h，停止加热。

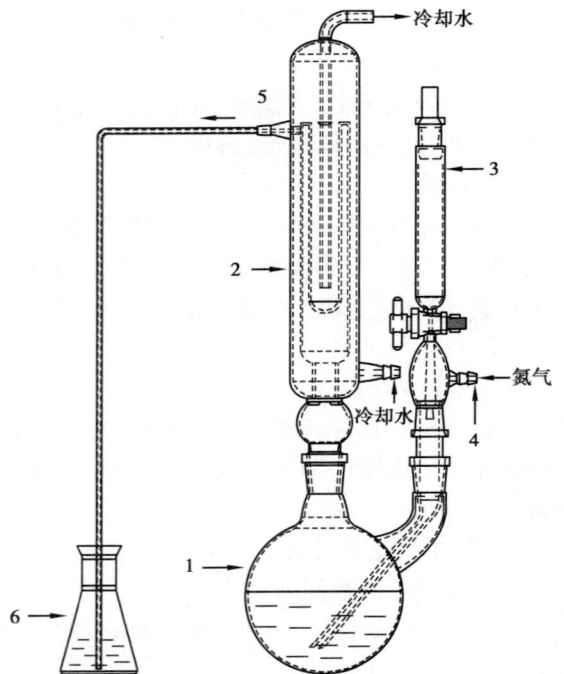

图 4-4-1　酸碱滴定法蒸馏仪器装置原理图
1—圆底烧瓶；2—竖式回流冷凝管；
3—（带刻度）分液漏斗；4—连接氮气流入口；
5—SO₂ 导气口；6—接收瓶

④将吸收液放冷后摇匀，用氢氧化钠标准溶液（0.01 mol/L）滴定至黄色且 20 s 不褪，并同时进行空白试验。

（3）操作后清场

检查使用的仪器、设备水电是否关闭；仪器设备外表擦拭干净；剩余原料、试剂放到指定位置；打扫卫生；垃圾废物收集到指定位置。

（4）操作注意事项

①加酸后，应立即将锥形瓶放入密闭容器中蒸馏以免反应产生的 SO₂ 释放到空气中造成检测结果偏低。

②确保冷凝管下端插入过氧化氢吸收液内。

③注意3个关键词:"微沸、通氮气、蒸馏90 min"。蒸馏时保持"微沸"态,目的是释放 SO_2 的同时尽可能减少蒸汽的产生,减少快速产生的馏出液;"通氮气"是由氮气代替蒸汽来承担将 SO_2 推到冷凝管的推力,氮气流量达1~2 L/min,推力足够大;同时由于微沸态时二氧化硫不能快速地被蒸馏出来,因此把蒸馏时间延长至90 min。这样可以尽可能提高二氧化硫回收率,使数据准确。

④对于二氧化硫含量高的样品,可以减少取样量。

⑤结果计算时要注意保留有效位数,含量低的样品要注意定量限的要求。

5.结果计算与报告

(1)数据记录(填入操作手册中)

(2)结果计算

试样中二氧化硫的含量,按式(4.4)计算:

$$X = \frac{(V - V_0) \times c \times 0.032 \times 1\,000 \times 1\,000}{m} \tag{4.4}$$

式中　X——试样中二氧化硫含量(以 SO_2 计),mg/kg 或 mg/L;

　　　V——试样溶液消耗氢氧化钠标准溶液的体积,mL;

　　　V_0——空白溶液消耗氢氧化钠标准溶液的体积,mL;

　　　c——氢氧化钠滴定液的摩尔浓度,mol/L;

　　　0.032——1 mL 氢氧化钠标准溶液(1 mol/L)相当的 SO_2 的质量(g),g/mmoL;

　　　m——试样的质量或体积,g 或 mL。

(3)质量标准

①计算结果保留三位有效数字。

②在重复性条件下获得的两次独立测定结果的绝对差值不得超过算术平均值的10%。

③当用0.01 mol/L 氢氧化钠滴定液时,称样量为35 g 时,检出限为1 mg/kg,定量限为10 mg/kg。

【任务实施】

预习手册

任务名称		指导教师	
小组成员		学生姓名	
引导问题	问题回答		
本任务的误差可能来自哪些方面?			
本任务的关键在哪里?			

续表

引导问题	问题回答			
本任务的主要设备有哪些?	设备用具名称	规格/型号	使用数量	使用情况
本任务的主要试剂有哪些?	试剂耗材名称	试剂浓度	配制数量	配制过程	使用情况

问题和建议

操作手册

小组成员		指导教师	

操作前检查		
检查内容	检查结果	检查人
是否按规定穿工作服,戴口罩、手套等防护用具	是□　否□	
检查仪器设备是否清洁,是否运转正常	是□　否□	
检查检验设备的校验合格证是否在有效期内	是□　否□	
检查操作现场水、电供应是否正常	是□　否□	
检查试剂和耗材是否符合要求	是□　否□	

操作过程记录				
基本信息	样品名称		样品编号	
	生产单位		检测编号	
	生产批号		检测项目	
	检验依据		检测方法	

续表

检测环境	室温/℃			相对湿度/%	
检测设备	设备名称				
	精度				
	设备编号				
标准溶液	氢氧化钠标准溶液(0.1 mol/L),临用前稀释为 0.01 mol/L 的标准滴定液。				
样品处理	3%过氧化氢溶液 50 mL 作为吸收液,加酸后微沸、通氮气、蒸馏 90 min。				
检测数据	样品质量 m/g	样 1:		样 2:	空白对照
	试样溶液消耗氢氧化钠标准溶液的体积 V/mL				
	空白溶液消耗氢氧化钠标准溶液的体积 V_0/mL				
结果计算	试样中 SO_2 的含量/$(mg \cdot kg^{-1})$				
	SO_2 含量平均值/$(mg \cdot kg^{-1})$				
	相对相差/%				
	计算公式	$X = \dfrac{(V - V_0) \times c \times 0.032 \times 1\,000 \times 1\,000}{m}$			

结果报告

检验员: 复核人:

日   期: 日   期:

操作后清场

清场项目	清场结果	清场人	复核人
仪器清洁,设备外表擦拭干净	合格□ 不合格□		
工具擦拭或清洗干净,放到指定位置	合格□ 不合格□		
地面、台面清洁干净	合格□ 不合格□		
实验垃圾及废物收集到指定位置	合格□ 不合格□		
关好水、电及门窗	合格□ 不合格□		

指导教师签字: 年   月   日

【任务考评】

技能性工作任务考核表

任务名称			学生姓名				
考核指标	评价内容	分值/分	得分/分				
			自评	互评	组长评	教师评	
预习考核	预习手册填写情况	5					
	实操方案设计情况	5					
任务实施过程考核	操作规范性,熟练度	10					
	操作规程执行情况	10					
	记录填写情况(及时、准确、清晰、整洁、真实)	10					
	清场情况	5					
任务结果考核	结果计算准确	5					
	有效数字位数保留适当	5					
	精密度符合要求	5					
	结果报告简洁、明确	5					
职业素养考核	遵守纪律:遵守实验室规章制度,不迟到早退,不无故请假,不脱岗串岗	5					
	安全意识:穿工作服,戴防护用品,爱护仪器设备,不乱丢乱倒原料试剂等	5					
	环保意识:台面清洁,不乱丢废弃物,节约用水、用电,集中处理废液废物	5					
	团队协作、沟通交流能力:服从组长安排,配合良好,积极主动地完成本岗位任务	5					
	学习能力:有较强的自主学习能力和创新意识	5					
	严谨、求实、诚信的品质,责任意识和质量意识	5					
	精益求精、爱岗敬业、精细操作的劳动精神	5					
总计		100					

【交流探讨】

1.完成这个任务后你有什么收获?有哪些未解决的问题或疑惑的地方?

2.加热蒸馏过程中通入氮气的目的是什么?

3.如果蒸馏时"剧烈沸腾",对结果有何影响?

食品中漂白剂的测定相关知识

课后练习

项目五
食品中药物残留的检测 ⸻⸻⸻⸻⸻⸻ ◯

【知识导图】

食品中药物残留的检测
- 食品中农药残留的测定
  - 任务目标
  - 背景知识
  - 技能性工作任务：水果和蔬菜中有机磷农药多残留量的测定
    - 任务描述
    - 操作规程（气相色谱单柱法）
    - 任务实施
      - 预习手册
      - 操作手册
    - 任务考评
    - 交流探讨
  - 相关知识（扫码学习）
    1. 食品中有机磷农药残留量的测定（GB/T 5009.20-2003）
    2. 食品中有机磷农药残留量的测定 气相色谱-质谱法
    3. 水果和蔬菜中有机氯农药残留的测定 气相色谱法
  - 课后练习
- 食品中兽药残留的测定
  - 任务目标
  - 背景知识
  - 子任务一：食品中抗生素残留的测定
    - 相关知识
    - 技能性工作任务：鸡肉中土霉素、四环素、金霉素的测定
      - 任务描述
      - 操作规程（高效液相色谱法）
      - 任务实施
        - 预习手册
        - 操作手册
      - 任务考评
      - 交流探讨
  - 子任务二：食品中激素残留的测定
    - 相关知识
    - 技能性工作任务：猪肉中克伦特罗残留量的测定
      - 任务描述
      - 操作规程（高效液相色谱法）
      - 任务实施
        - 预习手册
        - 操作手册
      - 任务考评
      - 交流探讨
  - 相关知识（扫码学习）
    1. 动物性食品中磺胺类、喹诺酮类和四环素类药物多残留的测定 液相色谱-串联质谱法
    2. 动物性食品中多种 β-受体激动剂残留量的测定 液相色谱-串联质谱法
    3. 畜禽肉中己烯雌酚的测定 高效液相色谱法
    4. 畜禽肉中地塞米松残留量的测定 液相色谱-串联质谱法
  - 课后练习

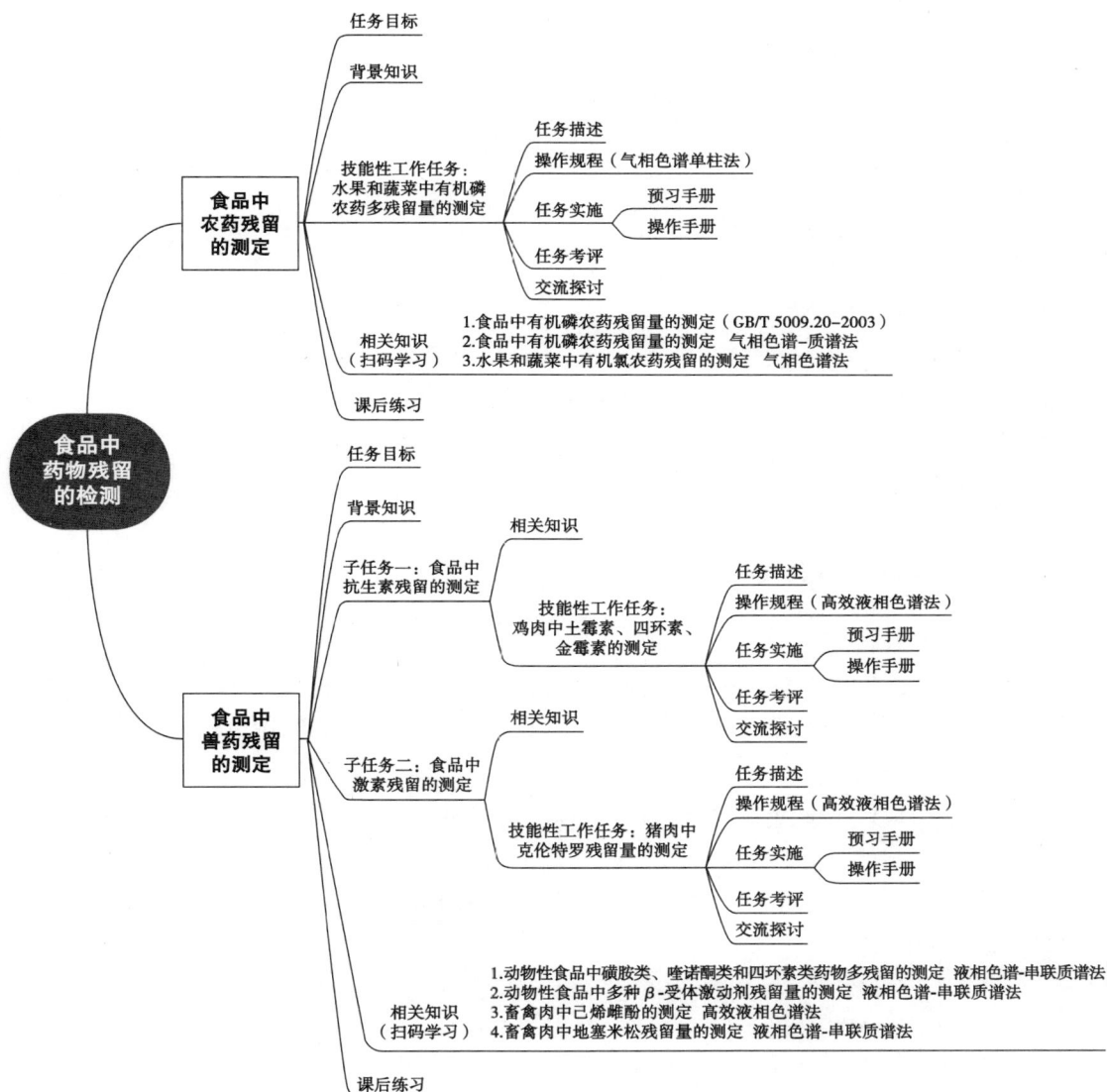

食品中的药物残留是食品安全领域的热点问题，主要包括农药残留和兽药残留两个方面。食品中的农药残留主要包括防治农作物病虫害、除灭杂草、调节作物生长等过程中使用的杀虫剂、杀菌剂、除草剂以及植物生长调节剂等；食品中的兽药残留主要包括在预防和治疗动物疾病、防治动物寄生虫、促进动物生长、提高动物性食品感官品质、动物性食品加工过程中保鲜、防污、储运等过程中使用的抗生素、激素、类激素等药物。

任务一 食品中农药残留的测定

【任务目标】

◆知识目标

1. 了解食品中常见的农药残留种类；

2. 了解食品中最大农药残留限量；

3. 熟悉食品中农药残留量测定的方法；

4. 掌握常见农药残留测定的原理和操作方法。

◆能力目标

1. 能正确进行样品的处理；

2. 能根据标准选择合适的测定方法；

3. 能正确记录原始数据并进行结果计算；

4. 能正确判断测定结果。

◆素质目标

1. 培养精益求精的工匠精神，追求卓越的创新精神；

2. 树立正确的质量意识，增强检验过程中的节约和环保意识。

【背景知识】

一、农药的概念与分类

（一）农药的概念

农药是指农业上用于防治病虫害及调节植物生长的药剂。广泛应用于预防、消灭或者控制危害农业、林业的病、虫、草和其他有害生物以及有目的地调节植物、昆虫生长。

（二）农药的分类

农药的种类繁多，按照来源、用途、化学结构、毒性等不同来分类，农药种类及特点，见表5-1-1。

表 5-1-1 农药的分类和特点

分类依据	农药种类	农药特点
来源	化学合成农药	人工合成的有机化合物农药主要包括有机磷、有机氯、氨基甲酸酯、拟除虫菊酯等。 具有药效高、见效快、用量少、用途广等特点；但是易使有害生物产生耐药性，对人、畜安全性相对较低，污染环境
	矿物源农药	由矿物原料加工制成的无机农药，如硫制剂的硫黄、石灰硫黄合剂，铜制剂的硫酸铜、波尔多液，磷化物的磷化铝等
	生物源农药	用天然植物加工制成的植物性农药，有效成分为天然有机化合物，如除虫菊、烟草等。 用微生物及其代谢产物制成的微生物农药，如 BT 乳剂、井冈霉素、白僵菌等

续表

分类依据	农药种类	农药特点
用途	杀虫剂	对有害昆虫有直接毒杀作用,或通过其他途径控制其种群形成或可减轻、消除害虫危害程度的一类农药。在农药中用量最大、品种最多。如有机磷类、氨基甲酸酯类等
	杀菌剂	对病原微生物能起到杀死、抑制有毒代谢物的作用,而使植物及其产品免受其危害或消除病症的农药。如硫黄、福美系列、代森锰锌、波尔多液、多菌灵、甲基硫菌灵、三唑酮、甲霜灵、丙环唑、抗生素等
	杀螨剂	防治植食性有害螨类的农药。重要的杀螨剂包括阿维菌素、三唑锡、哒螨灵、炔螨特、螺螨酯、四螨嗪、乙螨唑、联苯肼酯等,这些杀螨剂各有特点,适用于不同的作物和害螨种类
	杀鼠剂	常用的杀鼠剂按其作用快慢分为急性杀鼠剂与慢性杀鼠剂。如磷化锌、毒鼠磷、灭鼠优、敌鼠、大隆、杀它仗等
	除草剂	除草剂主要分为灭生性和选择性。如芳氧苯氧丙酸类、环己二酮类、硫代氨基甲酸酯类、部分酰胺类、氨基甲酸酯类、二硝基苯胺类、苯氧羧酸类除草剂
	植物生长调节剂	人工合成的,与植物激素有类似生理和生物学效应的物质,在农业生产上能有效调节植物的生育过程,达到稳产增产、改善品质、增强植物抗逆性等目的。如氯吡脲、复硝酚钠、生长素、赤霉素、乙烯、细胞分裂素、脱落酸、油菜素内酯、水杨酸、茉莉酸、多效唑和多胺等
化学结构	有机磷类	一类含磷的有机化合物,是农药中极为重要的一类化合物,其品种多、药效高、用途广,对光、热不稳定,易分解,残留时间短;但也存在高毒或剧毒品种,如甲胺磷、对硫磷、水胺硫磷等
	有机氯类	一类含氯的有机化合物。常见的有 BHC、DDT、环戊二烯衍生物等。但 DDT、BHC 等有机氯农药和它们的代谢产物化学性质稳定,在农作物及环境中消解缓慢,且容易在人和动物体脂肪中累积,并通过母乳排出,在禽类中可转入卵、蛋等组织中,影响后代,故其残留问题不容忽视
	拟除虫菊酯类	一类广谱性杀虫剂,具有速效、高效、低毒、低残留、对作物安全等特点,广泛应用于棉花、果蔬、粮食等作物以及家用杀虫剂中。常用的有溴氰菊酯、氯氰菊酯、氯菊酯、胺菊酯、甲醚菊酯等。 虽属于低毒农药,但其为神经毒物,对免疫、心血管系统等多方面均能造成危害,所以不能忽视,需按规范安全操作
	氨基甲酸酯类	一种新型广谱杀虫、杀螨、除虫剂,具有选择性强、高效、广谱、对人畜低毒,易分解和残留少等特点。常见的有速灭威、西维因、涕灭威、克百威、叶蝉散和抗蚜威等。 一般在酸性条件下比较稳定,遇碱易分解,暴露在空气中、阳光下易分解,在土壤中的半衰期为数天或数周

续表

分类依据	农药种类	农药特点
毒性 〔依据原中华人民共和国卫生部、农业部《农药安全性毒理评价程序》(1991 年)〕	剧毒	经口致死中量为 ≤5 mg/kg。如久效磷、甲胺磷、异丙磷等。目前剧毒农药都已经被禁止使用
	高毒	经口致死中量为 5～50 mg/kg。如杀螟威、呋喃丹、氟乙酰胺、磷化锌、磷化铝等。大多都已禁止使用
	中等毒	经口致死中量为 50～500 mg/kg。如杀螟松、乐果、稻丰散、乙硫磷、亚胺硫磷等。这些农药虽然并未完全禁用,但使用场所有着严格的限制,且逐渐被低毒、微毒农药替代
	低毒	经口致死中量为 500～5 000 mg/kg。如敌百虫、杀虫双、马拉硫磷、辛硫磷、乙酰甲胺磷、二甲四氯、丁草胺、草甘膦、托布津、氟乐灵、苯达松、阿特拉津等。目前仍然被大量使用,但使用场合和方式也逐渐规范
	微毒	经口致死中量为 5 000 mg/kg 以上。如多菌灵、百菌清、乙磷铝、代森锌、灭菌丹、西玛津等

二、农药残留及其来源与危害

(一)农药残留的概念

农药残留是指农药使用后一段时期内没有被分解而残留于生物体、收获物、土壤、水体、大气中的微量农药原体、有毒代谢物、降解物和杂质的总称。

(二)食品中农药残留的主要来源

1. 直接污染

施用农药后对农产品的直接污染是食品原料及食品中农药残留的主要来源,其中果蔬类农产品中农药残留最严重。

造成直接污染的原因可能有:①农药喷施后,一部分黏附于农作物表面,然后分解;另一部分被作物吸收并累积于作物中。②大剂量滥用农药,造成可食用农产品中农药残留。③农作物在最后一次施用农药到收获上市之间的时间未达到农药安全间隔期。④粮食保存时用农药对粮食进行熏蒸,也会造成农药残留;抑制发芽的马铃薯、洋葱、大蒜等使用农药也可能造成农药残留。

2. 间接污染

研究发现,农药喷施后,有 40%～60% 降落在土壤中,5%～30% 扩散到空气中。有些性质稳定、半衰期长的农药在土壤中残留较长时间,如 BHC、DDT。土壤或水中的农药可通过作物根系吸收而进入植物组织内部和果实中,空气中的农药则通过雨水对土壤和水造成污染,再间接污染农产品。

3. 食物链的生物富集

污染环境的农药经食物链传递时,可发生生物富集而造成农药残留,如水中农药到浮游生物再到水产动物,使农药残留浓度更高。藻类对农药的富集系数可达 500 倍,鱼贝类可达 2 000～3 000 倍,而食鱼的水鸟对农药的富集系数在 10 万倍以上。

4. 交叉污染

运输及贮存过程中,食品与农药混放或与受农药污染的运输设备、贮藏设备接触发生交叉污染,可能造成农药对食品的污染。

5. 意外事故

农药化工厂泄漏、运输农药的车辆发生交通事故等,可能导致农产品的污染。

（三）农药残留的危害

农药残留会影响人体健康、环境以及国际贸易。

农药对人体的危害主要表现为 3 种形式:急性中毒、慢性危害和"三致"危害。长期接触或食用含有农药的食品,可使农药在体内不断蓄积,对人体健康构成潜在威胁。农药残留会导致人类大脑功能紊乱而诱发一些无法医治的疾病发生,如帕金森病、阿尔茨海默病、心脑血管病、糖尿病、神经疾病及不孕不育症等。农药进入人体内还会促使人体的各个组织内细胞发生恶变,甚至会通过胚胎将毒素传给下一代造成基因突变,导致胚胎畸形,还可能导致癌症的发生。

喷洒的农药除部分落到作物或杂草上,大部分是落入田土中、漂浮在空气中或漂移落至施药区以外的土壤或水域中。农药的施用对周围生物群落会产生不同程度的影响,严重时可破坏生态平衡。施用农药,在防治靶标生物的同时,往往也会误杀大量其他生物。同时害虫种群也可能发生变化,产生抗药性,造成害虫再猖獗和次要害虫上升等问题。

食品中农药残留已成为全球性的共性问题和一些国际贸易纠纷的起因,是当前我国农产品出口的重要限制因素。

农药残留对人畜、环境危害很大,各国对农药的使用进行了严格的管理,并对食品中农药残留限量做了规定。《食品安全国家标准 食品中农药最大残留限量》（GB 2763—2021）规定了食品中 564 种常用农药的主要用途、每日允许摄入量、残留量、最大残留限量及检测方法等。

三、农药残留的检测方法

农药残留关乎食品安全,应对农药残留挑战的首要措施是在农药使用过程中进行监管,而监管的重要手段是对农药残留进行检测。随着科学仪器技术的飞速发展,农药残留的检测方法多种多样,现阶段最常用的主要有气相色谱法、高效液相色谱法、气相色谱-质谱法、液相色谱-质谱法、快速检测法。

1. 气相色谱法

常用于挥发性农药的检测,具有高选择性、高分离效能、高灵敏度、快速等特点,是农药残留量检测最常用的方法之一。气相色谱法可以精确定量多种农药,但是检测成本高,且仪器操作需专业人员,对样品前处理要求较高,检测时间长。

2. 高效液相色谱法

主要用于检测极性强和分子量大的离子型农药,如氨基甲酸酯类、苯氧乙酸类等。近年来,采用新型高效固定相、高压泵和高灵敏度的检测器、柱前和柱后衍生技术,以及计算机联用等的高效液相色谱法,大大提高了食品中农药残留检测的效率、灵敏度、速度和操作自动化程度。

3. 气相色谱-质谱法

先将分析样品用气相色谱仪分离,再将分离后的纯组分用质谱仪进行检验,即把气相色谱仪作为质谱仪的"进样器",而把质谱仪作为气相色谱仪的"检测器",两者可取长补短,发挥各自的优势。气质联用分析法特别适合于进行多组分混合物中未知组分的定性鉴定,可推断化合物的分子结构、准确测定未知组分的分子量并修正色谱分析的错误判断等。此种方法在进行农药代谢物和降解物的检验方面效果突出,但是很难适应现场检验,且不适合经常性的检验,可用作最后的确认工作。

4. 液相色谱-质谱法

液相色谱仪作为串联质谱的特殊进样器,利用其分离功能将混合物分离成各个单一组分后按时间顺序依次进入质谱离子源。在质谱离子源中离子化后形成的离子由于质荷比不同,经质量分析器分离后到达质谱检测器,信号被检验放大。由于液相色谱对于非挥发性、热不稳定性的分离、鉴定具有不可替代的特点,因此可以与气相色谱在测定农药残留方面互补。

5. 快速检验法

当前简便快速的农药快速检验新技术在农药残留量的快速筛选测定方面的应用越来越广泛,如酶抑制法、酶联免疫分析法、活体生物测定方法和生物传感器法等。

四、食品中农药残留的检验

下面以食品中有机磷农药残留的检测为例来学习食品中农药残留的检验。

(一)有机磷农药概述

有机磷农药是我国目前使用最广的杀虫剂。按化学结构分类,可分为磷酸酯类、硫代磷酸酯类、焦磷酸酯类。按毒性大小,可分为高毒类、中毒类、低毒类3类。其中,高毒类包括对硫磷、内吸磷、甲拌磷、乙拌磷、硫特普、磷胺;中毒类包括敌敌畏、甲基对硫磷、乐果、甲基内吸磷;低毒类包括敌百虫、马拉硫磷、二溴磷、杀螟松等。

有机磷农药大多呈油状或结晶状,色泽呈淡黄色至棕色,挥发性较强,除敌百虫和敌敌畏外,大多具有大蒜样臭味,难溶于水,易溶于有机溶剂。有机磷农药在酸性和中性溶液中较稳定,在碱性条件下分解而失去毒性(敌百虫除外),加热遇碱可以加速其分解,故可用氨水、碳酸氢钠、漂白粉、氢氧化钠与有机磷农药共同加热,降低毒性。有机磷化学性质不稳定,在自然环境中容易分解,进入生物体内也易被酶分解,不易蓄积。因此,有机磷农药在食物中残留时间短,其毒性以急性毒为主,慢性毒较少。

有机磷农药的中毒机理主要是有机磷农药进入体内后,选择性地、不可逆地抑制神经系统的乙酰胆碱酯酶活性,使胆碱能神经的传递介质乙酰胆碱不能水解而在体内大量蓄积并作用于胆碱能受体,导致中枢和外周胆碱能神经过分刺激,冲动不能休止,引起机体痉挛、瘫痪等一系列神经中毒症状,甚至死亡。

(二)食品中有机磷农药残留的测定

有机磷农药正朝着超高效、低残留的高效环保型的方向发展,其在环境和农产品的残留很低,和多种农药残留共同存在。有机磷农药残留的检测方法日益多样化,根据检测原理的不同,可大致分为两类:一是传统的仪器检测,即色谱技法,包括气相色谱、高效液相色谱和在此基础上发展的色谱-质谱联用技术等;二是基于生物检测技术的原理,包括生物传感器、酶抑制检测、免疫分析法等快速检验方法。有机磷农药残留的主要检验方法及对应标准见表5-1-2。

表 5-1-2 有机磷农药残留的主要检验方法及对应标准

检验方法	主要相关标准
气相色谱法	《食品安全国家标准 植物源性食品中 90 种有机磷类农药及其代谢物残留量的测定 气相色谱法》(GB 23200.116—2019) 《食品安全国家标准 动物源性食品中 9 种有机磷农药残留量的测定 气相色谱法》(GB 23200.91—2016) 《食品安全国家标准 蜂蜜中 5 种有机磷农药残留量的测定 气相色谱法》(GB 23200.97—2016) 《食品安全国家标准 可乐饮料中有机磷、有机氯农药残留量的测定 气相色谱法》(GB 23200.40—2016) 《食品中有机磷农药残留量的测定》(GB/T 5009.20—2003) 《粮食、水果和蔬菜中有机磷农药测定的气相色谱法》(GB/T 14553—2003) 《进出口茶叶中多种有机磷农药残留量的检测方法 气相色谱法》(SN/T 1950—2007) 《蔬菜和水果中有机磷、有机氯、拟除虫菊酯和氨基甲酸酯类农药多残留的测定》(NY/T 761—2008)
气相色谱-质谱联用法	《食品安全国家标准 食品中有机磷农药残留量的测定 气相色谱-质谱法》(GB 23200.93—2016) 《进出口水果蔬菜中有机磷农药残留量检测方法 气相色谱和气相色谱-质谱法》(SN/T 0148—2011) 《出口粮谷中多种有机磷农药残留量测定方法 气相色谱-质谱法》(SN/T 3768—2014) 《进出口粮谷和油籽中多种有机磷农药残留量的检测方法 气相色谱串联质谱法》(SN/T 1739—2006)
液相色谱-质谱联用法	《食品安全国家标准 水产品中有机磷类药物残留量的测定 液相色谱-串联质谱法》(GB 31656.8—2021) 《出口食品中氨基酸类有机磷除草剂残留量的测定 液相色谱-质谱/质谱法》(SN/T 3983—2014)
酶抑制法	《茶中有机磷及氨基甲酸酯农药残留量的简易检验方法 酶抑制法》(GB/T 18625—2002) 《蔬菜中有机磷及氨基甲酸酯农药残留量的简易检验方法 酶抑制法》(GB/T 18630—2002) 《蔬菜上有机磷和氨基甲酸酯类农药残毒快速检测方法》(NY/T 448—2001) 《粮油检验 粮食及其制品中有机磷类和氨基甲酸酯类农药残留的快速定性检测》(LS/T 6139—2020)

【技能性工作任务】

水果和蔬菜中有机磷农药多残留量的测定

◆ 任务描述

　　果蔬中有机磷农药残留的检测方法比较多,本任务操作规程参照《食品安全国家标准 植物源性食品中 90 种有机磷类农药及其代谢物残留量的测定 气相色谱法》(GB 23200.116—2019)方法二 气相色谱单柱法。为了更好地评价学生检测结果的准确度与精密度,在标准基础上略有改动。要求根据操作规程,结合实验室条件,制定检验方案,完成水果和蔬菜中有机磷农药残留量的测定,如实记录和分析检验数据,规范地报告检测结果。

◆ 操作规程

水果和蔬菜中有机磷农药残留量的测定操作规程(气相色谱单柱法)

1. 目的

学会气相色谱单柱法测定水果和蔬菜中有机磷农药残留量的操作技能;能熟练使用气相色谱仪;学会氮吹仪的使用;能够根据检测图谱对农药种类进行准确的定性和定量分析;能正确记录计算处理检验数据;能规范地报告检测结果。

2. 原理

试样用乙腈提取,提取液经固相萃取或分散固相萃取净化、浓缩后,用丙酮定容,使用带火焰光度检测器的气相色谱仪检测,根据色谱峰的保留时间定性,外标法定量。

适用范围:植物源性食品中 90 种有机磷类农药及其代谢物残留量的测定。

3. 试剂与材料

(1)试剂

①乙腈(CAS 号:75-05-8)。

②丙酮(CAS 号:67-64-1):色谱纯。

③氯化钠(CAS 号:7647-14-5)。

(2)标准溶液配制

①标准储备溶液(1 000 mg/L):准确称取 10 mg(精确至 0.1 mg)有机磷类农药及其代谢物各标准品,用丙酮溶解并分别定容到 10 mL。标准储备溶液避光且低于 −18 ℃ 保存,有效期一年。

②混合标准溶液:根据各农药在仪器上的响应值,分别准确吸取一定量的单个农药储备溶液于 50 mL 容量瓶中,用丙酮定容至刻度。混合标准溶液,避光 0 ~ 4 ℃ 保存,有效期一个月。使用前用丙酮稀释成所需质量浓度的标准工作液。

(3)材料和设备

微孔滤膜(有机相,0.22 μm×25 mm)、气相色谱仪[配有火焰光度检测器(FPD 磷滤光片),毛细管进样口]、分析天平(感量 0.1 mg 和 0.01 g)、高速匀浆机(转速不低于 15 000 r/min)、离心机(转速不低于 4 200 r/min)、氮吹仪(可控温)、涡旋振荡器、组织捣碎机、旋转蒸发仪。

注:除非另有说明,本方法所用试剂均为分析纯,水为现行国家标准 GB/T 6682 规定的一级水。

4. 分析步骤

(1)试样制备

蔬菜和水果的取样量按照相关标准规定执行。样品取样部位按现行国家标准 GB 2763 的规定执行。对于个体较小的样品,取样后全部处理;对于个体较大的基本均匀样品,可在对称轴或对称面上分割或切成小块后处理;对于细长、扁平或组分含量在各部分有差异的样品,可在不同部位切取小片或截成小段后处理;取后的样品将其切碎,充分混匀,直接放入组织捣碎机中搅碎成匀浆,放入聚乙烯瓶中。

(2)试样储存

将试样按照测试和备用分别存放。于 −20 ~ −16 ℃ 条件下保存。

（3）提取和净化

称取 4 份 10 g（精确至 0.01 g）制备好的蔬菜或水果试样于 50 mL 离心管中，其中 3 份每管加入有机磷农药混合标准溶液 100 μL，另一份作为空白样品。准确加入 20 mL 乙腈，用涡旋振荡器涡旋 2 min，提取液过滤至装有 2～3 g 氯化钠的 50 mL 具塞量筒中，盖上塞子，剧烈振荡 1 min，在室温下静置 30 min。

准确吸取 4～5 mL 上清液于 100 mL 刻度试管中，75～80 ℃水浴中氮吹蒸发近干，加入 2 mL 丙酮溶解残余物，用涡旋振荡器涡旋 0.5 min，用微孔滤膜（有机相）过滤，做好标记，待测。

（4）测定

①仪器参考条件。

a. 色谱柱：50% 聚苯基甲基硅氧烷石英毛细管柱，30 m×0.53 mm（内径）×1.0 μm，或相当者。

b. 色谱柱温度：150 ℃保持 2 min，然后以 8 ℃/min 程序升温至 210 ℃，再以 5 ℃/min 升温至 250 ℃，保持 15 min。

c. 载气：氮气，纯度≥99.999%，流速为 8.4 mL/min。

d. 进样口温度：250 ℃。

e. 检测器温度：300 ℃。

f. 进样量：1 μL。

g. 进样方式：不分流进样。

h. 燃气：氢气，纯度≥99.999%，流速为 80 mL/min。

i. 助燃气：空气，流速为 110 mL/min。

②标准曲线。

将混合标准中间溶液用丙酮稀释成质量浓度分别为 0.005 mg/L、0.01 mg/L、0.05 mg/L、0.1 mg/L 和 1 mg/L 的系列标准溶液，参考色谱条件测定。以农药质量浓度为横坐标、色谱的峰面积积分值为纵坐标，绘制标准曲线。

③定性及定量。

a. 定性测定：以目标农药的保留时间定性。被测试样中目标农药色谱峰的保留时间与相应标准色谱峰的保留时间相比较，相差应在±0.05 min 之内，需更换不同极性色谱柱再次确认或质谱定性。

b. 定量测定：以外标法定量。

④试样溶液的测定。

将混合标准工作溶液和试样溶液依次注入气相色谱仪中，保留时间定性，测得目标农药色谱峰面积，根据式（5.1）得到各农药组分含量。待测样液中农药的响应值应在仪器检测的定量测定线性范围之内，超过线性范围时，应根据测定浓度进行适当倍数稀释后再进行分析。

（5）空白试验

除不加试料外，按分析步骤（1）—（4）的规定进行平行操作。

（6）操作后清场

检查使用的仪器、设备水电是否关闭；仪器设备外表擦拭干净；剩余原料、试剂放到指定位置；打扫卫生；垃圾废物收集到指定位置。

（7）操作注意事项

①提取过程中加入氯化钠的目的是促进乙腈相和水相分层，氯化钠加入量要足够，否则会影响提取效果。

②移液枪移取农药标准溶液时，操作规范，移取体积准确，否则会影响回收率及精密度。

③移取乙腈、提取液、丙酮时，操作要规范，移取体积要准确，否则会影响回收率及精密度。

④剧烈振荡具塞量筒时要注意及时打开塞子排气，避免试液喷出；静置前打开塞子，以便塞子和内壁液体流下。

⑤氮吹时，注意氮气流量及氮吹针离液面的高度，随时观察，随时调整高度；注意吹至近干（湿润但没有明显的液体），若吹着过干，可能会影响回收率及精密度。

⑥色谱条件可以根据仪器型号和待检测农药的种类进行调整。

5. 结果计算报告

（1）数据记录（填入操作手册中）

（2）结果计算

①试样中被测农药残留量以质量分数 ω 计，单位以"mg/kg"表示，按式（5.1）计算：

$$\omega = \frac{V_1 \times A \times V_3}{V_2 \times A_s \times m} \times \rho \tag{5.1}$$

式中　ω——样品中被测组分含量，mg/kg；

V_1——提取溶剂总体积，mL；

V_2——提取液分取体积，mL；

V_3——待测溶液定容体积，mL；

A——待测溶液中被测组分峰面积；

A_s——标准溶液中被测组分峰面积；

m——试样质量，g；

ρ——标准溶液中被测组分质量浓度，mg/L。

②回收率计算。每种农药，根据 3 个加标试样的农药测定质量，分别计算出一个回收率，再计算出回收率平均值，按式（5.2）计算：

$$P = \frac{M - M_0}{M_s} \times 100\% \tag{5.2}$$

式中　P——加标回收率，%；

M——样品溶液中农药的质量，mg；

M_0——空白样中农药的质量，mg；

M_s——加入标准农药的质量，mg。

③加标样 RSD 计算。每种农药，根据 3 个加标试样的质量分数测定值，按式（5.3）计算：

$$RSD = \frac{\sqrt{\dfrac{\sum_{i=1}^{n}(x_i - \bar{x})^2}{n-1}}}{\bar{x}} \times 100\% \tag{5.3}$$

式中　$\bar{x}$——3 个平行加标试样中农药质量分数平均值，mg/kg；

n——平行样品个数，为 3；

x_i——每个平行样品中农药的质量分数。

（3）质量标准

①计算结果应扣除空白值,计算结果以重复性条件下获得的两次独立测定结果的算术平均值表示,保留两位有效数字。当结果超过 1 mg/kg 时,保留三位有效数字。

②在重复性条件下获得的三次独立测定结果的 RSD 不得超过算术平均值的 10%。

【任务实施】

预习手册

任务名称		指导教师	
小组成员		学生姓名	
引导问题	问题回答		
本任务的误差可能来自哪些方面?			
本任务的关键在哪里?			

本任务的主要设备有哪些?	设备用具名称	规格/型号	使用数量	使用情况

本任务的主要试剂有哪些?	试剂耗材名称	试剂浓度	配制数量	配制过程	使用情况

问题和建议

操作手册

小组成员				指导教师	

操作前检查

检查内容	检查结果	检查人
是否按规定穿工作服,戴口罩、手套等防护用具	是□　否□	
检查仪器设备是否清洁,是否运转正常	是□　否□	
检查检验设备的校验合格证是否在有效期内	是□　否□	
检查操作现场水、电供应是否正常	是□　否□	
检查试剂和耗材是否符合要求	是□　否□	

操作过程记录

基本信息	样品名称			样品编号	
	生产单位			检测编号	
	生产批号			检测项目	
	检验依据			检测方法	
检测环境	室温/℃			相对湿度/%	
检测设备	设备名称				
	精度				
	设备编号				
标准物质	标准溶液中农药的质量浓度/($\mu g \cdot mL^{-1}$):				

气相色谱检测条件	色谱柱:		升温程序:		
	进样口温度:		检测器:		检测器温度:
	进样方式:		进样量:		气体与流速:

检测数据	标样测定	农药名称				
		保留时间/s				
		峰面积 A_s				
	样品处理	重复测定次数	1	2	3	空白试验
		样品质量 m/g				
		提取剂总体积 V_1/mL				
		提取液分取体积 V_2/mL				
		待测溶液定容体积 V_3/mL				
	试样测定	农药1	保留时间			
			峰面积 A			
		农药2	保留时间			
			峰面积 A			
		农药3	保留时间			
			峰面积 A			

续表

结果计算	农药1 名称：	含量/(mg·kg^{-1})				
		平均含量 ω/(mg·kg^{-1})				
		RSD 值/%				
		回收率/%				
		平均回收率/%				
	农药2 名称：	含量/(mg·kg^{-1})				
		平均含量 ω/(mg·kg^{-1})				
		RSD 值/%				
		回收率/%				
		平均回收率/%				
	农药3 名称：	含量/(mg·kg^{-1})				
		平均含量 ω/(mg·kg^{-1})				
		RSD 值/%				
		回收率/%				
		平均回收率/%				
	计算公式		见操作规程			

结果报告	

检验员：　　　　　　　　　复核人：
日　期：　　　　　　　　　日　期：

操作后清场			
清场项目	清场结果	清场人	复核人
仪器清洁,设备外表擦拭干净	合格□　不合格□		
工具擦拭或清洗干净,放到指定位置	合格□　不合格□		
地面、台面清洁干净	合格□　不合格□		
实验垃圾及废物收集到指定位置	合格□　不合格□		
关好水、电及门窗	合格□　不合格□		
指导教师签字：　　　　　　　　　　　　　　　　　　年　　月　　日			

【任务考评】

技能性工作任务考核表

任务名称		学生姓名				
考核指标	评价内容	分值/分	得分/分			
			自评	互评	组长评	教师评
预习考核	预习手册填写情况	5				
	实操方案设计情况	5				
任务实施过程考核	操作规范性,熟练度	10				
	操作规程执行情况	10				
	记录填写情况(及时、准确、清晰、整洁、真实)	10				
	清场情况	5				
任务结果考核	结果计算准确	5				
	有效数字位数保留适当	5				
	精密度符合要求	5				
	结果报告简洁、明确	5				
职业素养考核	遵守纪律:遵守实验室规章制度,不迟到早退,不无故请假,不脱岗串岗	5				
	安全意识:穿工作服,戴防护用品,爱护仪器设备,不乱丢乱倒原料试剂等	5				
	环保意识:台面清洁,不乱丢废弃物,节约用水、用电,集中处理废液废物	5				
	团队协作、沟通交流能力:服从组长安排,配合良好,积极主动地完成本岗位任务	5				
	学习能力:有较强的自主学习能力和创新意识	5				
	严谨、求实、诚信的品质,责任意识和质量意识	5				
	精益求精、爱岗敬业、精细操作的劳动精神	5				
总计		100				

【交流探讨】

1. 完成这个任务后你有什么收获?有哪些未解决的问题或疑惑的地方?

2. 如何判断氮吹至近干?

3. 如何判断组分完全分离?如果组分分离不完全该如何优化色谱条件?

食品中农药
残留的测定
相关知识

课后练习

任务二　食品中兽药残留的测定

【任务目标】

◆ 知识目标

1. 了解食品中常见的兽药种类；
2. 了解食品中兽药残留的来源与危害；
3. 熟悉食品中兽药残留量测定的方法；
4. 掌握常见兽药残留测定的原理和操作方法。

◆ 能力目标

1. 能正确进行样品的处理；
2. 能根据标准选择合适的测定方法；
3. 能正确记录原始数据并进行结果计算；
4. 能正确判断测定结果。

◆ 素质目标

1. 培养精益求精的工匠精神，追求卓越的创新精神；
2. 树立正确的质量意识，增强检验过程中的节约和环保意识。

【背景知识】

一、兽药的概念及分类

兽药是指用于预防、治疗、诊断动物疾病或者有目的地调节动物生理机能的物质（含药物饲料添加剂）。

兽药按其用途可分为治疗药物、预防药物、诊断药物和生物制剂。治疗药物包括抗生素、抗病毒药物、抗真菌药物和抗寄生虫药物等；预防药物包括疫苗和抗体制剂；诊断药物包括血液检测药物等；生物制剂包括激素、维生素、营养补充剂等。

在畜牧业生产中，为了预防和治疗畜禽疾病、促进动物生长繁殖、提高饲料利用率等，往往会在饲料中加入一定量的兽药，包括各类抗生素、激素等。然而，由于养殖人员用药知识的缺乏以及经济利益驱使，兽药滥用现象在畜牧业中普遍存在。滥用兽药极易造成动物性食品中兽药残留超标，不仅对畜牧业的健康发展造成直接危害，而且当其随动物性食品进入人体时，将会对人体健康产生危害。

二、兽药残留及其来源与危害

兽药残留是兽药在动物性食品中的残留的简称。国际食品法典委员会（Codex Alimentarius Commission，CAC）将兽药残留定义为动物产品的任何可食部分所含兽药的母体化合物及（或）其代谢物，以及与兽药有关的杂质。

（一）食品中的兽药残留主要来源

①饲料中添加的兽药：为预防和治疗动物疾病，养殖户会在饲料中添加一些兽药。这些药物在动物体内吸收、分布和代谢，最终可能残留在动物组织中。如果饲料中添加的兽药不符合标准或过量使用，就可能导致兽药残留超标。

②动物养殖中的兽药：有些养殖户为了预防疾病，不遵守剂量、给药途径、用药部位、药物种类、停药期等规定，长期乱用药物添加剂、滥用药物，导致兽药残留超标。

③非法添加的兽药：一些养殖户为了提高动物生长速度或增加肉品产量，会在饲料中非法添加一些禁用药物。这些药物在动物体内吸收、分布和代谢，最终可能残留在动物组织中。如果饲料中添加了禁用药物，就可能导致兽药残留超标。

④加工环节的兽药：在肉类加工环节中，为了保鲜和防腐，加工商会在肉类中添加一些兽药。这些药物可能残留在肉品中，导致兽药残留超标。此外，一些加工商为了降低成本，可能会使用一些质量低劣的饲料或非法添加物，导致兽药残留超标。

（二）兽药残留对人体产生的不良影响

兽药残留对人体产生的不良影响主要有以下4个方面：

①毒性作用：兽药残留可能导致急性中毒、慢性中毒和"三致"作用。如红霉素等大环内酯类可致急性肝毒性；长时间食用含药物残留的食品，会造成药物在体内蓄积，当达到一定的浓度时，则对机体产生毒性作用。如链霉素应用过量可损害人的第八对脑神经，造成前庭功能和听觉损害，出现步态不稳、平衡失调和耳聋等症状；磺胺类药物应用过量会破坏人体造血机能和肾损害等；苯丙咪唑类抗蠕虫药应用过量会引起细胞染色体突变和致畸胎作用；克球粉、己烯雌酚等药物已被证实具有致癌作用。

②使某些细菌产生耐药性：机体长期接触某种抗菌药物后，体内耐药菌株大量繁殖。在某种情况下，动物体内耐药菌株可通过动物性食品使人产生耐药性，给治疗带来困难。已发现长期摄入低水平的抗生素，能导致金黄色葡萄球菌和大肠杆菌耐药性菌株的产生。

③过敏反应：许多抗菌药物如青霉素类、四环素类、磺胺类和氨基糖苷类等能使部分人群产生过敏反应甚至休克，并在短时间内出现血压下降、皮疹、喉头水肿、呼吸困难等严重症状。青霉素类药物具有很强的致敏作用，轻者表现为接触性皮炎和皮肤反应，重者表现为致死的过敏性休克。

④造成菌群失调：正常情况下，人体肠道内的菌群与人体在长期的共同进化过程中已相互适应，各类菌群能够保持平衡，但如果长期用药，可造成一些非致病菌的死亡和减少，使菌群的平衡失调，容易造成病原菌的交替感染，使具有选择性作用的药物失去疗效。

三、兽药残留的检测方法

兽药残留的检测方法主要包括以下6种：

①高效液相色谱法：可以对样品进行提取和分离，利用高效液相色谱仪进行检测，适用于

多种兽药残留的检测,具有高灵敏度和高准确性。

②气相色谱法:对样品进行蒸馏提取后,利用气相色谱仪进行分离和检测,适用于挥发性兽药残留的检测。

③液相色谱-质谱法:将高效液相色谱与串联质谱联用,可对多种兽药残留进行高灵敏度、高选择性的定性和定量分析。

④酶联免疫吸附法:利用免疫学技术,通过抗体与兽药残留结合来检测样品中的兽药残留,具有操作简单、快速、经济等特点,但其灵敏度和选择性较低。

⑤金标检测法:使用胶体金作为标记技术,通过金标检测卡进行检测。

⑥生物传感技术:利用生物传感器对兽药残留进行检测,如基于表面等离子体共振(Surface Plasmon Resonance,SPR)技术、电化学传感器等。

子任务一　食品中抗生素残留的测定

【相关知识】

一、概述

自 20 世纪 40 年代青霉素问世以来,抗生素在细菌性疾病的治疗过程中,发挥着极其重要的作用。但随着抗生素的广泛应用,特别是在畜禽养殖业中的滥用,给人类带来了极大的危害。近年来,在畜禽养殖中使用的抗生素包括青霉素类、头孢菌素类、氨基糖苷类、磺胺类、喹诺酮类等,这些抗生素的滥用导致了细菌耐药性、过敏和中毒反应以及"三致"作用等危害日益严重,动物性食品中抗生素的残留越来越受到人们的关注,许多国家对抗生素的使用种类和使用剂量进行了限制。我国于 2002 年禁止经营和使用氯霉素、琥珀氯霉素及其盐、呋喃唑酮、呋喃它酮等;2004 年禁止将原料药直接添加到饲料及动物饮水中,或直接饲喂动物,禁止将人用药品用于动物。在我国,兽用抗生素的使用必须符合《中华人民共和国兽药典》(2020 年版)、《兽药管理条例》(2020 年修订)及《饲料添加剂安全使用规范》(2017 年修订)等的要求。我国《食品安全国家标准 食品中兽药最大残留限量》(GB 31650—2019)、《食品安全国家标准 食品中 41 种兽药最大残留限量》(GB 31650.1—2022)规定了食品中兽药最大残留限量值。《食品安全国家标准 食品中兽药最大残留限量》(GB 31650—2019)于 2020 年 4 月 1 日正式实施,代替原农业部 235 号公告,而《食品安全国家标准 食品中 41 种兽药最大残留限量》(GB 31650.1—2022)是《食品安全国家标准 食品中兽药最大残留限量》(GB 31650—2019)的增补版,两个标准可配套使用。GB 31650 系列标准相比其他基础限量标准,未指定检验方法,因此在方法选择时要特别注意方法的适用范围和靶组织要求;要注意样品制备的取样部位应与标准中对应靶组织要求一致,尤其要注意标准中变化较大的,如鱼的皮+肉组织要求等,并注意样品制备的均匀性等要求;使用标准时,在制定最大限量和允许使用但不得检出的药物品种中,都要特别注意残留标志物,注意检测方法使用和检测目标化合物;做判定时,注意不同靶组织会有不同的残留限量。标准使用时,还要注意与其他公告的衔接和理解应用,如农业农村部 250 号、2292 号、2428 号、2583 号、2638 号等公告。

二、食品中抗生素残留的检验

一般来说,各种畜、禽、奶、蛋及鱼类的肌肉、脂肪、肝、肾都可成为抗生素残留污染的部位。抗生素残留的常规检测方法根据检测原理的不同主要包括生物检测法和理化检测法。

1. 生物检测法

生物检测法主要包括微生物检测法、免疫分析法和生物传感器方法。

抗生素微生物检测法是一种经典的方法,可直观且特异地反映出抗生素药品的抗菌活性。其原理是根据抗生素对微生物的代谢和机能具有抑制作用,利用该性质可实现对样品中的抗生素残留进行定性或定量分析。微生物法检测抗生素残留的代表方法主要包括稀释法、浊度法、琼脂扩散法、微生物受体检测法等。微生物检测法费用低,但花费时间长、灵敏度低,因此主要适用于实验室少量样品检测及样品的初筛查,当出现阳性样品时,还需要使用其他方法进一步确定。

免疫分析法是利用抗原和抗体的特异性结合等特征进行抗生素残留检测的一种方法。代表方法主要有化学发光免疫分析、酶联免疫分析、荧光免疫分析、放射免疫分析、免疫传感器等。其中,酶联免疫分析法是免疫分析法中使用最为广泛的方法之一。随着近年来酶制备、抗体制备等技术的发展,该技术发展迅速并得到了很多国家的认可,但检测成本较其他方法高。

2. 理化检测方法

理化检测方法主要包括毛细管电泳法、高效液相色谱法、液相色谱-质谱法和超临界流体色谱法等。

随着科技的发展与分离分析技术的提高,抗生素的分子结构及成分更加清晰地被揭示,因此很多抗生素检测都转向高效液相色谱法、串联质谱法及其他仪器测定法检测,既准确又快速。

高效液相色谱法由于具有分离效能好、灵敏度高和分离速度快等特点,是目前国内抗生素残留检测最普遍最有效的方法,所用的检测器主要有紫外检测器、荧光检测器及二极管阵列检测器。例如,多数大环内酯类抗生素在紫外下都有较强的吸收,因此常用紫外检测器检测肌肉、猪肝、鸡肉和牛肉中的土霉素、四环素、金霉素、多西环素等。

色谱质谱的联用技术将液相色谱仪有效分离的能力和质谱的定性功能结合起来,相当于给液相色谱配备了一台质谱仪作为检测器,因此产生了 LC-MS。利用这一技术可以提高抗生素的定性和定量分析的可靠性、准确性、灵敏度,对复杂化合物中微量和痕量组分的定性和定量分析具有重要的意义。

在国家层面的管理方面,农业农村部已开始将影响动物源性食品安全的兽用抗生素的管理当作重点治理对象。为淘汰安全隐患品种,已禁止洛美沙星、培氟沙星、氧氟沙星、诺氟沙星等 4 种人兽共用抗生素用于食品动物,并禁止硫酸黏菌素预混剂用于动物促生长;同时还监测猪肉、鸡肉等主要畜禽产品 9 类 70 种兽药残留,以及监测生猪、家禽、奶牛等动物饲养场 5 种主要细菌对 16 种兽用抗生素的耐药状况,建立耐药性数据库。这些举措旨在推动形成政府主导、企业参与、社会共治的健康局面。

【技能性工作任务】

鸡肉中土霉素、四环素、金霉素的测定

◆ 任务描述

四环素类抗生素是一类具有较长发展历史的抗生素,一类由链霉菌产生,主要有四环素、土霉素、金霉素;另一类是一种半合成制取的四环素,主要有米诺环素、多西环素、美他环素

等。目前,以金霉素、土霉素和多西环素(又称强力霉素)为代表的一、二代四环素类药物是畜禽养殖业中用量最大的抗菌药物,广泛应用于畜禽促生长与感染性疾病的预防治疗,增加了其通过食物链或环境传播的可能性。对其残留量的检验,应依据《畜、禽肉中土霉素、四环素、金霉素的测定(高效液相色谱法)》(GB/T 5009.116—2003)。要求根据操作规程,结合实验室条件,制定检验方案,完成鸡肉中土霉素、四环素、金霉素含量的测定,如实记录和分析检测数据,规范地报告检测结果。

◆ 操作规程

畜、禽肉中土霉素、四环素、金霉素的测定岗位操作规程(高效液相色谱法)

1. 目的

建立畜、禽肉中土霉素、四环素、金霉素残留量测定岗位操作规程,规范本岗位的操作,确保检测结果的准确性和稳定性。

2. 原理

试样经提取、微孔滤膜过滤后直接进样,用反相色谱分离,紫外检测器检测,与标准比较定量,出峰顺序为土霉素、四环素、金霉素。标准加入法定量。

适用范围:各种畜、禽肉中土霉素、四环素、金霉素残留量的测定。

3. 仪器与试剂

(1)主要仪器

高效液相色谱仪(具紫外检测器)。

(2)主要试剂及溶液配制

①乙腈(分析纯)。

②5%高氯酸溶液。

③0.01 mol/L 磷酸二氢钠溶液:称取 1.56 g(精确至±0.01 g)磷酸二氢钠溶于蒸馏水中并定容至 100 mL,经微孔滤膜(0.45 μm)过滤,备用。

④土霉素(OTC)标准溶液:称取土霉素 0.010 0 g(精确至±0.000 1 g),用 0.1 mol/L 盐酸溶液溶解并定容至 10.00 mL,此溶液每毫升含土霉素 1 mg。

⑤四环素(TC)标准溶液:称取四环素 0.010 0 g(精确至±0.000 1 g),用 0.01 mol/L 盐酸溶液溶解并定容至 10.00 mL,此溶液每毫升含四环素 1 mg。

⑥金霉素(CTC)标准溶液:称取金霉素 0.010 0 g(精确至±0.000 1 g),溶于蒸馏水并定容至 10.00 mL,此溶液每毫升含金霉素 1 mg。

以上标准品均按 1 000 单位/mg 折算。OTC、TC、CTC 溶液应于 4 ℃以下保存,可使用 1 周。

⑦混合标准溶液:取 OTC、TC 标准溶液各 1.00 mL,取 CTC 标准溶液 2.00 mL,置于 10 mL 容量瓶中,加蒸馏水至刻度。此溶液每毫升含土霉素、四环素各 0.1 mg,金霉素 0.2 mg,临用时现配。

4. 操作步骤

(1)试样制备

将一定数量的样品按要求经过缩分、粉碎均质后,储存于样品瓶中,避光冷藏,尽快测定。

(2)试样处理

称取 5.00 g(±0.01 g)切碎的肉样(<5 mm),置于 50 mL 锥形烧瓶中,加入 5%高氯酸 25 mL,于振荡器上振荡提取 10 min,移入到离心管中,以 2 000 r/min 离心 3 min,取上清液经

0.45 μm 滤膜过滤,取溶液 10 μL 进样,待测。

（3）色谱条件设定

①色谱柱:ODS-C$_{18}$(5 μm)6.2 mm×15 cm。

②柱温:室温。

③检测波长:355 nm。

④灵敏度:0.002AUFS。

⑤流动相:乙腈+0.01 mol/L 磷酸二氢钠溶液(用30%硝酸溶液调节 pH 2.5)= 35+65,使用前用超声波脱气 10 min。

⑥流速:1.0 mL/min。

⑦进样量:10 μL。

（4）工作曲线制作

采用标准加入法定量。分别称取 7 份切碎的肉样,每份 5.00 g(精确至±0.01 g),分别加入混合标准溶液 0 μL、25 μL、50 μL、100 μL、150 μL、200 μL 和 250 μL。含土霉素、四环素各为 0 μg、2.5 μg、5.0 μg、10.0 μg、15.0 μg、20.0 μg 和 25.0 μg;含金霉素各为 0 μg、5.0 μg、10.0 μg、20.0 μg、30.0 μg、40.0 μg 和 50.0 μg。以峰高为纵坐标,以抗生素含量为横坐标,绘制工作曲线。

（5）样品测定

取试样处理液 10 μL 进样,经高效液相色谱仪分析,测得峰面积,通过上述工作曲线计算其浓度。

（6）操作后清场

检查使用的仪器、设备水电是否关闭;仪器设备外表擦拭干净;剩余原料、试剂放到指定位置;打扫卫生;垃圾废物收集到指定位置。

（7）操作注意事项

①在本实验条件下,HPLC 对畜、禽肉中土霉素、四环素和金霉素残留量的最低检出浓度分别为 0.15 mg/kg、0.20 mg/kg 和 0.65 mg/kg。

②实验步骤中的色谱条件仅供参考,在实际的测定过程中,应根据仪器的型号和实验条件,根据说明书,通过预备实验进行确定。

5. 结果计算与报告

（1）数据记录（填入操作手册中）

（2）结果计算

按式(5.4)计算:

$$X = \frac{A \times 1\,000}{m \times 1\,000} \tag{5.4}$$

式中 X——试样中抗生素的含量,mg/kg;

A——试样溶液测得抗生素质量,μg;

m——试样质量,g;

1 000——换算系数。

（3）质量标准

①计算结果保留三位有效数字。

②在重复性条件下获得的两次独立测定结果的绝对差值不得超过算术平均值的 10%。

【任务实施】

预习手册

任务名称			指导教师	
小组成员			学生姓名	
引导问题	问题回答			
本任务的误差可能来自哪些方面？				
本任务的关键在哪里？				

本任务的主要设备有哪些？	设备用具名称	规格/型号	使用数量	使用情况

本任务的主要试剂有哪些？	试剂耗材名称	试剂浓度	配制数量	配制过程	使用情况

问题和建议

操作手册

小组成员		指导教师	
操作前检查			
检查内容	检查结果		检查人
是否按规定穿工作服,戴口罩、手套等防护用具	是□　　否□		
检查仪器设备是否清洁,是否运转正常	是□　　否□		
检查检验设备的校验合格证是否在有效期内	是□　　否□		
检查操作现场水、电供应是否正常	是□　　否□		
检查试剂和耗材是否符合要求	是□　　否□		

续表

		操作过程记录					
基本信息	样品名称				样品编号		
	生产单位				检测编号		
	生产批号				检测项目		
	检验依据				检测方法		
检测环境	室温/℃				相对湿度/%		
检测设备	设备名称						
	精度						
	设备编号						
标准物质							
液相色谱检测条件	色谱柱：		检测器：			检测波长：	
	柱温：		流速：			进样量：	
	流动相：		梯度洗脱条件：				

检测数据			序号	1	2	3	4	5	6
	工作曲线	土霉素	含量/μg						
			峰面积						
		四环素	含量/μg						
			峰面积						
		金霉素	含量/μg						
			峰面积						

		曲线方程	土霉素回归方程：
			四环素回归方程：
			金霉素回归方程：

	样品测定	样品质量 m/g	土霉素		四环素		金霉素	
			峰面积	含量 A/μg	峰面积	含量 A/μg	峰面积	含量 A/μg
		样 1：						
		样 2：						
		试剂空白：						

结果计算	各抗生素质量平均值/μg	
	试样中抗生素含量/(mg·kg⁻¹)	
	相对相差/%	
	计算公式	$X = \dfrac{A \times 1\,000}{m \times 1\,000}$

续表

结果报告	

检验员：　　　　　　　　　复核人：

日　期：　　　　　　　　　日　期：

操作后清场			
清场项目	清场结果	清场人	复核人
仪器清洁,设备外表擦拭干净	合格□　不合格□		
工具擦拭或清洗干净,放到指定位置	合格□　不合格□		
地面、台面清洁干净	合格□　不合格□		
实验垃圾及废物收集到指定位置	合格□　不合格□		
关好水、电及门窗	合格□　不合格□		
指导教师签字：		年　　月　　日	

【任务考评】

技能性工作任务考核表

任务名称		学生姓名				
考核指标	评价内容	分值/分	得分/分			
			自评	互评	组长评	教师评
预习考核	预习手册填写情况	5				
	实操方案设计情况	5				
任务实施过程考核	操作规范性,熟练度	10				
	操作规程执行情况	10				
	记录填写情况(及时、准确、清晰、整洁、真实)	10				
	清场情况	5				
任务结果考核	结果计算准确	5				
	有效数字位数保留适当	5				
	精密度符合要求	5				
	结果报告简洁、明确	5				

续表

考核指标	评价内容	分值/分	得分/分			
			自评	互评	组长评	教师评
职业素养考核	遵守纪律:遵守实验室规章制度,不迟到早退,不无故请假,不脱岗串岗	5				
	安全意识:穿工作服,戴防护用品,爱护仪器设备,不乱丢乱倒原料试剂等	5				
	环保意识:台面清洁,不乱丢废弃物,节约用水、用电,集中处理废液废物	5				
	团队协作、沟通交流能力:服从组长安排,配合良好,积极主动地完成本岗位任务	5				
	学习能力:有较强的自主学习能力和创新意识	5				
	严谨、求实、诚信的品质,责任意识和质量意识	5				
	精益求精、爱岗敬业、精细操作的劳动精神	5				
总计		100				

【交流探讨】

1. 已知四环素、土霉素、金霉素的单标贮备液浓度均为 1 mg/mL。如何配制 3 类抗生素浓度分别为 10 μg/mL、20 μg/mL、30 μg/mL 的混合标准溶液?

2. 简要说明色谱分析条件对该试验分析结果的影响。

3. 在绘制标准曲线时,需要在标准品溶液中添加无抗生素的样品提取液,为什么?试阐述这种标准加入法定量的优缺点。

子任务二 食品中激素残留的测定

【相关知识】

一、概述

激素类药物作为畜禽及水产品养殖中的生长促进剂能加快动物的增重速度,提高饲料的转化利用率,提升胴体品质(瘦肉与脂肪的比例),显著提高养殖业的经济效益。但激素类药物的残留严重威胁着人类的健康,特别是以克伦特罗为代表的 β-受体激动剂在动物性食品中频繁导致中毒事件的发生,控制和禁止激素类药物在养殖业中的使用已日益引起各方面的关注。目前,农业农村部严禁使用的具有促生长作用的激素和兽药包括:

①β-受体激动剂,如克伦特罗、沙丁胺醇等。

②性激素,如己烯雌酚。

③促性腺激素。

④具有雌激素样作用的物质,如玉米赤霉醇等。

⑤肾上腺素类药,如异丙肾上腺素、多巴胺等。

养殖者为了达到利益最大化,有时会违规添加一些激素到动物饲料中,作为饲料添加剂促进动物生长和育肥。农业农村部禁用的激素在动物性食品的检测中偶有发现,因此加强激素残留的监督与检验工作十分重要。

二、食品中激素残留的检测

食品中激素残留的检测方法主要有高效液相色谱法、气相色谱法、液相色谱-质谱法、气相色谱-质谱法、酶联免疫吸附法等。

【技能性工作任务】

猪肉中克伦特罗残留量的测定

◆ 任务描述

克伦特罗是一种强效选择性 β_2-受体激动剂,具有强而持久的松弛支气管平滑肌的作用,可用于治疗哮喘。克伦特罗还可促进动物生长,改善动物体内脂肪分配,并增加瘦肉率,俗称为"瘦肉精"。然而一连串因食用含克伦特罗的食物而引起的中毒事件发生后,使克伦特罗成为全球普遍禁止使用的饲料添加剂。自1997年以来,我国有关行政部门多次明令禁止畜牧行业生产、销售和使用克伦特罗。为了监测畜禽产品中的克伦特罗,加强市场监督检验力度,预防中毒事件的发生,我国建立了一套完整的克伦特罗检测方法:《动物性食品中克伦特罗残留量的测定》(GB/T 5009.192—2003),该标准提出了从酶联免疫法筛选、高效液相色谱法定量到气相色谱-质谱法确证和定量这一套方法来满足我国动物性食品中克伦特罗残留量监控的需要。下面介绍其主要的定量检验方法——高效液相色谱法。要求根据操作规程,结合实验室条件,制定检验方案,完成猪肉中克伦特罗残留量的测定,如实记录和分析检测数据,规范地报告检测结果。

◆ 操作规程

动物性食品中克伦特罗残留量的测定操作规程(高效液相色谱法)

1. 目的

学会用高效液相色谱法测定动物性食品中克伦特罗残留量的操作技能,能熟练使用液相色谱仪,学会样品的处理与提取,能正确记录计算处理检测数据;能规范地报告检测结果。

2. 原理

固体试样剪碎,用高氯酸溶液匀浆。液体试样加入高氯酸溶液,进行超声加热提取后,用异丙醇+乙酸乙酯(40+60)萃取,有机相浓缩,经弱阳离子交换柱进行分离,用乙醇+浓氨水(98+2)溶液洗脱,洗脱液经浓缩,流动相定容后在高效液相色谱仪上进行测定,外标法定量。

适用范围:新鲜或冷冻的畜、禽肉与内脏及其制品中克伦特罗残留的测定,也适用于生物材料(人或动物血液、尿液)中克伦特罗的测定。

3. 仪器与试剂

(1)主要仪器

磨口玻璃离心管[11.5 cm(长)×3.5 cm(内径),具塞]、5 mL玻璃离心管、超声波清洗器、酸度计、离心机、振荡器、旋转蒸发器、涡旋式混合器、N_2-蒸发器、匀浆器、弱阳离子交换柱(LC-WCX,3 mL)、针筒式微孔过滤膜(0.45 μm,水相)、高效液相色谱仪(带紫外检测器)。

（2）主要试剂与溶液配制

①试剂：克伦特罗，纯度≥99.5%；磷酸二氢钠；氢氧化钠；氯化钠；高氯酸；浓氨水；异丙醇；乙酸乙酯；乙醇；甲醇（HPLC级）；高氯酸溶液（0.1 mol/L）；氢氧化钠溶液（1 mol/L）；磷酸二氢钠缓冲液（0.1 mol/L，pH=6.0）；异丙醇+乙酸乙酯（40+60）；乙醇+浓氨水（98+2）；甲醇+水（45+55）。

②克伦特罗标准溶液的配制：准确称取克伦特罗标准品用甲醇溶解配成浓度为250 mg/L的标准储备液，贮于冰箱中；使用时用甲醇稀释成0.5 mg/L的克伦特罗标准使用液，进一步可用甲醇+水（45+55）适当稀释。

4. 操作步骤

（1）试样提取

①肌肉、肝脏、肾脏试样：称取试样10 g（精确至0.01 g），用20 mL 0.1 mol/L高氯酸溶液匀浆，置于磨口玻璃离心管中；然后置于超声波清洗器中超声20 min，取出置于80 ℃水浴中加热30 min。取出冷却后离心（4 500 r/min）15 min。倾出上清液，沉淀用5 mL 0.1 mol/L高氯酸溶液洗涤，再离心，将两次的上清液合并。用1 mol/L氢氧化钠溶液调pH值至9.5±0.1，若有沉淀产生，再离心（4 500 r/min）10 min，将上清液转移至磨口玻璃离心管中，加入8 g氯化钠，混匀，加入25 mL异丙醇+乙酸乙酯（40+60），置于振荡器上振荡提取20 min。提取完毕，放置5 min（若有乳化层可稍离心一下）。用吸管小心将上层有机相移至旋转蒸发瓶中，用20 mL异丙醇+乙酸乙酯（40+60）再重复萃取一次，合并有机相，于60 ℃在旋转蒸发器上浓缩至近干。用1 mL 0.1 mol/L磷酸二氢钠缓冲液（pH6.0）充分溶解残留物，经针筒式微孔过滤膜过滤，洗涤3次后完全转移至5 mL玻璃离心管中，并用0.1 mol/L磷酸二氢钠缓冲液（pH6.0）定容至刻度。

②尿液试样：用移液管取尿液5 mL，加入20 mL 0.1 mol/L高氯酸溶液，超声20 min混匀。置于80 ℃水浴加热30 min。以下按上述"用1 mol/L氢氧化钠溶液调pH值至9.5±0.1"起开始操作。

③血液试样：将血液于4 500 r/min离心，用移液管量取上层血清1 mL置于5 mL玻璃离心管中，加入2 mL 0.1 mol/L高氯酸溶液，混匀，置于超声波清洗器中超声20 min，取出置于80 ℃水浴中加热30 min。取出冷却后离心（4 500 r/min）15 min。倾出上清液，沉淀用1 mL 0.1 mol/L高氯酸溶液洗涤，离心（4 500 r/min）10 min，合并上清液，再重复一遍洗涤步骤，合并上清液。向上清液中加入约1 g氯化钠，加入2 mL异丙醇+乙酸乙酯（40+60），在涡旋式混合器上振荡萃取5 min，放置5 min（若有乳化层可稍离心一下），小心移出有机相于5 mL玻璃离心管中，按以上萃取步骤重复萃取两次，合并有机相。将有机相在N_2-浓缩器上吹干。用1 mL 0.1 mol/L磷酸二氢钠缓冲液（pH6.0）充分溶解残留物，经针筒式微孔过滤膜过滤完全转移至5 mL玻璃离心管中，并用0.1 mol/L磷酸二氢钠缓冲液（pH6.0）定容至刻度。

（2）净化

依次用10 mL乙醇、3 mL水、3 mL 0.1 mol/L磷酸二氢钠缓冲液（pH6.0）、3 mL水冲洗弱阳离子交换柱；取适量试样提取液至弱阳离子交换柱上，弃去流出液，分别用4 mL水和4 mL乙醇冲洗柱子，弃去流出液；用6 mL乙醇+浓氨水（98+2）冲洗柱子，收集流出液。将流出液在N_2-蒸发器上浓缩至干。

（3）试样测定前的准备

于净化、吹干的试样残渣中加入 100～500 μL 流动相,在涡旋式混合器上充分振摇,使残渣溶解,液体浑浊时用 0.45 μm 的针筒式微孔过滤膜过滤,上清液待进行液相色谱测定。

（4）色谱条件设定

色谱参考条件如下:

①色谱柱:BDS 或 ODS 柱,250 mm×4.6mm,5 μm。

②流动相:甲醇+水(45+55)。

③流速:1 mL/min。

④进样量:20～50 μL。

⑤柱箱温度:25 ℃。

⑥紫外检测器检测波长:244 nm。

（5）测定

吸取 20～50 μL 标准校正溶液及试样液注入液相色谱仪,以保留时间定性,用外标法单点或多点定量。

（6）操作后清场

检查使用的仪器、设备水电是否关闭;仪器设备外表擦拭干净;剩余原料、试剂放到指定位置;打扫卫生;垃圾废物收集到指定位置。

（7）操作注意事项

①克伦特罗的标准物质一般以盐酸盐的形式存在,配制克伦特罗标准溶液要进行相应转化,计算出所需称量的标准物质的质量。

②BDS 或 ODS 色谱柱都属于反相色谱柱,柱管内充满有机溶剂,检测样品前,应用 10 倍柱体积的流动相冲洗色谱柱;检测完毕后,要用甲醇或乙腈将柱管内的流动相置换出来,使其保存在有机相中。

③LC-WCX 固相萃取填料含有一个脂肪族羧酸基团,并键合在硅胶表面上。因为这种羧基是一种弱酸性阴离子,所以它可作为一种弱性阳离子交换。LC-WCX 上羧基的 pH 值约为 4.8。当 pH 值比其 pH 值大 2 个单位时,它保持带负电荷,能分离此 pH 值下带电荷的阳离子。硅胶表面的羧基能被中和(pH 值比其 pH 值小 2 个单位),强阳离子或者弱阳离子则被洗脱。对于弱阳离子可用一种溶液(pH 值比阳离子 pH 值大 2 个单位)中和而洗脱,或者加入另一种阳离子代替。

5. 结果记录与计算

（1）数据记录(填入操作手册中)

（2）结果计算

按外标法计算试样中克伦特罗的含量,按式(5.5)计算:

$$X = \frac{A \times f}{m} \tag{5.5}$$

式中　X——试样中克伦特罗的含量样,μg/kg 或 μg/L;

　　　A——试样色谱峰与标准色谱峰的峰面积比值对应的克伦特罗的质量,ng;

　　　f——试样稀释倍数;

　　　m——试样的取样量,g 或 mL。

（3）质量标准

①计算结果保留到小数点后两位。

②在重复性条件下获得的两次独立测定结果的绝对差值不得超过算术平均值的20%。

【任务实施】

预习手册

任务名称			指导教师	
小组成员			学生姓名	
引导问题		问题回答		

本任务的误差可能来自哪些方面？				
本任务的关键在哪里？				

	设备用具名称	规格/型号	使用数量	使用情况
本任务的主要设备有哪些？				

	试剂耗材名称	试剂浓度	配制数量	配制过程	使用情况
本任务的主要试剂有哪些？					

问题和建议

操作手册

小组成员			指导教师	

操作前检查

检查内容	检查结果	检查人
是否按规定穿工作服,戴口罩、手套等防护用具	是□　　否□	
检查仪器设备是否清洁,是否运转正常	是□　　否□	
检查检验设备的校验合格证是否在有效期内	是□　　否□	
检查操作现场水、电供应是否正常	是□　　否□	
检查试剂和耗材是否符合要求	是□　　否□	

操作过程记录

基本信息		样品名称			样品编号	
		生产单位			检测编号	
		生产批号			检测项目	
		检验依据			检测方法	
检测环境		室温/℃			相对湿度/%	
检测设备		设备名称				
		精度				
		设备编号				
标准物质						

液相色谱检测条件	色谱柱:	检测器:	检测波长:
	柱温:	流速:	进样量:
	流动相:	梯度洗脱条件:	

检测数据		标准校正液检测	浓度 /(μg·L^{-1})	克伦特罗质量 A_0/ng	峰面积 S_0	出峰保留时间/min
	试样检测	试样编号	样1		样2	
		样品质量 m/g				
		样品提取液定容总体积/mL				
		净化时吸取提取液体积/mL				
		净化液吹干溶解后的体积/μL				
		试样稀释倍数 f				
		峰面积 S				
		出峰保留时间/min				

续表

结果计算	样液中克伦特罗的质量 A/ng		
	试样中克伦特罗的含量 X/(μg·kg⁻¹)		
	结果平均值		
	相对相差/%		
	计算公式	$X = \dfrac{A \times f}{m}$	
结果报告			

检验员：　　　　　　　　　　　复核人：

日　期：　　　　　　　　　　　日　期：

操作后清场			
清场项目	清场结果	清场人	复核人
仪器清洁,设备外表擦拭干净	合格□　不合格□		
工具擦拭或清洗干净,放到指定位置	合格□　不合格□		
地面、台面清洁干净	合格□　不合格□		
实验垃圾及废物收集到指定位置	合格□　不合格□		
关好水、电及门窗	合格□　不合格□		

指导教师签字：　　　　　　　　　　　　　　　　　年　　月　　日

【任务考评】

技能性工作任务考核表

任务名称			学生姓名			
考核指标	评价内容	分值/分	得分/分			
			自评	互评	组长评	教师评
预习考核	预习手册填写情况	5				
	实操方案设计情况	5				
任务实施过程考核	操作规范性,熟练度	10				
	操作规程执行情况	10				
	记录填写情况(及时、准确、清晰、整洁、真实)	10				
	清场情况	5				

续表

考核指标	评价内容	分值/分	得分/分			
			自评	互评	组长评	教师评
任务结果考核	结果计算准确	5				
	有效数字位数保留适当	5				
	精密度符合要求	5				
	结果报告简洁、明确	5				
职业素养考核	遵守纪律:遵守实验室规章制度,不迟到早退,不无故请假,不脱岗串岗	5				
	安全意识:穿工作服,戴防护用品,爱护仪器设备,不乱丢乱倒原料试剂等	5				
	环保意识:台面清洁,不乱丢废弃物,节约用水、用电,集中处理废液废物	5				
	团队协作、沟通交流能力:服从组长安排,配合良好,积极主动地完成本岗位任务	5				
	学习能力:有较强的自主学习能力和创新意识	5				
	严谨、求实、诚信的品质,责任意识和质量意识	5				
	精益求精、爱岗敬业、精细操作的劳动精神	5				
总计		100				

【交流探讨】

1. 简述 LC-WCX 弱阳离子固相萃取柱的作用原理。

2. 查阅资料,系统地了解固相萃取柱的种类及应用。

食品中兽药
残留的测定
相关知识

课后练习

项目六
食品中化学污染物的检测 ·················○

【知识导图】

食品中化学污染物的检测

食品中铅的测定
- 技能性工作任务：乳粉中铅的测定
  - 任务目标
  - 背景知识
  - 任务描述
    - 操作规程（石墨炉原子吸收光谱法）
    - 预习手册
    - 操作手册
  - 任务实施
  - 任务考评
  - 交流探讨
- 相关知识（扫码学习）：食品中铅的测定 火焰原子吸收光谱法
- 课后练习

食品中砷的测定
- 技能性工作任务：乳粉中总砷的测定
  - 任务目标
  - 背景知识
  - 任务描述
    - 操作规程（氢化物发生原子荧光光谱法）
    - 预习手册
    - 操作手册
  - 任务实施
  - 任务考评
  - 交流探讨
- 相关知识（扫码学习）：食品中总砷的测定 电感耦合等离子体质谱法
- 课后练习

食品中镉的测定
- 技能性工作任务：大米中镉的测定
  - 任务目标
  - 背景知识
  - 任务描述
    - 操作规程（石墨炉原子吸收光谱法）
    - 预习手册
    - 操作手册
  - 任务实施
  - 任务考评
  - 交流探讨
- 课后练习

食品中汞的测定
- 技能性工作任务：乳粉中总汞的测定
  - 任务目标
  - 背景知识
  - 任务描述
    - 操作规程（原子荧光光谱法）
    - 预习手册
    - 操作手册
  - 任务实施
  - 任务考评
  - 交流探讨
- 课后练习

食品中黄曲霉毒素的测定
- 技能性工作任务：花生油中黄曲霉毒素B₁的测定
  - 任务目标
  - 背景知识
  - 任务描述
    - 操作规程（酶联免疫吸附筛查法）
    - 预习手册
    - 操作手册
  - 任务实施
  - 任务考评
  - 交流探讨
- 相关知识（扫码学习）：食品中黄曲霉毒素的测定 高效液相色谱-柱前衍生法
- 课后练习

食品中三聚氰胺的测定
- 技能性工作任务：乳制品中三聚氰胺测定
  - 任务目标
  - 背景知识
  - 任务描述
    - 操作规程（高效液相色谱法）
    - 预习手册
    - 操作手册
  - 任务准备
  - 任务实施
  - 任务考评
  - 交流探讨
- 课后练习

　　食品中的化学污染物主要包括有毒元素、霉菌毒素、三聚氰胺、氯丙醇、多氯联苯、烷基酚等。

　　有毒元素是指对生物有显著毒性的一类元素，包括有毒金属（如铅、镉、汞等），以及摄入过量可能对人体产生毒性作用的必需元素（如铜、锌、锰、铬、铝等），甚至一些非金属元素（如砷、硒、氟等）。其中，铅、镉、汞、砷等元素对食品安全的影响最大，通常是食品卫生的必检项目。

　　霉菌毒素是霉菌产生的一种有毒的次生代谢产物。霉菌毒素既可以在农作物收获时形成，也可以在不当贮存条件下产生。食品中常见的霉菌毒素有黄曲霉毒素、赭曲霉毒素、脱氧雪腐镰刀菌烯醇、玉米赤霉烯酮、伏马毒素等。人和动物一次性摄入含大量霉菌毒素的食物常常会引起急性中毒，而长期摄入含少量霉菌毒素的食物则会导致慢性中毒和癌症。其中以黄曲霉毒素对食品安全的影响最大，通常是花生、玉米、大米、果仁等农产品及其制品的必检项目。

　　三聚氰胺是一种三嗪类含氮杂环有机化合物，是一种重要的化工原料，其含氮量高达66%，常被非法添加到食品和饲料中，以提高蛋白质的检出量。高剂量的三聚氰胺可能导致肾结石和膀胱癌。

任务一　食品中铅的测定

【任务目标】

◆ 知识目标

1. 理解铅测定的意义;
2. 掌握样品消化的方法与原理;
3. 掌握石墨炉原子吸收光谱法测定食品中铅的原理及操作技术要求。

◆ 能力目标

1. 会查国标,并能根据国标及分析对象选择合适的分析方法;
2. 会样品的消化及微波消解仪的操作;
3. 会配制铅标准溶液;
4. 会正确使用原子吸收光谱仪,并选择合适的测定条件;
5. 会规范记录原始数据并进行结果计算。

◆ 素质目标

1. 培养精益求精的工匠精神,追求卓越的创新精神;
2. 树立正确的质量意识,增强检验过程中的节约和环保意识。

【背景知识】

铅在自然界中分布广泛,铅及其化合物是重要的工业原料。食品中的铅主要源于工业"三废"(废水、废气和固体废弃物)的排放,以及食品在生产、加工、包装和运输过程中接触到的设备、工具、容器和包装材料等;此外,含铅食品添加剂和加工助剂的使用也是铅进入食品中的重要途径。吸收进入血液的铅大部分与红细胞结合,随后逐渐以磷酸铅盐的形式蓄积于骨骼中,取代骨骼中的钙。铅在体内有蓄积作用,蓄积体内的铅对人体许多器官组织有不同程度的损害,对脑组织、造血系统和肾的损害最明显。铅是一种潜在的致癌物质,可导致染色体断裂、胚胎发育迟缓和畸形。儿童对铅较成人更敏感,可严重影响儿童的生长发育和智力。食品中铅的限量指标见《食品安全国家标准　食品中污染物限量》(GB 2762—2022)。

【技能性工作任务】

乳粉中铅的测定

◆ 任务描述

根据《食品安全国家标准　食品中污染物限量》(GB 2762—2022),乳及乳制品(生乳、巴氏杀菌乳、灭菌乳、调制乳、发酵乳除外)铅限量值为 0.2 mg/kg,生乳、巴氏杀菌乳、灭菌乳中限量 0.02 mg/kg,调制乳、发酵乳中限量 0.04 mg/kg。其检验方法依据《食品安全国家标准　食品中铅的测定》(GB 5009.12—2023)。标准中包括 3 种方法,当称样量为 0.5 g(或 0.5 mL),定容体积为 10 mL 时,第一法　石墨炉原子吸收光谱法的检出限为 0.02 mg/kg(或 0.02 mg/L);第二法　电感耦合等离子体质谱法的检出限为 0.02 mg/kg(或 0.005 mg/L);第三法　火焰原子吸收光谱法的检出限为 0.4 mg/kg(或 0.4 mg/L)。

实际工作中,常根据样品的特性选择合适的测定方法。现以石墨炉原子吸收光谱法检验食品中铅为例,学习食品中铅含量的测定。要求根据操作规程,结合实验室条件,制订检验方案,完成乳粉中铅含量的测定,如实记录和分析检测数据,规范地报告检测结果。

◆ 操作规程

食品中铅的测定操作规程(石墨炉原子吸收光谱法)

1. 目的

学会石墨炉原子吸收光谱法测定食品中铅的操作技能;学会石墨炉原子吸收光谱仪、微波消解仪的使用;能正确记录计算处理检测数据;能规范地报告检测结果。

2. 原理

试样消解处理后,经石墨炉原子化,在 283.3 nm 处测吸光度。在一定浓度范围内,铅的吸光度值与铅含量成正比,与标准系列比较定量。

3. 仪器与试剂

(1)主要仪器及使用规程

①原子吸收光谱仪(配石墨炉原子化器,附铅空心阴极灯)。

②可调式电热板或可调式电热炉。

③微波消解仪。

④分析天平(感量分别为 0.1 mg 和 1 mg)。

⑤恒温干燥箱。

⑥固相萃取柱:填料为亚氨基二乙酸型树脂或相当者(0.075~0.150 mm,0.5 g,1 mL)。

注:所有玻璃器皿及聚四氟乙烯消解内罐均需硝酸溶液(1+5)或硝酸溶液(1+4)浸泡过夜,用自来水反复冲洗,最后用水冲洗干净,并晾干。

(2)主要试剂

硝酸、高氯酸、磷酸二氢铵、硝酸钯。

(3)标准品及标准溶液配制

①硝酸铅[CAS 号:10099-74-8]:纯度大于 99.99%,或经国家认证并授予标准物质证书的铅标准溶液。

②标准溶液配制。

a. 铅标准储备液(1 000 mg/L):准确称取 1.598 5 g(精确至 0.000 1 g)硝酸铅,用少量硝酸溶液(1+9)溶解,移入 1 000 mL 容量瓶,加水至刻度,混匀。

b. 铅标准中间液(10.0 mg/L):准确吸取铅标准储备液(1 000 mg/L)1.00 mL 于 100 mL 容量瓶中,加硝酸溶液(5+95)至刻度,混匀。

c. 铅标准系列溶液:分别吸取铅标准中间液(1.00 mg/L)0 mL、0.2 mL、0.5 mL、1.0 mL、2.0 mL 和 4.0 mL 于 100 mL 容量瓶中,加硝酸溶液(5+95)至刻度,混匀。此铅标准系列溶液的质量浓度分别为 0 μg/L、2.0 μg/L、5.0 μg/L、10.0 μg/L、20.0 μg/L 和 40.0 μg/L。

注:可根据仪器的灵敏度及样品中铅的实际含量确定标准系列溶液中铅的质量浓度。除非另有说明,本方法所用试剂均为优级纯,水为现行国家标准 GB/T 6682 规定的二级水。

4. 操作步骤

(1)样品制备

采样和制备过程中,应注意不使样品污染。粮食、豆类等低含水量样品去壳去杂物后,取可食部分,必要时经高速粉碎机粉碎均匀,过 20 目筛,储于塑料瓶中,保存备用;蔬菜、水果、鱼类、肉类及蛋类等高含水量样品,用水洗净、晾干,取可食部分,匀浆均匀,储于塑料瓶中,保存备用;饮料、酒、醋、酱油、食用植物油、液态乳等液体样品摇匀,储于塑料瓶中,保存备用。

（2）试样预处理

①湿法消解:称取固体试样 0.2～3 g(精确至 0.001 g)或准确移取液体试样 0.50～5.00 mL 于带刻度消化管中,加入 10 mL 硝酸和 0.5 mL 高氯酸,在可调式电热炉上消解(参考条件:120 ℃/0.5～1 h;升至 180 ℃/2～4 h,升至 200～220 ℃)。若消化液呈棕褐色,再加少量硝酸,消解至冒白烟,消化液呈无色透明或略带黄色,赶酸至近干,停止消解,冷却后用水定容至 10 mL,混匀备用。同时做试剂空白试验。亦可采用锥形瓶,于可调式电热板上,按上述操作方法进行湿法消解。

②微波消解:称取固体试样 0.2～2 g(精确至 0.001 g)或准确移取液体试样 0.50～3.00 mL 于微波消解罐中,加入 5 mL 硝酸,按照微波消解的操作步骤消解试样。冷却后取出消解罐,在电热板上于 140～160 ℃赶酸至近干。消解罐放冷后,将消化液转移至 10 mL 容量瓶中,用少量水洗涤消解罐 2～3 次,合并洗涤液于容量瓶中并用水定容至刻度,混匀备用。同时做试剂空白试验。

③压力罐消解:称取固体试样 0.2～2 g(精确至 0.001 g)或准确移取液体试样 0.50～5.00 mL 于微波消解罐中,加入 5 mL 硝酸。盖好内盖,旋紧不锈钢外套,放入恒温干燥箱,于 140～160 ℃下保持 4～5 h。冷却后缓慢旋松外罐,取出消解内罐,放在可调式电热板上于 140～160 ℃赶酸至近干。冷却后将消化液转移至 10 mL 容量瓶中,用少量水洗涤内罐和内盖 2～3 次,合并洗涤液于容量瓶中并用水定容至刻度,混匀备用。同时做试剂空白试验。

注:食盐、酱油、腌渍食品、火锅底料和方便面盐包等高盐食品可采用除盐操作,具体操作步骤如下(摘自 GB 5009.12—2023 附录 B 除盐样品操作步骤):

B.1 试样消解

B.1.1 湿法消解

按①"称取固体试样……消化液呈无色透明或略带黄色,赶酸至近干"步骤操作,冷却后用乙酸钠溶液(2 mol/L)洗涤消解管 2～3 次,合并洗涤液于 25 mL 容量瓶中并用乙酸钠溶液(2 mol/L)定容至刻度,混匀备用(定容后溶液 pH 值为 4.5～6.5)。同时做试剂空白试验。

B.1.2 微波消解

按②"称取固体试样……在电热板上于 140～160 ℃赶酸至近干"步骤操作,冷却后用乙酸钠溶液(2 mol/L)洗涤消解罐 2～3 次,合并洗涤液于 25 mL 容量瓶中并用乙酸钠溶液(2 mol/L)定容至刻度,混匀备用(定容后溶液 pH 值为 4.5～6.5)。同时做试剂空白试验。

B.1.3 压力罐消解

按③"称取固体试样……电热板上于 140～160 ℃赶酸至近干"步骤操作,冷却后用乙酸钠溶液(2 mol/L)洗涤内罐和内盖 2～3 次,合并洗涤液于 25 mL 容量瓶中并用乙酸钠溶液定容至刻度,混匀备用(定容后溶液 pH 值为 4.5～6.5)。同时做试剂空白试验。

B.2 铅的分离

B.2.1 固相萃取柱的活化

吸取 10 mL 硝酸溶液(1+99)以 5 mL/min 的流速过柱,然后分别用 5 mL 水和 5 mL 乙酸铵溶液(1 mol/L)以 5 mL/min 的流速过柱。

B.2.2 铅的吸附与解吸

分别吸取试剂空白液和上述样液 25 mL,以 5 mL/min 的流速过柱,然后用 5 mL 乙酸铵溶液(1 mol/L)过柱洗涤,再用 10 mL 水分两次洗去乙酸铵溶液(1 mol/L),最后用 10 mL 硝酸(1+99)洗脱,收集洗脱液,备测。

(3)测定

①仪器参考条件:根据各自仪器性能调至最佳状态。参考条件为波长 283.3 nm,狭缝 0.5 nm,灯电流 8~12 mA,干燥温度 85~120 ℃,持续 40~50 s;灰化温度 750 ℃,持续 20~30 s,原子化温度 2 300 ℃,持续 4~5 s,背景校正为氘灯或塞曼效应。

②标准曲线的制作:按质量浓度由低到高的顺序分别将 10 μL 铅标准系列溶液和 5 μL 磷酸二氢铵-硝酸钯溶液(可根据所使用的仪器确定最佳进样量)同时注入石墨炉,原子化后测其吸光度值,以质量浓度为横坐标、吸光度值为纵坐标,制作标准曲线。

③试样溶液的测定:在与测定标准溶液相同的实验条件下,将 10 μL 空白溶液或试样溶液与 5 μL 磷酸二氢铵-硝酸钯溶液(可根据所使用的仪器确定最佳进样量)同时注入石墨炉,原子化后测其吸光度值,与标准系列比较定量。

(4)操作后清场

检查使用的仪器、设备水电是否关闭;仪器设备外表擦拭干净;剩余原料、试剂放到指定位置;打扫卫生;垃圾废物收集到指定位置。

(5)操作注意事项

①所用玻璃器皿及聚四氟乙烯消解内罐均需以(1+5)的硝酸溶液浸泡过夜,用水反复冲洗,最后用二级水冲洗干净。

②采样和制备过程中,应注意不使样品污染。

③湿法消解时,如采用锥形瓶,于可调式电热板上进行消解,要在锥形瓶上面盖上表面皿。

④微波消解时,取样量应<0.8 g,避免消解不完全。消化液转移时,用玻璃棒引流,避免溶液洒漏,一定要用少量水洗涤内罐和内盖 2~3 次,并将洗涤液转移至容量中。

⑤仪器条件可以根据仪器型号调整。

⑥标准系列溶液的浓度应根据样品中铅的含量进行调整。样品中铅的质量浓度一定要在标准曲线范围内。

5.结果计算与报告

(1)数据记录(填入操作手册中)

(2)结果计算

试样中铅的含量,按式(6.1)计算:

$$X = \frac{(\rho - \rho_0) \times V}{m \times 1\ 000} \tag{6.1}$$

式中　X——试样中铅的含量,mg/kg 或 mg/L;

　　　ρ——试样溶液中铅的质量浓度,μg/mL;

　　　ρ_0——空白溶液中铅的质量浓度,μg/mL;

　　　V——试样消化液的定容体积,mL;

　　　m——试样称样量或移取体积,g 或 mL;

　　　1 000——换算系数。

(3)质量标准

①当铅含量≥1.00 mg/kg(或 mg/L)时,计算结果保留三位有效数字。

②当铅含量<1.00 mg/kg(或 mg/L)时,计算结果保留两位有效数字。

③样品中铅含量≤0.1 mg/kg 时,在重复性条件下获得的两次独立测定结果的绝对差值不得超过算术平均值的20%。

【任务实施】

预习手册

任务名称			指导教师	
小组成员			学生姓名	
引导问题	问题回答			
本任务的误差可能来自哪些方面?				
本任务的关键在哪里?				
本任务的主要设备有哪些?	设备用具名称	规格/型号	使用数量	使用情况
本任务的主要试剂有哪些?	试剂耗材名称	试剂浓度	配制数量	配制过程	使用情况
问题和建议				
如何判断样品消化完全?				

操作手册

小组成员				指导教师	

操作前检查

检查内容	检查结果	检查人
是否按规定穿工作服,戴口罩、手套等防护用具	是□ 否□	
检查设备是否清洁,是否运转正常	是□ 否□	
检查检验设备的校验合格证是否在有效期内	是□ 否□	
检查操作现场水、电供应是否正常	是□ 否□	
检查试剂和耗材是否符合要求	是□ 否□	

操作过程记录

基本信息	样品名称		样品编号	
	生产单位		检测编号	
	生产批号		检测项目	
	检验依据		检测方法	

检测环境	室温/℃		相对湿度/%	

检测设备	设备名称	
	精度	
	设备编号	

标准物质	铅标准储备液浓度:		铅标准工作液浓度:	

石墨炉原子吸收仪检测条件	检测波长:	283.3 nm	狭缝宽度:	0.5 nm
	灯电流:	8~12 mA	背景校正:	氘灯或塞曼效应
	原子化条件:干燥温度 85~120 ℃,持续 40~50 s; 灰化温度 750 ℃,持续 20~30 s; 原子化温度 2 300 ℃,持续 4~5 s。			

检测数据	工作曲线	序号	1	2	3	4	5	6
		铅标准工作液体积/mL						
		铅标质量浓度/($\mu g \cdot L^{-1}$)						
		吸光值						
		曲线方程						
	样品测定	样品质量 m/g	样1:		样2:		试剂空白:—	
		空白与样品消化方法						
		样品与空白消解液定容体积 V/mL						
		测定吸光值						

续表

结果计算	试样中铅质量浓度 $\rho/(\mu g \cdot L^{-1})$			
	试样中铅含量 $X/(mg \cdot kg^{-1})$			
	试样中铅含量平均值/$(mg \cdot kg^{-1})$			
	相对相差/%			
	计算公式	$X = \dfrac{(\rho - \rho_0) \times V}{m \times 1\ 000}$		

结果报告

检验员：　　　　　　　　　　复核人：

日　期：　　　　　　　　　　日　期：

操作后清场			
清场项目	清场结果	清场人	复核人
仪器清洁,设备外表擦拭干净	合格□　不合格□		
工具擦拭或清洗干净,放到指定位置	合格□　不合格□		
地面、台面清洁干净	合格□　不合格□		
实验垃圾及废物收集到指定位置	合格□　不合格□		
关好水、电及门窗	合格□　不合格□		
指导教师签字：		年　　月　　日	

【任务考评】

技能性工作任务考核表

任务名称		学生姓名				
考核指标	评价内容	分值/分	得分/分			
			自评	互评	组长评	教师评
预习考核	预习手册填写情况	5				
	实操方案设计情况	5				
任务实施过程考核	操作规范性,熟练度	10				
	操作规程执行情况	10				
	记录填写情况(及时、准确、清晰、整洁、真实)	10				
	清场情况	5				

续表

考核指标	评价内容	分值/分	得分/分			
			自评	互评	组长评	教师评
任务结果考核	结果计算准确	5				
	有效数字位数保留适当	5				
	精密度符合要求	5				
	结果报告简洁、明确	5				
职业素养考核	遵守纪律:遵守实验室规章制度,不迟到早退,不无故请假,不脱岗串岗	5				
	安全意识:穿工作服,戴防护用品,爱护仪器设备,不乱丢乱倒原料试剂等	5				
	环保意识:台面清洁,不乱丢废弃物,节约用水、用电,集中处理废液废物	5				
	团队协作、沟通交流能力:服从组长安排,配合良好,积极主动地完成本岗位任务	5				
	学习能力:有较强的自主学习能力和创新意识	5				
	严谨、求实、诚信的品质,责任意识和质量意识	5				
	精益求精、爱岗敬业、精细操作的劳动精神	5				
总计		100				

【交流探讨】

1. 完成这个任务后你有什么收获? 有哪些未解决的问题或疑惑的地方?

2. 食品中铅的来源有哪些?

3. 简述用石墨炉原子吸收光谱法测定含盐食品铅时样品的脱盐操作。

4. 石墨炉原子吸收光谱法在测定铅的过程中加入磷酸二氢铵-硝酸钯溶液的作用是什么?

食品中铅的测定相关知识

课后练习

任务二　食品中砷的测定

【任务目标】

◆ 知识目标

1. 理解砷测定的意义;

2.掌握氢化物发生原子荧光光谱法测定有砷的原理及操作技术要求。

◆ 能力目标

1.会查国标,并能根据国标及分析对象选择合适的分析方法;

2.会样品的消化及微波消解仪的操作;

3.会配制砷标准溶液;

4.会正确使用原子荧光光谱仪,并选择合适的测定条件;

5.会规范记录原始数据并进行结果计算。

◆ 素质目标

1.培养精益求精的工匠精神,追求卓越的创新精神;

2.树立正确的质量意识,增强检验过程中的节约和环保意识。

【背景知识】

砷广泛存在于自然界中,可以通过多种途径进入食品中。常见的食品污染有:含砷农药的使用,如砷酸铅、甲基砷酸钙、亚砷酸钠和三氧化二砷等;食品加工时,使用一些含砷的化学物质作原料或食品添加剂;畜牧业生产中使用含砷化合物作为生长促进剂;环境砷污染等,如砷矿的开采和熔炼,含砷"三废"向环境中排放,造成食品污染。水生生物能富集砷,因此海产品中砷含量较高。

单质砷毒性小,但砷化合物都有毒。砷及其化合物能使红细胞溶解,破坏其正常生理机能,能与蛋白质和酶中的巯基结合,使酶失去活性。砷有蓄积性,可引起人体的急、慢性中毒。急性中毒可引起重度胃肠道损伤和心脏功能失调。慢性中毒主要表现为神经衰弱、皮肤色素沉着及过度角化等。国际癌症研究机构确认,无机砷化合物具有致突变、致畸、致癌等作用,可引起人类肺癌和皮肤癌。

根据《食品安全国家标准 食品中污染物限量》(GB 2762—2022)规定,食品中砷的限量指标见表6-2-1。

表6-2-1　食品中砷的限量指标

食品类别(名称)	限量(以 As 计)/(mg·kg^{-1})	
	总砷	无机砷[b]
谷物及其制品		
谷物(稻谷[a]除外)	0.5	—
稻谷[a]	—	0.35
谷物碾磨加工品[糙米、大米(粉)除外]	0.5	—
糙米	—	0.35
大米(粉)	—	0.2
水产动物及其制品(鱼类及其制品除外)		0.5
鱼类及其制品		0.1
蔬菜及其制品		
新鲜蔬菜	0.5	—

续表

食品类别(名称)	限量(以 As 计)/(mg·kg⁻¹)	
	总砷	无机砷b
食用菌及其制品(松茸及其制品、木耳及其制品、银耳及其制品除外)	—	0.5
松茸及其制品	—	0.8
木耳及其制品、银耳及其制品	—	0.5(干重计)
肉及肉制品	0.5	—
乳及乳制品		
生乳、巴氏杀菌乳、灭菌乳、调制乳、发酵乳	0.1	—
乳粉和调制乳粉	0.5	—
油脂及其制品(鱼油及其制品、磷虾油及其制品除外)	0.1	—
鱼油及其制品、磷虾油及其制品		0.1
调味品(水产调味品、复合调味料和香辛料类除外)	0.5	—
水产调味品(鱼类调味品除外)	—	0.5
鱼类调味品	—	0.1
复合调味料	—	0.1
食糖及淀粉糖	0.5	—
饮料类		
包装饮用水	0.01 mg/L	—
可可制品、巧克力和巧克力制品以及糖果		
可可制品、巧克力和巧克力制品	0.5	—
特殊膳食用食品		
婴幼儿辅助食品		
婴幼儿谷类辅助食品(添加藻类的产品除外)	—	0.2
添加藻类的产品	—	0.3
婴幼儿罐装辅助食品(以水产及动物肝脏为原料的产品除外)	—	0.1
以水产及动物肝脏为原料的产品	—	0.3
辅食营养补充品	0.5	—
运动营养食品		
固态、半固态或粉状	0.5	—
液态	0.2	—
孕妇及乳母营养补充食品	0.5	—

注:划"—"者指无相应限量要求。

a. 稻谷以糙米计。

b. 对于制定无机砷限量的食品可先测定其总砷,当总砷水平不超过无机砷限量值时,可判定符合限量要求而不必测定
无机砷;否则,需测定无机砷含量再做决定。

【技能性工作任务】

乳粉中总砷的测定

◆ **任务描述**

根据《食品安全国家标准 食品中污染物限量》(GB 2762—2022),乳及乳制品中生乳、巴氏杀菌乳、灭菌乳、调制乳、发酵乳中总砷限量值为 0.1 mg/kg,乳粉和调制乳粉中限量 0.5 mg/kg。其检测方法依据《食品安全国家标准 食品中总砷及无机砷的测定》(GB 5009.11—2024)。标准中第一篇规定了食品中总砷含量测定的 3 种方法,第二篇规定了食品中无机砷含量测定的 2 种方法。现以氢化物发生原子荧光光谱法为例,学习食品中总砷含量的测定。要求根据操作规程,结合实验室条件,制定检验方案,完成乳粉中总砷含量的测定,如实记录和分析检测数据,规范地报告检测结果。

◆ **操作规程**

食品中总砷的测定操作规程(氢化物发生原子荧光光谱法)

1. 目的

学会氢化物发生原子荧光光谱法测定食品中总砷的操作技能;学会原子荧光光谱仪的使用;能够进行样品处理;能正确记录计算处理检测数据;能规范地报告检测结果。

2. 原理

试样经消解处理后,加入硫脲使五价砷预还原为三价砷,再加入硼氢化钠或硼氢化钾使三价砷进一步还原生成砷化氢,由氩气载入石英原子化器中分解为原子态砷,在砷空心阴极灯的发射光激发下产生原子荧光,其荧光强度在固定条件下与被测液中的砷浓度成正比,与标准系列比较定量。

3. 仪器与试剂

(1) 主要仪器

电子天平(感量为 0.01 mg、0.1 mg 和 1 mg)、压力消解罐、可调式控温电热板或石墨消解仪(最高温度不低于 350 ℃,控温精度±5 ℃)、马弗炉、恒温干燥箱(控温精度±2 ℃)、原子荧光光谱仪。

(2) 主要试剂与配制

① 试剂。

a. 氢氧化钠、氢氧化钾、盐酸、硝酸、硫酸、高氯酸均为优级纯。

b. 硼氢化钾、硫脲、硝酸镁、氧化镁均为分析纯。

c. 抗坏血酸:分析纯。

d. 三氧化二砷(CAS 号:1327-53-3)标准品:纯度≥99.5%。

e. 过氧化氢:30%。

② 试剂配制。

a. 氢氧化钾溶液(5 g/L):称取 5.0 g 氢氧化钾,溶于水并稀释至 1 000 mL,混匀。

b. 硼氢化钾溶液(20 g/L):称取 20.0 g 硼氢化钾,溶于 1 000 mL 5 g/L 氢氧化钾溶液中,混匀。临用现配。

c. 硫脲+抗坏血酸溶液:称取 10.0 g 硫脲,加约 80 mL 水,加热溶解,待冷却后加入 10.0 g 抗坏血酸,稀释至 100 mL,混匀。临用现配。

d. 氢氧化钠溶液(100 g/L):称取 10.0 g 氢氧化钠,溶于水并稀释至 100 mL,混匀。

e. 硝酸镁溶液(150 g/L):称取 15.0 g 硝酸镁,溶于水并稀释至 100 mL,混匀。

f. 盐酸溶液(1+1):量取 100 mL 盐酸,缓缓倒入 100 mL 水中,混匀。

g. 硫酸溶液(1+9):量取硫酸 100 mL,缓缓倒入 900 mL 水中,混匀。

h. 硝酸溶液(2+98):量取硝酸 20 mL,缓缓倒入 980 mL 水中,混匀。

注:本方法也可用硼氢化钠(20 g/L)作为还原剂:称取 20 g 硼氢化钠,溶于 1 000 mL 5 g/L 氢氧化钠溶液中,混匀。可根据仪器的灵敏度调整硼氢化钾或硼氢化钠溶液的浓度。临用现配。

③标准溶液配制。

a. 砷标准储备液(100 mg/L,按 As 计):准确称取于 100 ℃ 干燥 2 h 的三氧化二砷标准品 0.013 2 g,加 1 mL 氢氧化钠溶液(100 g/L)和少量水溶解,转入 100 mL 容量瓶中,加入适量盐酸调整其酸度近中性,加水稀释至刻度。2～8 ℃ 避光保存,有效期 1 年。或经国家认证并授予标准物质证书的砷标准溶液物质。

b. 砷标准使用液(1.00 mg/L,按 As 计):准确吸取 1.00 mL 砷标准储备液(100 mg/L)于 100 mL 容量瓶中,用硝酸溶液(2+98)稀释至刻度。于 2～8 ℃ 避光保存,有效期 3 个月。

注:除非另有说明,本方法所用试剂均为优级纯,水为现行国家标准 GB/T 6682 规定的一级水。

4. 操作步骤

(1)样品制备

在采样和制备过程中,应注意不使试样污染。粮食、豆类等样品去杂物后,取可食部分粉碎均匀,装入洁净聚乙烯瓶中,密封保存备用;蔬菜、水果、鱼类、肉类及蛋类等新鲜样品,洗净晾干,取可食部分匀浆,装入洁净聚乙烯瓶中,密封,于 4 ℃ 冰箱冷藏备用。

(2)试样消解

①湿法消解:固体试样称取 0.5～2.5 g(精确至 0.001 g)液体试样称取 5.0～10.0 g(精确至 0.001 g)于消解瓶或消解管中,加 20 mL 硝酸,4 mL 高氯酸,1.25 mL 硫酸,放置过夜。次日,于 120～200 ℃ 逐级升温加热消解,若消解液处理至 5 mL 左右时仍有未分解物质或色泽变深,取下放冷后补加硝酸 5～10 mL,再消解至 2 mL 左右,如此反复两三次,注意避免炭化,继续加热消解至消解液 1 mL 左右,呈无色澄清,且消解瓶或消解管中充满白烟(对于有机砷较高的水产品及其制品、食用菌及其制品、鱼油及其制品、磷虾油及其制品、藻类及其制品等样品,将消解温度升至 280～300 ℃ 继续加热消解至消解液为 0.5 mL 左右,呈无色澄清,且消解瓶或消解管中充满白烟)。冷却后,沿消解容器器壁缓慢加水约 10 mL,再蒸发至消解瓶或消解管中充满白烟。冷却,用水将消解液转入 25 mL 容量瓶或比色管中,加入 2 mL 硫脲+抗坏血酸溶液,用水定容至刻度,混匀,放置 30 min,待测。同时做空白试验。

②干灰化法:固体试样称取 1.0～2.5 g(精确至 0.001 g)液体试样(油脂样品除外)称取 4.0 g(精确至 0.001 g),置于 50～100 mL 坩埚中。加 10 mL 硝酸镁溶液(150 g/L)混匀,低热蒸干,将 1 g 氧化镁覆盖在干渣上(对于油脂样品称取 1.00 g 于 50～100 mL 坩埚中,直接加入 0.2 g 氧化镁覆盖在油脂上),于电炉上炭化至无黑烟,移入 550 ℃ 马弗炉灰化 4 h。取出放冷,小心加入 5～10 mL 盐酸溶液(1+1)以中和氧化镁并溶解灰分,转入 25 mL 容量瓶或比色管,向容量瓶或比色管中加入 2 mL 硫脲+抗坏血酸溶液,另用硫酸溶液(1+9)分次洗涤坩埚后,合并洗涤液并定容至刻度,混匀,放置 30 min,待测。同时做空白试验。

③微波消解法:固体试样和油脂及其制品试样称取 0.2 ~ 0.8 g(精确至 0.001 g),含水分较多的试样或液体试样称取 1.0 ~ 3.0 g(精确至 0.001 g)于消解罐中,加入 5 ~ 8 mL 硝酸,放置 30 min 以上。对于肉类、油脂等难消解的样品再加入 0.5 ~ 1 mL 过氧化氢,盖好安全阀,将消解罐放入微波消解系统中。根据不同类型的样品,设置适宜的微波消解程序(参考条件:120 ℃升温 5 min、保温 5 min→160 ℃升温 5 min、保温 10 min→190 ℃升温 5 min、保温 25 min),按相关步骤进行消解,消解结束后,于 135 ~ 145 ℃赶酸至 1 ~ 2 mL。将消化液转移至 25 mL 容量瓶或比色管,用少量硫酸溶液(1+9)洗涤消解罐 3 次,合并洗涤液于容量瓶或比色管中,并加入 2 mL 硫脲+抗坏血酸溶液,用硫酸溶液(1+9)定容至刻度,混匀,放置 30 min,待测。同时做空白试验。

注:微波消解法不适用有机砷含量较高的水产动物及其制品、食用菌及其制品、鱼油、磷虾油及其制品、水产调味品、藻类及其制品等基质复杂的样品。

④压力罐消解法:固体试样和油脂及其制品试样称取 0.2 ~ 1.0 g(精确至 0.001 g),鲜样或液体试样称取 1.0 ~ 5.0 g(精确至 0.001 g)于消解内罐中,加入 5 mL 硝酸浸泡过夜。盖好内盖,旋紧不锈钢外套,放入恒温干燥箱,140 ~ 160 ℃保持 3 ~ 4 h,自然冷却至室温,然后缓慢旋松不锈钢外套,将消解内罐取出,放在控温电热板上 135 ~ 145 ℃赶酸至 1 ~ 2 mL。将消化液转移至 25 mL 容量瓶或比色管,用少量硫酸溶液(1+9)洗涤消解罐 3 次,合并洗涤液于容量瓶或比色管中,并加入 2 mL 硫脲+抗坏血酸溶液,用硫酸溶液(1+9)定容至刻度,混匀,放置 30 min,待测。同时做空白试验。

注:压力罐消解法不适用有机砷含量较高的水产动物及其制品、食用菌及其制品、鱼油、磷虾油及其制品、水产调味品、藻类及其制品等基质复杂的样品。

(3)测定

①仪器参考条件:根据各自仪器性能调至最佳状态。负高压:260 V;砷空心阴极灯电流:50 ~ 80 mA;载气:氩气;载气流速:500 mL/min;屏蔽气流速:800 mL/min;测量方式:荧光强度;读数方式:峰面积;载流液:HCl。还原剂:硼氢化钾溶液(20 g/L)。

②标准曲线的制作。

a. 配制砷标准系列溶液:取 25 mL 容量瓶或比色管 7 支,依次准确加入砷标准使用液(1.00 μg/mL)0.00 mL、0.05 mL、0.10 mL、0.25 mL、0.50 mL、1.5 mL 和 3.0 mL(分别相当于砷浓度 0.0 μg/L、2.0 μg/L、4.0 μg/L、10.0 μg/L、20.0 μg/L、60.0 μg/L 和 120.0 μg/L),各加硫酸溶液(1+9)12.5 mL,硫脲+抗坏血酸溶液 2 mL,补加水至刻度,混匀后放置 30 min 后测定。临用现配。

b. 仪器预热稳定后,将试剂空白、标准系列溶液依次引入仪器进行原子荧光强度的测定。以原子荧光强度为纵坐标,砷质量浓度为横坐标,制作标准曲线,得到回归方程。

③试样溶液的测定。

在相同条件下,将空白溶液和样品溶液分别引入仪器进行测定。根据回归方程计算出样品中砷元素的质量浓度。

(4)操作后清场

检查使用的仪器、设备水电是否关闭;仪器设备外表擦拭干净;剩余原料、试剂放到指定位置;打扫卫生;垃圾废物收集到指定位置。

(5)操作注意事项

①所用玻璃器皿及聚四氟乙烯消解内罐均需以(1+4)的硝酸溶液浸泡过夜,用水反复冲

洗,最后用二级水冲洗干净。

②采样和制备过程中,应注意不使样品污染。

③湿法消解时,注意补充硝酸,避免碳化。

④硫脲+抗坏血酸溶液现配现用,且要与样品充分反应。

⑤仪器条件可以根据仪器型号调整。

⑥标准系列溶液的浓度应根据样品中砷的含量进行调整。样品中砷的浓度一定要在标准曲线范围内。

5.结果计算与报告

(1)数据记录(填入操作手册中)

(2)结果计算

试样中砷的含量,按式(6.2)计算:

$$X = \frac{(\rho - \rho_0) \times V \times 1\,000}{m \times 1\,000 \times 1\,000} \tag{6.2}$$

式中　X——试样中砷含量,mg/kg;

　　　ρ——试样溶液中砷的含量,μg/L;

　　　ρ_0——空白溶液中砷的含量,μg/L;

　　　V——试样消化液定容体积,mL;

　　　m——试样称样量,g;

　　　1 000——换算系数。

(3)质量标准

①当砷含量<1.00 mg/kg 时,计算结果保留两位有效数字。

②样品中砷含量≤0.10 mg/kg 时,在重复性条件下获得的两次独立测定结果的绝对差值不得超过算术平均值的20%。

【任务实施】

预习手册

任务名称		指导教师	
小组成员		学生姓名	
引导问题	问题回答		
本任务的误差可能来自哪些方面?			
本任务的关键在哪里?			

引导问题	问题回答			
	设备用具名称	规格/型号	使用数量	使用情况
本任务的主要设备有哪些？				
	试剂耗材名称	试剂浓度	配制数量	配制过程	使用情况
本任务的主要试剂有哪些？					
问题和建议				
1. 湿法消解时，样品中加入酸后，放置过夜的目的是什么？ 2. 在消解液中加入硫脲+抗坏血酸溶液的作用是什么？				

操作手册

小组成员		指导教师	
操作前检查			
检查内容	检查结果		检查人
是否按规定穿工作服,戴口罩、手套等防护用具	是□ 否□		
检查设备是否清洁,是否运转正常	是□ 否□		
检查检验设备的校验合格证是否在有效期内	是□ 否□		
检查操作现场水、电供应是否正常	是□ 否□		
检查试剂和耗材是否符合要求	是□ 否□		
操作过程记录			
基本信息	样品名称		样品编号	
	生产单位		检测编号	
	生产批号		检测项目	
	检验依据		检测方法	
检测环境	室温/℃		相对湿度/%	

续表

检测设备	设备名称			
	精度			
	设备编号			
标准物质	砷标准储备液浓度:		砷标准使用液浓度:	
原子荧光吸收仪检测条件	负高压:260 V	灯电流:50~80 mA	载气:氩气,500 mL/min	屏蔽气流速:800 mL/min
	测量方式:荧光强度	读数方式:峰面积	载流液:HCl	还原剂:KBH_4

检测数据									
	工作曲线	序号	1	2	3	4	5	6	
		砷标准使用液体积/mL							
		砷标质量浓度/(ng·mL^{-1})							
		原子荧光强度(峰面积)							
		曲线方程							
	样品测定	样品质量 m/g	样1:		样2:		试剂空白:		
		空白与样品消化方法							
		样品与空白消解液的定容体积 V/mL							
		样品原子荧光强度(峰面积)							

结果计算	试样中砷质量浓度 ρ/(ng·mL^{-1})	
	试样中砷含量 X/(mg·kg^{-1})	
	试样中铅含量平均值/(mg·kg^{-1})	
	相对相差/%	
	计算公式	$$X = \frac{(\rho - \rho_0) \times V \times 1\,000}{m \times 1\,000 \times 1\,000}$$

结果报告	

检验员:　　　　　　　　　　复核人:

日　期:　　　　　　　　　　日　期:

操作后清场			
清场项目	清场结果	清场人	复核人
仪器清洁,设备外表擦拭干净	合格□　不合格□		
工具擦拭或清洗干净,放到指定位置	合格□　不合格□		

续表

清场项目	清场结果	清场人	复核人
地面、台面清洁干净	合格□　不合格□		
实验垃圾及废物收集到指定位置	合格□　不合格□		
关好水、电及门窗	合格□　不合格□		
指导教师签字：		年　　月　　日	

【任务考评】

技能性工作任务考核表

任务名称		学生姓名				
考核指标	评价内容	分值/分	得分/分			
			自评	互评	组长评	教师评
预习考核	预习手册填写情况	5				
	实操方案设计情况	5				
任务实施过程考核	操作规范性,熟练度	10				
	操作规程执行情况	10				
	记录填写情况(及时、准确、清晰、整洁、真实)	10				
	清场情况	5				
任务结果考核	结果计算准确	5				
	有效数字位数保留适当	5				
	精密度符合要求	5				
	结果报告简洁、明确	5				
职业素养考核	遵守纪律:遵守实验室规章制度,不迟到早退,不无故请假,不脱岗串岗	5				
	安全意识:穿工作服,戴防护用品,爱护仪器设备,不乱丢乱倒原料试剂等	5				
	环保意识:台面清洁,不乱丢废弃物,节约用水、用电,集中处理废液废物	5				
	团队协作、沟通交流能力:服从组长安排,配合良好,积极主动地完成本岗位任务	5				
	学习能力:有较强的自主学习能力和创新意识	5				
	严谨、求实、诚信的品质,责任意识和质量意识	5				
	精益求精、爱岗敬业、精细操作的劳动精神	5				
总计		100				

【交流探讨】

1.完成这个任务后你有什么收获？有哪些未解决的问题或疑惑的地方？

2.如何判断样品消解完全？如果消化不完全,该如何处理?

食品中砷的
测定相关
知识

课后练习

任务三　食品中镉的测定

【任务目标】

◆ 知识目标

1.理解镉测定的意义;

2.掌握样品消化的方法与原理;

3.掌握石墨炉原子吸收光谱法测定镉的原理及操作技术要求。

◆ 能力目标

1.会查国标,并能根据国标及分析对象选择合适的分析方法;

2.会样品的消化及微波消解仪的操作;

3.会配制镉标准溶液;

4.会正确使用原子吸收光谱仪,并选择合适的测定条件;

5.会规范记录原始数据并进行结果计算。

◆ 素质目标

1.培养精益求精的工匠精神,追求卓越的创新精神;

2.树立正确的质量意识,增强检测过程中的节约和环保意识。

【背景知识】

镉在自然界中分布广泛,主要以硫化物的形式与锌、铅、铜、锰等金属共存。食品中的镉主要源于工业污染以及含镉农药和化肥的使用。水稻、苋菜、向日葵和蕨类植物对镉的吸收力较强,此外,水生生物对镉也有很强的富集作用。有些食品容器和包装材料,特别是金属容器,与食品接触也可能造成污染。联合国环境规划署列出的 12 种全球性危险化学物质中,镉位于首位。镉是一种蓄积性毒物,主要蓄积在肾和肝内。镉对体内巯基酶有很强的抑制作用,镉中毒主要损害肾、骨骼和消化系统。肾损伤使骨钙迁移而发生骨质疏松和病理性骨折。镉及其化合物对动物和人体有一定的致畸、致癌和致突变作用。

《食品安全国家标准　食品中污染物限量》(GB 2762—2022)规定食品中镉的含量为:稻谷、糙米、大米、豆类、叶菜类蔬菜、芹菜、黄花菜限量值为 0.2 mg/kg;肉及肉制品(畜禽内脏及其制品除外),鲜、冻鱼类限量值为 0.1 mg/kg;蛋及蛋制品限量值为 0.05 mg/kg。

【技能性工作任务】

大米中镉的测定

◆ 任务描述

根据《食品安全国家标准　食品中污染物限量》(GB 2762—2022),大米中镉的限量值为 0.2 mg/kg。其检测方法依据《食品安全国家标准　食品中镉的检测》(GB 5009.15—2023),采用石墨炉原子吸收光谱法测定食品中镉含量。要求根据操作规程,结合实验室条件,制定检验方案,完成大米中镉含量的测定,如实记录和分析检测数据,规范地报告检测结果。

◆ 操作规程

食品中镉的测定操作规程(石墨炉原子吸收光谱法)

1. 目的

学会石墨炉原子吸收光谱法测定食品中镉含量的操作技能;学会原子吸收光谱仪的使用;能进行样品制备与消化;能正确记录计算处理检测数据;能规范地报告检测结果。

2. 原理

试样经消解处理后,经石墨炉原子化,在 228.8 nm 处测定吸光度。在一定浓度范围内镉的吸光度值与镉含量成正比,与标准系列溶液比较定量。

3. 仪器与试剂

(1)主要仪器

电子天平(感量为 0.1 mg 和 1 mg)、可调式控温电热板或可调式控温电热炉、微波消解仪、恒温干燥箱、原子吸收光谱仪(配石墨炉原子化器,附镉空心阴极灯)、样品粉碎设备(匀浆机、高速粉碎机)。

(2)主要试剂

①硝酸、高氯酸、磷酸二氢铵、硝酸钯,均为优级纯。

②氯化镉(CAS 号:7790-78-5):纯度>99.99%,或经国家认证并授予标准物质证书的标准品。

(3)试剂配制

①硝酸溶液(5+95):量取 50.0 mL 硝酸,缓慢加入 950 mL 水中,混匀。

②硝酸溶液(1+9):量取 50.0 mL 硝酸,缓慢加入 450 mL 水中,混匀。

③磷酸二氢铵溶液-硝酸钯混合溶液:称取 0.02 g 硝酸钯,加少量硝酸溶液(1+9)溶解后,再加入 2 g 磷酸二氢铵,溶解后用硝酸溶液(5+95)定容至 100 mL,混匀。

(4)标准溶液配制

①镉标准储备液(100 mg/L):准确称取氯化镉 0.203 2 g,用少量硝酸溶液(1+9)溶解,移入 1 000 mL 容量瓶中,加水至刻度,混匀。此溶液中镉的质量浓度为 100 mg/L。

②镉标准中间液(100 μg/L):准确吸取镉标准储备液(100 mg/L)1.00 mL 于 10 mL 容量瓶中,加硝酸溶液(5+95)至刻度,混匀。再准确吸取上述溶液 1.00 mL 于 100 mL 容量瓶中,加硝酸溶液(5+95)至刻度,混匀。此溶液镉的质量浓度为 100 μg/L。

③镉标准系列工作液:分别准确吸取镉标准中间液(100 μg/L) 0 mL、0.200 mL、0.500 mL、1.00 mL、2.00 mL 和 4.00 mL 于 100 mL 容量瓶中,加硝酸溶液(5+95)至刻度,混匀。此系列溶液镉的质量浓度分别为 0 μg/L、0.200 μg/L、0.500 μg/L、1.00 μg/L、2.00 μg/L 和 4.00 μg/L。临用现配。

注:可根据仪器的灵敏度及样品中镉的实际含量调整标准系列工作液中镉的质量浓度。

4. 操作步骤

(1)样品制备

①粮食、豆类、谷物、菌类、茶叶、干制水果和焙烤食品等低含水量样品,取可食部分,必要时经高速粉碎机粉碎均匀。

②固体乳制品、蛋白粉、面粉等均匀粉状样品,摇匀。

③蔬菜、水果、水产品等高含水量样品,必要时洗净、晾干,取可食部分匀浆均匀。

④肉类、蛋类等样品,取可食部分匀浆均匀。

⑤经解冻的速冻食品及罐头样品,取可食部分匀浆均匀。

⑥饮料、酒、醋、酱油、食用植物油、液态乳等液体样品,摇匀。

(2)试样消解(根据实验条件任选一种方法消解),称量时应保证样品的均匀性。

①湿法消解:固体试样称取 0.2 ~ 3 g(精确至 0.001 g),液体试样移取或称取 0.500 ~ 5.00 mL(g)(精确至 0.001 g)于刻度消化管中,含乙醇或二氧化碳的样品先低温加热除去乙醇或二氧化碳,加入 10 mL 硝酸和 0.5 mL 高氯酸,在可调式电热板上逐级升温加热消解(参考条件:120 ℃保持 0.5 ~ 1 h,升至 180 ℃保持 2 ~ 4 h,升至 200 ~ 220 ℃)。若消解液呈棕褐色,冷却后,再加少量硝酸,消解至冒白烟,消化液呈无色透明或略带黄色,赶酸至 1 mL 左右后取出消化管,冷却后用水定容至 10 mL 或 25 mL,混匀备用。同时做空白试验。

②微波消解法:固体试样称取 0.2 ~ 0.5 g(精确至 0.001 g),液体试样准确移取或称取 0.500 ~ 3.00 mL(g)(精确至 0.001 g)于微波消解罐中,含乙醇或二氧化碳的样品先低温加热除去乙醇或二氧化碳,加入 5 ~ 10 mL 硝酸,按微波消解操作步骤消解试样(参考条件:120 ℃升温 5 min、保温 5 min→160 ℃升温 5 min、保温 10 min→180 ℃升温 5 min、保温 10 min)。必要时,在加酸后加盖放置 1 h 或过夜后再按微波消解操作步骤消解试样。冷却后取出消解罐,于 140 ~ 160 ℃赶酸至 1 mL 左右。消解罐放冷后,将消化液转移至 10 mL 或 25 mL 容量瓶中,用少量水洗涤消解罐 2 ~ 3 次,合并洗涤液于容量瓶中,并用水定容至刻度,混匀,待测。同时做空白试验。

③压力罐消解法:固体试样称取 0.2 ~ 1 g(精确至 0.001 g,含水分较多的样品可增加取样量到 2 g),液体试样准确移取或称取 0.500 ~ 5.00 mL(g)(精确至 0.001 g)于消解内罐中,含乙醇或二氧化碳的样品先低温加热除去乙醇或二氧化碳,加入 5 ~ 10 mL 硝酸。盖好内盖,旋紧不锈钢外套,放入恒温干燥箱,于 140 ~ 160 ℃保持 4 ~ 5 h。必要时,在加酸后加盖放置 1 h 或过夜后再旋紧不锈钢外套,放入恒温干燥箱消解试样。冷却后缓慢旋松不锈钢外套,取出消解内罐,于 140 ~ 160 ℃赶酸至 1 mL 左右。冷却后,将消化液转移至 10 mL 或 25 mL 容量瓶中,用少量水洗涤内罐和内盖 2 ~ 3 次,合并洗涤液于容量瓶中,并用水定容至刻度,混匀,待测。同时做空白试验。

(3)测定

①仪器参考条件。根据所用仪器型号将仪器调至最佳状态。原子吸收分光光度计(附石墨炉及镉空心阴极灯)测定参考条件如下:波长 228.8 nm;狭缝 0.8 nm;灯电流 5 ~ 7 mA;干燥

温度 85 ~ 120 ℃,干燥时间 30 ~ 50 s;灰化温度 450 ~ 650 ℃,灰化时间 15 ~ 30 s;原子化温度 1 500 ~ 2 000 ℃,原子化时间 4 ~ 5 s,背景校正为氘灯或塞曼效应。

②标准曲线的制作。按质量浓度由低到高的顺序分别取 10 μL 标准系列工作液、5 μL 磷酸二氢铵溶液-硝酸钯混合溶液(可根据仪器实际情况选择最佳进样量),同时注入石墨管,原子化后测其吸光度值。以质量浓度为横坐标,吸光度值为纵坐标,绘制标准曲线。

标准曲线制作要用不少于 5 个点的镉标准系列溶液,相关系数不应小于 0.995。如果有自动进样装置,也可用程序稀释来配制标准系列。

③试样溶液的测定。在测定标准系列工作液相同的试验条件下,吸取 10 μL 空白溶液或样品消化液、5 μL 磷酸二氢铵溶液-硝酸钯混合溶液(可根据仪器实际情况选择最佳进样量),同时注入石墨管,原子化后测其吸光度值。根据标准曲线得到待测液中镉的质量浓度,平行测定次数不少于两次。若测定结果超出标准曲线范围,用硝酸溶液(5+95)稀释后再测定。

(4)操作后清场

检查使用的仪器、设备水电是否关闭;仪器设备外表擦拭干净;剩余原料、试剂放到指定位置;打扫卫生;垃圾废物收集到指定位置。

(5)操作注意事项

①所用玻璃器皿及聚四氟乙烯消解内罐均需以的硝酸溶液(1+4)浸泡过夜,用水反复冲洗,最后用二级水冲洗干净。

②采样和制备过程中,应注意不使样品污染。

③微波消解时,取样量应<0.5 g,避免消解不完全。消化液转移时,用玻璃棒引流,避免溶液洒漏,一定要用少量水洗涤内罐和内盖 2 ~ 3 次,并将洗涤液转移至容量中。

④仪器条件可以根据仪器型号调整。

⑤标准系列溶液的浓度应根据样品中镉的含量进行调整。样品中镉的浓度一定要在标准曲线范围内。

⑥磷酸二氢铵溶液-硝酸钯混合溶液是基体改进剂,测定标准系列溶液、空白溶液、试样消解液时要等量加入。

5.结果计算与报告

(1)数据记录(填入操作手册中)

(2)结果计算

试样中镉的含量,按式(6.3)计算:

$$X = \frac{(\rho - \rho_0) \times f \times V}{m \times 1\,000} \tag{6.3}$$

式中　X——试样中镉含量,mg/kg 或 mg/L;

　　　ρ——试样消化液中镉的质量浓度,μg/mL;

　　　ρ_0——空白溶液中镉的质量浓度,μg/mL;

　　　V——试样消化液定容体积,mL;

　　　f——稀释倍数;

　　　m——试样质量或体积,g 或 mL;

　　　1 000——换算系数。

(3)质量标准

①镉含量≥0.1 mg/kg(mg/L)时,计算结果保留三位有效数字。

②镉含量<0.1 mg/kg(mg/L)时,计算结果保留两位有效数字。

③试样中 0.1 mg/kg(mg/L)<镉含量≤1 mg/kg(mg/L)时,在重复性条件下获得的两次独立测定结果的绝对差值不得超过算术平均值的15%。

④试样中镉含量≤0.1 mg/kg(mg/L)时,在重复性条件下获得的两次独立测定结果的绝对差值不得超过算术平均值的20%。

【任务实施】

预习手册

任务名称				指导教师	
小组成员				学生姓名	
引导问题		问题回答			
本任务的误差可能来自哪些方面?					
本任务的关键在哪里?					
本任务的主要设备有哪些?	设备用具名称	规格/型号		使用数量	使用情况
本任务的主要试剂有哪些?	试剂耗材名称	试剂浓度	配制数量	配制过程	使用情况
	问题和建议				
如何判断样品消化完全?					

操作手册

小组成员			指导教师	

<table>
<tr><td colspan="4" align="center">操作前检查</td></tr>
<tr><td align="center">检查内容</td><td align="center">检查结果</td><td colspan="2" align="center">检查人</td></tr>
<tr><td>是否按规定穿工作服,戴口罩、手套等防护用具</td><td>是□　否□</td><td colspan="2"></td></tr>
<tr><td>检查设备是否清洁,是否运转正常</td><td>是□　否□</td><td colspan="2"></td></tr>
<tr><td>检查检验设备的校验合格证是否在有效期内</td><td>是□　否□</td><td colspan="2"></td></tr>
<tr><td>检查操作现场水、电供应是否正常</td><td>是□　否□</td><td colspan="2"></td></tr>
<tr><td>检查试剂和耗材是否符合要求</td><td>是□　否□</td><td colspan="2"></td></tr>
</table>

<table>
<tr><td colspan="10" align="center">操作过程记录</td></tr>
<tr><td rowspan="4">基本信息</td><td colspan="3">样品名称</td><td colspan="3">样品编号</td><td colspan="3"></td></tr>
<tr><td colspan="3">生产单位</td><td colspan="3">检测编号</td><td colspan="3"></td></tr>
<tr><td colspan="3">生产批号</td><td colspan="3">检测项目</td><td colspan="3"></td></tr>
<tr><td colspan="3">检验依据</td><td colspan="3">检测方法</td><td colspan="3"></td></tr>
<tr><td>检测环境</td><td colspan="3">室温/℃</td><td colspan="3">相对湿度/%</td><td colspan="3"></td></tr>
<tr><td rowspan="3">检测设备</td><td colspan="3">设备名称</td><td colspan="6"></td></tr>
<tr><td colspan="3">精度</td><td colspan="6"></td></tr>
<tr><td colspan="3">设备编号</td><td colspan="6"></td></tr>
<tr><td>标准物质</td><td colspan="3">镉标准储备液浓度:</td><td colspan="3">镉标准中间液浓度:</td><td colspan="3"></td></tr>
<tr><td rowspan="4">石墨炉原子吸收仪检测条件</td><td colspan="3">检测波长:　228.8 nm</td><td colspan="3">狭缝宽度:</td><td colspan="3">0.8 nm</td></tr>
<tr><td colspan="3">灯电流:　5~7 mA</td><td colspan="3">背景校正:</td><td colspan="3">氘灯或塞曼效应</td></tr>
<tr><td colspan="9">原子化条件:干燥温度 85~120 ℃,干燥时间 30~50 s;
灰化温度 450~650 ℃,灰化时间 15~30 s;
原子化温度 1 500~2 000 ℃,原子化时间 4~5 s</td></tr>
</table>

检测数据		序号	1	2	3	4	5	6
	工作曲线	镉标准工作液体积/mL						
		镉标准质量浓度/(μg · L^{-1})						
		吸光值						
		曲线方程						
	样品测定	样品质量 m/g	样1:		样2:		试剂空白:	
		空白与样品消化方法						
		样品与空白消解液的定容体积 V/mL						
		稀释倍数 f						
		测定吸光值						

续表

结果计算	试样中镉质量浓度 $\rho/(\mu g \cdot L^{-1})$			
	试样中镉含量 $X/(mg \cdot kg^{-1})$			
	试样中镉含量平均值/$(mg \cdot kg^{-1})$			
	相对相差/%			
	计算公式	$$X = \frac{(\rho_1 - \rho_0) \times f \times V}{m \times 1\,000}$$		

结果报告	

检验员：　　　　　　　　　　复核人：

日　　期：　　　　　　　　　日　　期：

操作后清场			
清场项目	清场结果	清场人	复核人
仪器清洁,设备外表擦拭干净	合格□　不合格□		
工具擦拭或清洗干净,放到指定位置	合格□　不合格□		
地面、台面清洁干净	合格□　不合格□		
实验垃圾及废物收集到指定位置	合格□　不合格□		
关好水、电及门窗	合格□　不合格□		
指导教师签字：		年　　月　　日	

【任务考评】

技能性工作任务考核表

任务名称			学生姓名			
考核指标	评价内容	分值/分	得分/分			
			自评	互评	组长评	教师评
预习考核	预习手册填写情况	5				
	实操方案设计情况	5				
任务实施过程考核	操作规范性,熟练度	10				
	操作规程执行情况	10				
	记录填写情况(及时、准确、清晰、整洁、真实)	10				
	清场情况	5				

续表

考核指标	评价内容	分值/分	得分/分			
			自评	互评	组长评	教师评
任务结果考核	结果计算准确	5				
	有效数字位数保留适当	5				
	精密度符合要求	5				
	结果报告简洁、明确	5				
职业素养考核	遵守纪律:遵守实验室规章制度,不迟到早退,不无故请假,不脱岗串岗	5				
	安全意识:穿工作服,戴防护用品,爱护仪器设备,不乱丢乱倒原料试剂等	5				
	环保意识:台面清洁,不乱丢废弃物,节约用水、用电,集中处理废液废物	5				
	团队协作、沟通交流能力:服从组长安排,配合良好,积极主动地完成本岗位任务	5				
	学习能力:有较强的自主学习能力和创新意识	5				
	严谨、求实、诚信的品质,责任意识和质量意识	5				
	精益求精、爱岗敬业、精细操作的劳动精神	5				
总计		100				

【交流探讨】

1. 完成这个任务后你有什么收获? 有哪些未解决的问题或疑惑的地方?
2. 测定含油脂的样品中的镉时,应如何消化?
3. 磷酸二氢铵-硝酸钯混合溶液在食品中镉的测定中起何作用?

课后练习

任务四　食品中汞的测定

【任务目标】

◆ **知识目标**

1. 理解汞测定的意义;
2. 掌握样品消化的方法与原理;
3. 掌握原子吸收光谱法测定汞的原理及操作技术要求。

◆ **能力目标**

1. 会查国标,并能根据国标及分析对象选择合适的分析方法;
2. 会样品的消化及微波消解仪的操作;

3. 会配制汞标准溶液;

4. 会正确使用原子荧光光谱仪,并选择合适的测定条件;

5. 会规范记录原始数据并进行结果计算。

◆素质目标

1. 培养精益求精的工匠精神,追求卓越的创新精神;

2. 树立正确的质量意识,增强检验过程中的节约和环保意识。

【背景知识】

汞在自然中分布广泛且应用广泛。食品中的汞主要源于工业"三废"的排放、汞矿的开发以及含汞农药的使用等。水体中的汞通过微生物的作用可转化为甲基汞。水生生物对甲基汞的富集系数可高达 1×10^6,因此,水产品中的汞含量远高于其他食品。

各种形态的汞均有毒。单质汞易被呼吸道吸收,无机汞不容易吸收,毒性较小。烷基汞易被肠道吸收,毒性大。汞易在人体内蓄积,主要蓄积在脑、肝和肾等部位。汞的毒性主要是损害细胞内酶系统和蛋白质的巯基,引起急性或慢性中毒。甲基汞对人体的损害最大,主要靶器官为脑,还可通过胎盘进入胎儿体内,导致胎儿先天性汞中毒,影响胎儿正常生长发育。我国《食品安全国家标准 食品中污染物限量》(GB 2762—2022)规定汞在食品中的含量为:肉类、鲜蛋(总汞)限量值为 0.05 mg/kg;乳及乳制品中生乳、巴氏杀菌乳、灭菌乳、调制乳、发酵乳,新鲜蔬菜(总汞)限量值为 0.01 mg/kg;稻谷[b]、糙米、大米(粉)、玉米、玉米粉、玉米糁(渣)、小麦、小麦粉(总汞)限量值为 0.02 mg/kg;水产动物及其制品(肉食性鱼类及其制品除外)(甲基汞[a])限量值为 0.5 mg/kg;肉食性鱼类及其制品(金枪鱼、金目鲷、枪鱼、鲨鱼及以上的鱼类制品除外)(甲基汞[a])限量值为 1.0 mg/kg。

【技能性工作任务】

乳粉中总汞的测定

◆任务描述

根据《食品安全国家标准 食品中污染物限量》(GB 2762—2022),乳及乳制品中生乳、巴氏杀菌乳、灭菌乳、调制乳、发酵乳中总汞限量值为 0.01 mg/kg。其检测方法依据《食品安全国家标准 食品中总汞及有机汞的测定》(GB 5009.17—2021)。标准中规定食品中总汞的测定有 4 种方法,第一法 原子荧光光谱法;第二法 直接进样测汞法;第三法 电感耦合等离子体质谱法;第四法 冷原子吸收光谱法。食品中甲基汞的测定有 2 种方法,第一法 液相色谱-原子荧光光谱联用法和第二法 液相色谱-电感耦合等离子体质谱联用法。

实际工作中,需要根据分析对象与分析目的来选择合适的测定方法。现以原子荧光光谱法为例,学习食品中总汞含量的测定。要求根据操作规程,结合实验室条件,制定检验方案,完成乳粉中总汞含量的测定,如实记录和分析检测数据,规范地报告检测结果。

◆操作规程

食品中总汞的测定操作规程(原子荧光光谱法)

1. 目的

学会原子荧光光谱法测定食品中总汞含量的操作技能;学会原子荧光光谱仪的使用;能够进行样品制备与消化;能正确记录计算处理检测数据;能规范地报告检测结果。

2.原理

试样经酸加热消解后,在酸性介质中,试样中汞被硼氢化钾或硼氢化钠还原成原子态汞,由载气(氩气)带入原子化器中,在汞空心阴极灯照射下,基态汞原子被激发至高能态,在由高能态回到基态时,发射出特征波长的荧光,其荧光强度与汞含量成正比,外标法定量。

3.仪器与试剂

(1)主要仪器

电子天平(感量为 0.01 mg、0.1 mg 和 1 mg)、可调式控温电热板或可调式控温电热炉(50～200 ℃)、恒温干燥箱(50～300 ℃)、超声水浴箱、匀浆机、高速粉碎机、微波消解仪、原子荧光光谱仪(配汞空心阴极灯)、压力消解器。

注:玻璃器皿及聚四氟乙烯消解内罐均需以硝酸溶液(1+4)浸泡 24 h,用自来水反复冲洗,最后用水冲洗干净。

(2)主要试剂

①硝酸、硫酸、过氧化氢、重铬酸钾。

②硼氢化钾(或硼氢化钠)、氢氧化钾(或氢氧化钠)。

③氯化汞(CAS 号:7487-94-7)标准品:纯度≥99%。

(3)试剂配制

①硝酸溶液(1+9):量取 50 mL 硝酸,缓缓加入 450 mL 水中,混匀。

②硝酸溶液(5+95):量取 50 mL 硝酸,缓缓加入 950 mL 水中,混匀。

③氢氧化钾溶液(5 g/L):称取 5.0 g 氢氧化钾,用水溶解并稀释至 1 000 mL,混匀。

④硼氢化钾溶液(5 g/L):称取 5.0 g 硼氢化钾,用氢氧化钾溶液(5 g/L)溶解并稀释至 1 000 mL,混匀。临用现配。

⑤重铬酸钾的硝酸溶液(0.5 g/L):称取 0.5 g 重铬酸钾,用硝酸溶液(5+95)溶解并稀释至 1 000 mL,混匀。

注:本方法也可用硼氢化钠作为还原剂[称取 3.5 g 硼氢化钠,用氢氧化钠溶液(3.5 g/L)溶解并定容至 1 000 mL,混匀。临用现配]。

(4)标准溶液配制

①汞标准储备液(1 000 mg/L):准确称取 0.135 4 g 氯化汞,用重铬酸钾的硝酸溶液(0.5 g/L)溶解并转移至 100 mL 容量瓶中,稀释并定容至刻度,混匀。于 2～8 ℃冰箱中避光保存,有效期 2 年。或经国家认证并授予标准物质证书的汞标准溶液。

②汞标准中间液(10.0 mg/L):准确吸取汞标准储备液(1 000 mg/L)1.00 mL 于 100 mL 容量瓶中,用重铬酸钾的硝酸溶液(0.5 g/L)稀释并定容至刻度,混匀。于 2～8 ℃冰箱中避光保存,有效期 1 年。

③汞标准使用液(50.0 μg/L):准确吸取汞标准中间液(10.0 mg/L)1.00 mL 于 200 mL 容量瓶中,用重铬酸钾的硝酸溶液(0.5 g/L)稀释并定容至刻度,混匀。临用现配。

注:除非另有说明,本方法所用试剂均为优级纯,水为现行国家标准 GB/T 6682 规定的一级水。

4.操作步骤

(1)样品制备

①粮食、豆类等样品取可食部分粉碎均匀,装入洁净的聚乙烯瓶中,密封保存备用。

②蔬菜、水果、鱼类、肉类及蛋类等新鲜样品,洗净晾干,取可食部分匀浆,装入洁净聚乙

烯瓶中,密封,于 2 ~ 8 ℃冰箱冷藏备用。

③乳及乳制品匀浆或均质后装入洁净聚乙烯瓶中,密封于 2 ~ 8 ℃冰箱冷藏备用。

（2）试样消解

①微波消解法：称取固体试样 0.2 ~ 0.5 g（精确至 0.001 g,含水分较多的样品可适当增加取样量至 0.8 g）或准确称取液体试样 1.0 ~ 3.0 g（精确至 0.001 g）,对于植物油等难消解的样品称取 0.2 ~ 0.5 g（精确至 0.001 g）,置于消解罐中,加入 5 ~ 8 mL 硝酸,加盖放置 1 h,对于难消解的样品再加入 0.5 ~ 1 mL 过氧化氢,旋紧罐盖,按照微波消解仪的标准操作步骤进行消解（参考条件：120 ℃升温 5 min、保温 5 min→160 ℃升温 5 min、保温 10 min→190 ℃升温 5 min、保温 25 min）。冷却后取出,缓慢打开罐盖排气,用少量水冲洗内盖,将消解罐放在控温电热板上或超声水浴箱中,80 ℃下加热或超声脱气 3 ~ 6 min 赶去棕色气体,取出消解内罐,将消化液转移至 25 mL 容量瓶中,用少量水分 3 次洗涤内罐,洗涤液合并于容量瓶中并定容至刻度,混匀备用。同时做空白试验。

②压力罐消解法：称取固体试样 0.2 ~ 1.0 g（精确至 0.001 g,含水分较多的样品可适当增加取样量至 2 g）,或准确称取液体试样 1.0 ~ 5.0 g（精确至 0.001 g）,对于植物油等难消解的样品称取 0.2 ~ 0.5 g（精确至 0.001 g）,置于消解内罐中,加入 5 mL 硝酸,放置 1 h 或过夜,盖好内盖,旋紧不锈钢外套,放入恒温干燥箱,140 ~ 160 ℃下保持 4 ~ 5 h,在箱内自然冷却至室温,缓慢旋松不锈钢外套,将消解内罐取出,用少量水冲洗内盖,将消解罐放在控温电热板上或超声水浴箱中,80 ℃下加热或超声脱气 3 ~ 6 min 赶去棕色气体。取出消解内罐,将消化液转移至 25 mL 容量瓶中,用少量水分 3 次洗涤内罐,洗涤液合并于容量瓶中并定容至刻度,混匀备用。同时做空白试验。

③回流消化法。

a. 粮食：取 1.0 ~ 4.0 g（精确至 0.001 g）试样,置于消化装置锥形瓶中,加玻璃珠数粒,加 45 mL 硝酸、10 mL 硫酸,转动锥形瓶防止局部炭化。装上冷凝管后,低温加热,待开始发泡即停止加热,发泡停止后加热回流 2 h。如加热过程中溶液变棕色,再加 5 mL 硝酸,继续回流 2 h,消解到样品完全溶解,一般呈淡黄色或无色。待冷却后从冷凝管上端小心加入 20m 水,继续加热回流 10 min,放置冷却后,用适量水冲洗冷凝管,冲洗液并入消化液中,将消化液经玻璃棉过滤于 100 mL 容量瓶内,用少量水洗涤锥形瓶、滤器,洗涤液并入容量瓶内,加水至刻度,混匀备用。同时做空白试验。

b. 植物油及动物油脂：称取 1.0 ~ 3.0 g（精确至 0.001 g）试样,置于消化装置锥形瓶中,加玻璃珠数粒,加入 7 mL 硫酸,小心混匀至溶液颜色变为棕色,然后加 40 mL 硝酸。后续步骤同 a."装上冷凝管后,小火加热……同时做空白试验"。

c. 薯类、豆制品：称取 1.0 ~ 4.0 g（精确至 0.001 g）试样,置于消化装置锥形瓶中,加玻璃珠数粒及 30 mL 硝酸、5 mL 硫酸,转动锥形瓶防止局部炭化。后续步骤同 a."装上冷凝管后,小火加热……同时做空白试验"。

d. 肉、蛋类：称取 0.5 ~ 2.0 g（精确至 0.001 g）试样,置于消化装置锥形瓶中,加玻璃珠数粒及 30 mL 硝酸、5 mL 硫酸,转动锥形瓶防止局部炭化。后续步骤同 a."装上冷凝管后,小火加热……同时做空白试验"。

e. 乳及乳制品：称取 1.0 ~ 4.0 g（精确至 0.001 g）试样,置于消化装置锥形瓶中,加玻璃珠数粒及 30 mL 硝酸,乳加 10 mL 硫酸,乳制品加 5 mL 硫酸,转动锥形瓶防止局部炭化。后续步骤同 a."装上冷凝管后,小火加热……同时做空白试验"。

（3）测定

①仪器参考条件：根据各自仪器性能调至最佳状态。光电倍增管负高压，240 V；汞空心阴极灯电流，30 mA；原子化器温度，200 ℃；载气流速，500 mL/min；屏蔽气流速，1 000 mL/min。

②汞标准系列溶液：分别吸取汞标准使用液（50 μg/L）0.00 mL、0.20 mL、0.50 mL、1.00 mL、1.50 mL、2.00 mL、2.50 mL 于 50 mL 容量瓶中，用硝酸溶液（1+9）稀释至刻度，混匀，相当于汞浓度 0.00 μg/L、0.20 μg/L、0.50 μg/L、1.00 μg/L、1.50 μg/L、2.00 μg/L、2.50 μg/L。临用现配。

③标准曲线的制作：设定好仪器最佳条件，连续用硝酸溶液（1+9）进样，待读数稳定之后，转入标准系列溶液测量，由低到高浓度顺序测定标准溶液的荧光强度，以汞的质量浓度为横坐标，荧光强度为纵坐标，绘制标准曲线。

注：可根据仪器的灵敏度及样品中汞的实际含量微调标准系列溶液中汞的质量浓度范围。

④试样溶液的测定：转入试样测量，先用硝酸溶液（1+9）进样，使读数基本回零，再分别测定试样空白和试样消化液，每测不同的试样都应清洗进样器。

（4）操作后清场

检查使用的仪器、设备水电是否关闭；仪器设备外表擦拭干净；剩余原料、试剂放到指定位置；打扫卫生；垃圾废物收集到指定位置。

（5）操作注意事项

①玻璃对汞有吸附作用，因此测汞所用一切器皿需用硝酸溶液（1+4）浸泡，洗净后备用。同时为了避免配制稀汞标准溶液时玻璃对汞的吸附，最好先在容量瓶中加进部分底液，再加入汞贮备液。

②在消化过程中，由于残存在消化液中的氮氧化物对测定有严重干扰，使结果偏高。尤其硝酸-硫酸回流法，硝酸用量大，消化后需加水继续加热回流 10 min，使残余二氧化氮排出，消解液趁热进行吹气驱赶液面上的氮氧化物。冷却后滤去样品中蜡质等不易消化物质，避免干扰。

③标准系列溶液的浓度应根据样品中汞的含量进行调整。样品中汞的浓度一定要在标准曲线范围内。

5. 结果计算与报告

（1）数据记录（填入操作手册数据记录表中）

（2）结果计算

试样中汞的含量，按式（6.4）计算：

$$X = \frac{(\rho_1 - \rho_0) \times V \times 1\ 000}{m \times 1\ 000 \times 1\ 000} \tag{6.4}$$

式中　X——试样中汞含量，mg/kg；

　　　ρ——试样溶液中汞含量，μg/L；

　　　ρ_0——空白溶液中汞含量，μg/L；

　　　V——试样消化液定容体积，mL；

　　　m——试样称样量，g；

　　　1 000——换算系数。

（3）质量标准

①当汞含量≥1.00 mg/kg 时，计算结果保留三位有效数字。

②当汞含量<1.00 mg/kg 时，计算结果保留两位有效数字。

③汞含量>1 mg/kg 时,在重复性条件下获得的两次独立测定结果的绝对差值不得超过算术平均值的 10% 。

④0.1 mg/kg<汞含量≤1 mg/kg 时,在重复性条件下获得的两次独立测定结果的绝对差值不得超过算术平均值的 15% 。

⑤汞含量≤0.1 mg/kg 时,在重复性条件下获得的两次独立测定结果的绝对差值不得超过算术平均值的 20% 。

【任务实施】

预习手册

任务名称				指导教师	
小组成员				学生姓名	
引导问题			问题回答		
本任务的误差可能来自哪些方面?					
本任务的关键在哪里?					
本任务的主要设备有哪些?	设备用具名称	规格/型号		使用数量	使用情况
本任务的主要试剂有哪些?	试剂耗材名称	试剂浓度	配制数量	配制过程	使用情况
问题和建议					
1. 汞样品消解为什么要用回流消化? 2. 所用玻璃器皿或聚四氟乙烯内罐要用(1+4)的硝酸浸泡过夜?					

【任务实施】

操作手册

小组成员				指导教师	

操作前检查			
检查内容		检查结果	检查人
是否按规定穿工作服、戴口罩、手套等防护用具		是□　　否□	
检查设备是否清洁，是否运转正常		是□　　否□	
检查检验设备的校验合格证是否在有效期内		是□　　否□	
检查操作现场水、电供应是否正常		是□　　否□	
检查试剂和耗材是否符合要求		是□　　否□	

操作过程记录

基本信息	样品名称		样品编号	
	生产单位		检测编号	
	生产批号		检测项目	
	检验依据		检测方法	
检测环境	室温/℃		相对湿度/%	
检测设备	设备名称			
	精度			
	设备编号			
标准物质	汞标准储备液浓度：		汞标准使用液浓度：	

原子荧光吸收仪检测条件	负高压：240 V	灯电流：30 mA	载气：氩气，500 mL/min	屏蔽气流速：1 000 mL/min
	测量方式：荧光强度	读数方式：峰面积	载流液：硝酸溶液(1+9)	还原剂：KBH_4 或 $NaBH_4$
	原子化器温度：200 ℃			

检测数据		序号	1	2	3	4	5	6
	工作曲线	汞标准使用液体积/mL						
		汞标质量浓度/(ng·mL^{-1})						
		原子荧光强度(峰面积)						
		曲线方程						
	样品测定	样品质量 m/g	样1：		样2：		试剂空白：—	
		空白与样品消化方法						
		样品与空白消解液定容体积 V/mL						
		样品原子荧光强度						

续表

结果计算	试样中汞质量浓度 $\rho/(\mu g \cdot L^{-1})$			
	试样中汞含量 $X/(mg \cdot kg^{-1})$			
	试样中汞含量平均值/$(mg \cdot kg^{-1})$			
	相对相差/%			
	计算公式	$X = \dfrac{(\rho_1 - \rho_0) \times V \times 1\,000}{m \times 1\,000 \times 1\,000}$		

结果报告	

检验员:　　　　　　　　　复核人:

日　期:　　　　　　　　　日　　期:

操作后清场			
清场项目	清场结果	清场人	复核人
仪器清洁,设备外表擦拭干净	合格□　不合格□		
工具擦拭或清洗干净,放到指定位置	合格□　不合格□		
地面、台面清洁干净	合格□　不合格□		
实验垃圾及废物收集到指定位置	合格□　不合格□		
关好水、电及门窗	合格□　不合格□		
指导教师签字:		年　　月　　日	

【任务考评】

技能性工作任务考核表

任务名称		学生姓名				
考核指标	评价内容	分值/分	得分/分			
			自评	互评	组长评	教师评
预习考核	预习手册填写情况	5				
	实操方案设计情况	5				
任务实施过程考核	操作规范性,熟练度	10				
	操作规程执行情况	10				
	记录填写情况(及时、准确、清晰、整洁、真实)	10				
	清场情况	5				

考核指标	评价内容	分值/分	得分/分			
			自评	互评	组长评	教师评
任务结果考核	结果计算准确	5				
	有效数字位数保留适当	5				
	精密度符合要求	5				
	结果报告简洁、明确	5				
职业素养考核	遵守纪律:遵守实验室规章制度,不迟到早退,不无故请假,不脱岗串岗	5				
	安全意识:穿工作服,戴防护用品,爱护仪器设备,不乱丢乱倒原料试剂等	5				
	环保意识:台面清洁,不乱丢废弃物,节约用水、用电,集中处理废液废物	5				
	团队协作、沟通交流能力:服从组长安排,配合良好,积极主动地完成本岗位任务	5				
	学习能力:有较强的自主学习能力和创新意识	5				
	严谨、求实、诚信的品质,责任意识和质量意识	5				
	精益求精、爱岗敬业、精细操作的劳动精神	5				
总计		100				

【交流探讨】

1. 完成这个任务后你有什么收获? 有哪些未解决的问题或疑惑的地方?
2. 食品中总汞的测定方法有哪些?
3. 湿法消化时,为什么要用回流装置?

课后练习

任务五　食品中黄曲霉毒素的测定

【任务目标】

◆ 知识目标

1. 了解黄曲霉毒素的种类;
2. 了解黄曲霉毒素的主要来源及其危害;

3. 了解测定黄曲霉毒素的意义与方法;

4. 掌握酶联免疫法筛选法测定黄曲霉毒素 B_1 的原理、方法。

◆ **能力目标**

1. 熟练掌握酶联免疫吸附筛查法测定黄曲霉毒素 B_1 的操作技能;

2. 能如实记录检验过程中的现象和问题;

3. 会分析黄曲霉毒素 B_1 测定过程的误差来源;

4. 会进行结果计算。

◆ **素质目标**

1. 培养精益求精的工匠精神,追求卓越的创新精神;

2. 树立正确的质量意识,增强检验过程中的节约和环保意识。

【背景知识】

黄曲霉毒素是黄曲霉和寄生曲霉的代谢产物。它是真菌毒素中的一类,具有相似的化学结构,目前已分离鉴定出 20 多种衍生物,主要是黄曲霉毒素 B_1、B_2、G_1、G_2 以及由黄曲霉毒素 B_1、B_2 在体内经过羟化而衍生成的代谢产物黄曲霉毒素 M_1、M_2 等。黄曲霉毒素的基本结构为二呋喃环和香豆素的化合物。在紫外光下,黄曲霉毒素 B_1、B_2 发蓝紫色荧光,而黄曲霉毒素 G_1、G_2 发黄绿色荧光。黄曲霉毒素耐热,易溶于氯仿、甲醇、丙酮等有机溶剂,不溶于水、石油醚、己烷和乙醚。一般在中性及酸性溶液中较稳定,在 pH9~10 的碱性溶液中迅速分解。

黄曲霉毒素在自然界中普遍存在,且具有化学性质稳定和耐高温等特点。黄曲霉毒素主要污染粮油食品,其中以花生和玉米污染最为严重。除粮油等食品外,黄曲霉毒素对动物性食品也有污染。当毒素存在于霉变饲料中,达到一定浓度时,可引起畜禽中毒,AFB_1 和 AFM_1 能沉积在动物肝、肾、肌肉、奶及蛋中。

黄曲霉毒素的毒性主要表现为急性中毒、慢性中毒和致癌性 3 种。其中 AFB_1 属于剧毒类,它的毒性比敌敌畏高 100 倍,比砒霜高 68 倍,比氰化钾高 10 倍,仅次于肉毒毒素,是目前已知真菌毒素中毒性最强的一种毒素。且污染最广,污染水平约占黄曲霉毒素总量的 70%。因此,在食品卫生监测中,主要以 AFB_1 为污染指标。

【技能性工作任务】

花生油中黄曲霉毒素 B_1 的测定

◆ **任务描述**

在自然界中,被黄曲霉毒素污染的情况十分普遍,包括谷物、坚果和籽类和牛乳等,其中,花生和玉米被污染的程度最为严重。原因主要有两个:一是花生在田间未收获前即被黄曲霉浸染,在适宜的气温和湿度等条件下繁殖并产生毒素;二是花生未经充分干燥,在储藏过程中会产生大量毒素。因此,以花生为原料的花生油也存在易受黄曲霉毒素污染的问题,食品质量安全市场准入制度将黄曲霉毒素列为其型式检验和监督检验的必检项目。

《食品安全国家标准 食品中黄曲霉毒素 B 族和 G 族的测定》(GB 5009. 22—2016)提出了酶联免疫吸附筛查法、高效液相色谱-柱前衍生法、高效液相色谱-柱后衍生法、同位素稀释液相色谱-串联质谱法、薄层色谱法这一系列方法来满足我国食品中黄曲霉毒素 B 族和 G 族监控的需要。本任务学习酶联免疫吸附筛查法测定食品中黄曲霉毒素 B_1。要求根据操作规程,结合实验室条件,制定检验方案,完成花生油中黄曲霉毒素 B_1 含量的测定,如实记录和分析检测数据,并规范地报告检测结果。

◆ 操作规程

食品中黄曲霉毒素 B_1 的测定操作规程(酶联免疫吸附筛查法)

1. 目的

学会酶联免疫吸附筛查法测定食品中黄曲霉毒素 B_1 的操作技能;学会 AFB_1 酶联免疫试剂盒及酶标仪的使用;能正确记录计算处理检测数据;能规范地报告检测结果。

2. 原理

试样中的黄曲霉毒素 B_1 用甲醇水溶液提取,经均质、涡旋、离心(过滤)等处理获取上清液。被辣根过氧化物酶标记或固定在反应孔中的黄曲霉毒素 B_1,与试样上清液或标准品中的黄曲霉毒素 B_1 竞争性结合特异性抗体。在洗涤后加入相应显色剂显色,经无机酸终止反应,于 450 nm 或 630 nm 波长检测。样品中的黄曲霉毒素 B_1 与吸光度在一定浓度范围内成反比。

适用范围:谷物及其制品、豆类及其制品、坚果及籽类、油脂及其制品、调味品、婴幼儿配方食品和婴幼儿辅助食品中 AFB_1 等的测定。

3. 仪器与试剂

(1)主要仪器

分析天平(感量 0.01 g)、快速定量滤纸(孔径 11 μm)、研磨机、振荡器、离心机(转速 ≥ 6 000 r/min)、筛网(1～2 mm 孔径)、微孔板酶标仪(带 450 nm 与 630 nm 滤光片)。

(2)主要试剂与材料

①AFB_1 酶联免疫试剂盒的组成。

a. 包被抗体的聚苯乙烯微量反应板,24 孔或 48 孔;

b. A 试剂:样品的稀释液;

c. B 试剂:AFB_1 的标准系列溶液;

d. C 试剂:酶标 AFB_1 抗原;

e. D 试剂:酶标 AFB_1 抗原稀释液;

f. E 试剂:浓缩洗涤液;

g. F 试剂:显色底物液 a;

h. G 试剂:显色底物液 b;

i. H 试剂:终止液。

注:所用商品化的试剂盒须按照酶联免疫试剂盒的质量判定方法验证合格后方可使用。

②测试盒中试剂的配制。

a. 按照试剂盒说明书所述,配制所需溶液;

b. 酶标 AFB_1 抗原溶液配制:C 试剂中加入 1.5 mL D 试剂,溶解,混匀,冰箱中保存;

c. 洗涤液配制:E 试剂中加入 300 mL 蒸馏水稀释即为试验用洗涤液。

注:除非另有说明,本方法所用试剂均为分析纯,水为现行国家标准 GB/T 6682 规定的二级水。

4.操作步骤

（1）样品前处理

①液态样品（油脂和调味品）：取 100 g 待测样品摇匀，称取 5.0 g 样品于 50 mL 离心管中，加入 20 mL 甲醇-水溶液（70+30），涡旋混匀，置于超声波/涡旋振荡器或摇床中振荡 20 min（或用均质器均质 3 min），在离心（6 000 r/min）10 min 后，取上清液备用。

②固态样品（谷物、坚果和特殊膳食用食品）：称取至少 100 g 样品，用研磨机进行粉碎，粉碎后的样品过 1~2 mm 孔径试验筛。取 5.0 g 样品于 50 mL 离心管中，加入 20 mL 甲醇-水溶液（70+30），涡旋混匀，置于超声波/涡旋振荡器或摇床中振荡 20 min（或用均质器均质 3 min），离心（6 000 r/min）10 min，取上清液备用。

（2）酶联免疫反应步骤

①将人工抗原吸附于固相载体，温育后清洗。

a. 从冰箱中取出黄曲霉毒素 B_1 酶联免疫试剂盒，平衡至室温；

b. 小孔编号：根据实验需要截取相应孔数放置在反应板框架上。设零号孔为仪器调零孔，2—7 号孔为 AFB_1 标准对照孔，其余孔为样品孔；

c. 洗涤：把 E 试剂（浓缩洗涤液）按 3∶57 比例稀释，配成洗涤工作液，并清洗抗体板条 2 次，拍干后备用。

②加入含有抗原的待测液和标液，加入酶标抗原，温育后清洗。

按下列步骤，依次加入配好的溶液及待测溶液，见表 6-5-1。

表 6-5-1　酶标反应各步骤及反应组成

步骤	加入量/μL	孔号及各孔加入的溶液								
		1	2	3	4	5	6	7	8	9
第一步	50	A	0	0.1	0.25	0.5	1.0	2.5	样液1	样液2
第二步	50	D	C	C	C	C	C	C	C	C
第三步	—	混匀	混匀	混匀	混匀	混匀	混匀	混匀	混匀	混匀

注：第一步：1 号孔加入 50 μL A 试剂（即样品稀释液）；2—7 号孔各加入 50 μL B 试剂（AFB_1 系列标准溶液：0 ng/mL、0.1 ng/mL、0.25 ng/mL、0.5 ng/mL、1.0 ng/mL、2.5 ng/mL）；8、9 号孔各加入 50 μL 待测样液。

第二步：1 号孔加入 50 μL D 试剂（酶标抗原稀释液），其余各孔均加入 50 μL C 试剂（酶标抗原溶液）。

第三步：轻轻地振摇，使各孔中的反应物混匀。

反应：将反应板放入 37 ℃恒温培养箱中避光孵育 30 min。

洗涤：取出反应板，用力甩掉未反应抗原溶液，拍干。每孔加入 250 μL 洗涤液且不得溢出。放置 2 min 后，甩掉洗涤液，在吸水纸上拍干，重复洗板 4 次。

③加酶底物，温育后显色，并进行检测和结果判断。

a. 显色：每孔分别加入 F 试剂（显色底物液 a）和 G 试剂（显色底物液 b）各 50 μL，摇匀，将反应板放入 37 ℃恒温培养箱中显色 15 min。

b. 终止与仪器测定：每孔分别加入 H 试剂（终止液）50 μL，摇匀后用酶标测定仪在 450 nm 波长处测定各孔的吸光度值。

（3）制作标准工作曲线

以黄曲霉毒素 B_1 系列标准溶液质量浓度为横坐标，以吸光值为纵坐标，绘制标准曲线。

（4）待测液浓度计算

将待测液吸光度代入标准工作曲线，计算得待测液浓度（ρ）。

（5）操作后清场

检查使用的仪器、设备水电是否关闭；仪器设备外表擦拭干净；剩余原料、试剂放到指定位置；打扫卫生；垃圾废物收集到指定位置。

（6）操作注意事项

①洗涤时要迅速，洗涤液不得溢出，以防交叉污染。

②加样时要准确，取样时不可夹带有气泡，不要加到空闲区上。整个加样过程要快，保证前后反应时间一致；加样后要轻轻振摇整板，使液体混匀。

③试剂使用前要摇匀，并将前面 3～4 滴初液弃去后再滴加。

④每次洗涤要先用力甩干后再拍干，最后要擦干板底，便于仪器检测。

⑤不同批次的试剂盒不要混用。

5. 结果记录与计算

（1）数据记录（填入操作手册中）

（2）结果计算

食品中黄曲霉毒素 B_1 的含量，按式（6.5）计算：

$$X = \frac{\rho \times V \times f}{m} \qquad (6.5)$$

式中 X——试样中 AFB_1 的含量，$\mu g/kg$；

ρ——待测液中 AFB_1 的浓度，$\mu g/L$；

V——提取液体积（固态样为加入提取液体积，液态样为样品和提取液总体积），L；

f——在前处理过程中的稀释倍数；

m——试样的称样量，kg。

（3）质量标准

①计算结果保留到小数点后两位。阳性样品需用第一法、第二法或第三法进一步确认。

②每个试样称取两份进行平行测定，以其算术平均值为分析结果。其分析结果的相对相差应不大于 20%。

【任务实施】

预习手册

任务名称		指导教师	
小组成员		学生姓名	
引导问题	问题回答		
本任务的误差可能来自哪些方面？			

续表

引导问题	问题回答			
本任务的关键在哪里?				
本任务的主要设备有哪些?	设备用具名称	规格/型号	使用数量	使用情况
本任务的主要试剂有哪些?	试剂耗材名称	试剂浓度	配制数量	配制过程	使用情况
问题和建议				

【任务实施】

操作手册

小组成员		指导教师	
操作前检查			
检查内容	检查结果		检查人
是否按规定穿工作服,戴口罩、手套等防护用具	是□　否□		
检查设备是否清洁,是否运转正常	是□　否□		
检查检验设备的校验合格证是否在有效期内	是□　否□		
检查操作现场水、电供应是否正常	是□　否□		
检查试剂和耗材是否符合要求	是□　否□		

操作过程记录								
基本信息	样品名称				样品编号			
	生产单位				检测编号			
	生产批号				检测项目			
	检验依据				检测方法			
检测环境	室温/℃				相对湿度/%			
检测设备	设备名称							
	精度							
	设备编号							
标准物质	AFB_1 标准溶液浓度:							
酶标仪检测条件	检测波长:							

检测数据

工作曲线

板孔序号	2	3	4	5	6	7
AFB_1 标准溶液体积/μL						
AFB_1 标准溶液浓度/$(ng \cdot mL^{-1})$						
吸光度						
曲线方程						

样品测定

板孔序号	8	9	1
样品质量 m/g	样1:	样2:	试剂空白:
试样提取液体积 V/mL			
稀释倍数 f			
吸光值 A			

结果计算

待测液中 AFB_1 的浓度 ρ/$(\mu g \cdot L^{-1})$	
试样中 AFB_1 的含量 X/$(\mu g \cdot kg^{-1})$	
试样中 AFB_1 含量平均值/$(\mu g \cdot kg^{-1})$	
相对相差/%	
计算公式	$$X = \frac{(\rho_1 - \rho_0) \times V \times 1\,000}{m \times 1\,000 \times 1\,000}$$

结果报告

□当_____时,样品判定为阳性(+)

□当_____时,样品判定为可疑(±)

□当_____时,样品判定为阴性(−)

检验员:　　　　　　　　　复核人:

日　期:　　　　　　　　　日　期:

续表

操作后清场			
清场项目	清场结果	清场人	复核人
仪器清洁,设备外表擦拭干净	合格☐　不合格☐		
工具擦拭或清洗干净,放到指定位置	合格☐　不合格☐		
地面、台面清洁干净	合格☐　不合格☐		
实验垃圾及废物收集到指定位置	合格☐　不合格☐		
关好水、电及门窗	合格☐　不合格☐		
指导教师签字:		年　　月　　日	

【任务考评】

技能性工作任务考核表

任务名称		学生姓名				
考核指标	评价内容	分值/分	得分/分			
			自评	互评	组长评	教师评
预习考核	预习手册填写情况	5				
	实操方案设计情况	5				
任务实施过程考核	操作规范性,熟练度	10				
	操作规程执行情况	10				
	记录填写情况(及时、准确、清晰、整洁、真实)	10				
	清场情况	5				
任务结果考核	结果计算准确	5				
	有效数字位数保留适当	5				
	精密度符合要求	5				
	结果报告简洁、明确	5				
职业素养考核	遵守纪律:遵守实验室规章制度,不迟到早退,不无故请假,不脱岗串岗	5				
	安全意识:穿工作服,戴防护用品,爱护仪器设备,不乱丢乱倒原料试剂等	5				
	环保意识:台面清洁,不乱丢废弃物,节约用水、用电,集中处理废液废物	5				
	团队协作、沟通交流能力:服从组长安排,配合良好,积极主动地完成本岗位任务	5				
	学习能力:有较强的自主学习能力和创新意识	5				
	严谨、求实、诚信的品质,责任意识和质量意识	5				
	精益求精、爱岗敬业、精细操作的劳动精神	5				
总计		100				

【交流探讨】

1. 如何判定酶联免疫试剂盒的质量？
2. 若出现 ELISA 标曲异常（如整体偏低、整体偏高、无反应、全反应等）如何处理？

食品中黄曲霉毒素的测定相关知识

课后练习

任务六　食品中三聚氰胺的测定

【任务目标】

◆ 知识目标

1. 了解三聚氰胺的特性；
2. 了解食品中三聚氰胺的来源与危害；
3. 了解测定三聚氰胺的意义与方法；
4. 掌握高效液相色谱法测定三聚氰胺含量的原理、方法。

◆ 能力目标

1. 熟练掌握高效液相色谱法测定三聚氰胺含量的操作技能；
2. 能如实记录检验过程中的现象和问题；
3. 会分析三聚氰胺测定过程的误差来源；
4. 会进行结果计算。

◆ 素质目标

1. 培养精益求精的工匠精神，追求卓越的创新精神；
2. 树立正确的质量意识，增强检验过程中的节约和环保意识。

【背景知识】

一、概述

三聚氰胺（$C_3H_6N_6$），俗称密胺、蛋白精，是一种三嗪类含氮杂环有机化合物，白色单斜晶体，无明显异味，广泛用于塑料、涂料、黏合剂、纺织、皮革、阻燃剂等领域。其中塑料（蜜胺塑料）、涂料、黏合剂等常用于食品接触材料的生产，特别是蜜胺塑料生产的餐具（又称蜜胺餐具或仿瓷餐具）在日常生活中应用广泛，如果这些材料中残留的三聚氰胺单体迁移到食品中将会污染食品，甚至危害人体健康。

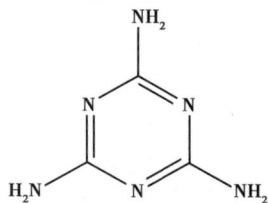

图 6-6-1　三聚氰胺化学结构图

由于牛奶等乳制品中蛋白质含量常用凯氏定氮法检测其中氮元素含量,但该法不能区分非蛋白氮和蛋白氮,因此,通过掺含氮的化合物,可以提高其蛋白质含量。由于三聚氰胺中氮元素含量高达66%,且价格便宜,因此常被不法分子非法添加到牛奶或乳制品中。长期摄入过量三聚氰胺会引发人体膀胱炎症、上皮增生、结石等,甚至会导致膀胱癌,严重危害人体健康。

二、三聚氰胺的检测方法

关于食品中三聚氰胺的测定,我国在2008年先后出台了《原料乳与乳制品中三聚氰胺的检测方法》(GB/T 22388—2008)和《原料乳中三聚氰胺快速检测 液相色谱法》(GB/T 22400—2008)。GB/T 22388—2008中规定了3种检测方法,即高效液相色谱法、液相色谱-质谱/质谱法、气相色谱-质谱联用法,其检出限分别为2 mg/kg、0.01 mg/kg和0.05 mg/kg。

【技能性工作任务】

乳制品中三聚氰胺的测定

◆ **任务描述**

本任务依据《原料乳与乳制品中三聚氰胺的检测方法》(GB/T 22388—2008)中第一法 高效液相色谱法。要求根据操作规程,结合实验室条件,制定检验方案,完成乳制品中三聚氰胺含量的测定,如实记录和分析检测数据,规范地报告检测结果。

◆ **操作规程**

乳制品中三聚氰胺的测定岗位操作规程(高效液相色谱法)

1. 目的

学会高效液相色谱法测定乳和乳制品中三聚氰胺;能熟练使用液相色谱仪、固相萃取装置、氮吹仪等设备;能进行样品制备与提取;能正确记录计算处理检测数据;能规范地报告检测结果。

2. 原理

试样用三氯乙酸溶液-乙腈提取,经阳离子交换固相萃取柱净化后,用高效液相色谱法测定,外标法定量。

适用范围:原料乳、乳制品以及含乳制品中三聚氰胺的定量测定。

3. 仪器与试剂

(1)主要仪器

高效液相色谱仪(配紫外检测器或二极阵列管检测器)、分析天平(感量为0.01 g和0.000 1 g)、超声波清洗机、涡旋振荡器、离心机(转速不低于4 000 r/min)、氮吹仪、固相萃取装置、研钵、具塞塑料离心管(50 mL)、容量瓶(10 mL、1 000 mL,棕色带刻度)等。

(2)主要试剂材料

①试剂。

甲醇、乙腈、辛烷磺酸钠,色谱纯;乙酸锌、冰乙酸、三氯乙酸、柠檬酸、氨水(含量为25% ~ 28%),分析纯;三聚氰胺(CAS号:108-78-01)标准品:纯度>99.0%。

②溶液配制。

a. 甲醇水溶液:准确量取50 mL甲醇和50 mL水,混匀后备用。

b. 三氯乙酸溶液(1%):准确称取10 g三氯乙酸于1 000 mL容量瓶中,用水溶解并定容至刻度,混匀备用。

c. 氨化甲醇溶液(5%):准确量取 5 mL 氨水和 95 mL 甲醇,混匀后备用。

d. 离子对试剂缓冲液:准确称取 2.10 g 柠檬酸和 2.16 g 辛烷磺酸钠,加入约 980 mL 水溶解,调节 pH 至 3.0 后,定容至 1 000 mL 备用。

e. 三聚氰胺标准储备液:准确称取 100 mg(精确至 0.1 mg)三聚氰胺标准品于 100 mL 容量瓶中,用甲醇水溶液溶解并定容至刻度,配制成浓度为 1 mg/mL 的标准储备液,于 4 ℃避光保存。

③材料。

混合型阳离子交换固相萃取柱(基质为苯磺酸化的聚苯乙烯-二乙烯基苯高聚物,填料质量为 60 mg,体积为 3 mL);0.22 μm 微孔滤膜(有机相);定性滤纸;海砂[化学纯,粒度 0.65 ~ 0.85 mm,二氧化硅含量为 99%];氮气(纯度≥99.999%)。

注:除非另有说明,本方法所用试剂均为分析纯,水为现行国家标准 GB/T 6682 规定的一级水。

4. 操作步骤

(1)样品处理

①提取。

a. 液态奶、奶粉、酸奶、冰淇淋和奶糖等:称取 2 g(精确至 0.01 g)试样于 50 mL 具塞塑料离心管中,加入 15 mL 三氯乙酸溶液(1%)和 5 mL 乙腈,超声提取 10 min,再振荡提取 10 min,以不低于 4 000 r/min 离心 10 min。上清液经三氯乙酸溶液润湿的滤纸过滤后,用三氯乙酸溶液定容至 25 mL,移取 5 mL 滤液,加入 5 mL 水混匀后做待净化液。

b. 奶酪、奶油和巧克力等:称取 2 g(精确至 0.01 g)试样于研钵中,加入适量海砂(试样质量的 4 ~ 6 倍)研磨成干粉状,转移至 50 mL 具塞塑料离心管中,用 15 mL 三氯乙酸溶液(1%)分数次清洗研钵,清洗液转入离心管中,再往离心管中加入 5 mL 乙腈,余下操作同 a. 中"超声提取 10 min,……加入 5 mL 水混匀后做待净化液"。

注:若样品中脂肪含量较高,可以用三氯乙酸溶液饱和的正己烷液-液分配除脂后,再用 SPE 柱净化。

②净化。

固相萃取柱使用前先依次用 3 mL 甲醇、5 mL 水活化。将上述的待净化液转移至固相萃取柱中。依次用 3 mL 水和 3 mL 甲醇洗涤,抽至近干,用 6 mL 氨化甲醇溶液洗脱。整个固相萃取过程流速不超过 1 mL/min。洗脱液于 50 ℃下用氮气吹干,残留物(相当于 0.4 g 样品)用 1 mL 流动相定容,涡旋混合 1 min,过微孔滤膜后,供 HPLC 测定。

(2)高效液相色谱法测定

①HPLC 参考条件。

a. 色谱柱:C_8 柱,250 mm×4.6mm[内径(i. d.)],5 μm,或相当者。
　　　　　C_{18} 柱,250 mm×4.6mm[内径(i. d.)],5 μm,或相当者。

b. 流动相:C_8 柱,离子对试剂缓冲液-乙腈(85+15,体积比),混匀。
　　　　　C_{18} 柱,离子对试剂缓冲液-乙腈(90+10,体积比),混匀。

c. 流速:1.0 mL/min。

d. 柱温:40 ℃。

e. 波长:240 nm。

f. 进样量:20 μL。

②标准曲线的绘制。

用流动相将三聚氰胺标准储备液逐级稀释,得到浓度为 0.8 μg/mL、2 μg/mL、20 μg/mL、40 μg/mL、80 μg/mL 的标准工作液,按浓度由低到高进样检测,以峰面积-浓度作图,得到标准曲线回归方程。

基质匹配加标三聚氰胺的样品 HPLC 色谱图如图 6-6-2 所示。

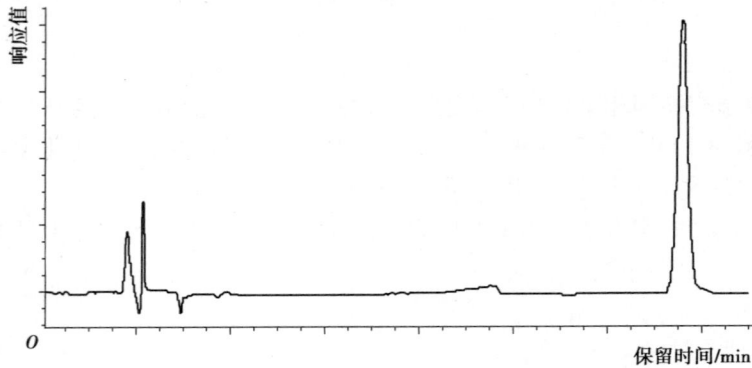

图 6-6-2　基质匹配加标三聚氰胺的样品 HPLC 色谱图
（检测波长 240 nm,保留时间 13.6 min,C$_8$ 色谱柱）

③定量测定。

待测样中三聚氰胺的响应值应在标准曲线范围内,超过线性范围则应稀释后再进样分析。

（3）空白实验

除不称取样品外,均按上述测定条件和步骤进行。

（4）操作后清场

检查使用的仪器、设备水电是否关闭;仪器设备外表擦拭干净;剩余原料、试剂放到指定位置;打扫卫生;垃圾废物收集到指定位置。

（5）操作注意事项

①前处理操作。

a. 超声提取时超声器的液面应高于试样液面。

b. 提取离心后若上清液分层或浑浊,则需重新离心,适当地加大离心转速、增加离心时间,然后取上清液过柱。

c. 过柱净化时每一步都要保持萃取柱湿润,防止抽干。每个操作动作必须连贯,待小柱里的液体流完时,马上加入下一种溶液。

d. 洗脱时要控制流速为 1~2 滴/s。

②氮吹操作

a. 在用氮吹仪前,实验人员必须用甲醇把所要用到的吹针擦拭一次,防止交叉污染。

b. 吹针要位于液面上 1~1.5 cm 处,要根据同时所要吹的样品数进行氮气瓶压力调节,保证样品液面有轻微晃动即可。坚决不能吹得液滴飞溅,防止样品损失。

c. 必须吹干,不能有水存在。

d. 吹干以后马上进行溶解定容。

③高效液相色谱仪操作。

a. 没有配在线脱气机的 HPLC,流动相必须事先进行超声波脱气,防止管路中有气泡产生。

b. 色谱柱如果先用甲醇作流动相,换含辛烷磺酸钠的流动相时,中间必须用水作流动相过渡,根据仪器和色谱柱不同,一般过渡 10～20 min,因为含盐的流动相直接遇有机溶剂时,容易在管道产生结晶并堵塞管路。

c. 每次换流动相时,用待换流动相先快速排液 1～2 min,然后泵再以 1.0 mL/min 进行平衡。

d. 换上流动相以后,直到等柱子平衡稳定后方可进样。一开始最好进两针,以第二针为准。进样前的样品必须用 0.22 μm 滤膜过滤。

e. 由于每个实验室的条件都不同,所以每个实验室每 1～2 d 要做次加标回收验证实验(最好做 $2×10^{-6}$ 、$5×10^{-6}$ 、$10×10^{-6}$),每做 10 个样品应做 1 个标准溶液,以验证仪器的稳定性(通过看保留时间、峰面积来验证)。

f. 若样品和标准溶液出现保留时间偏移,无法判断目标峰,则采用加标的形式进行判断。

g. 处理好的样品,要在 2～3 h 内上机完毕。

h. 仪器每天用甲醇或乙腈清洗 1～2 h。

i. 如果色谱图出现基线漂移、出峰不规则或压力不稳等现象,马上停止做样,等仪器稳定后方可继续做样。

5. 结果记录与计算

(1)数据记录(填入操作手册中)

(2)结果计算

试样中三聚氰胺的含量,由色谱数据处理软件或按式(6.6)计算获得:

$$X = \frac{A × c × V × 1\ 000}{A_s × m × 1\ 000} × f \tag{6.6}$$

式中　X——试样中三聚氰胺的含量,mg/kg;

　　　A——样液中三聚氰胺的峰面积;

　　　c——标准溶液中三聚氰胺的浓度,μg/mL;

　　　V——样液最终定容体积,mL;

　　　A_s——标准溶液中三聚氰胺的峰面积;

　　　m——试样的质量,g;

　　　f——稀释倍数。

(3)质量标准

①回收率:在添加浓度 2～10 mg/kg 的范围内,回收率为 80%～110% ,相对标准偏差小于 10% 。

②在重复性条件下获得的两次独立测定结果的绝对差值不得超过算术平均值的 10% 。

【任务实施】

预习手册

任务名称		指导教师	
小组成员		学生姓名	
引导问题	问题回答		
本任务的误差可能来自哪些方面?			

续表

引导问题	问题回答			
本任务的关键在哪里?				
本任务的主要设备有哪些?	设备用具名称	规格/型号	使用数量	使用情况
本任务的主要试剂有哪些?	试剂耗材名称	试剂浓度	配制数量	配制过程	使用情况
问题和建议				

操作手册

小组成员		指导教师	
操作前检查			
检查内容	检查结果		检查人
是否按规定穿工作服,戴口罩、手套等防护用具	是□　否□		
检查仪器设备是否清洁,是否运转正常	是□　否□		
检查检验设备的校验合格证是否在有效期内	是□　否□		
检查操作现场水、电供应是否正常	是□　否□		
检查试剂和耗材是否符合要求	是□　否□		

操作过程记录							
基本信息	样品名称			样品编号			
	生产单位			检测编号			
	生产批号			检测项目			
	检验依据			检测方法			
检测环境	室温/℃			相对湿度/%			
检测设备	设备名称						
	精度						
	设备编号						
标准物质	三聚氰胺标准溶液浓度：						
固相萃取净化操作	活化：						
	上样吸附：						
	洗脱：						
液相色谱检测条件	色谱柱：		检测器：		检测波长：		
	柱温：		流速：		进样量：		
	流动相：		梯度洗脱条件：				

		序号	1	2	3	4	5
检测数据	工作曲线	吸取标液体积/mL					
		标液浓度/$(\mu g \cdot mL^{-1})$					
		峰面积 A_s					
		曲线方程					
	样品测定	样品编号	样1		样2		试剂空白
		样品质量 m/g					—
		样品提取液定容总体积/mL					
		净化时吸取提取液体积/mL					
		净化液吹干后定容的体积/mL					
		试样稀释倍数 f					
		峰面积 A					

续表

结果计算	样液中三聚氰胺浓度/(μg·mL^{-1})			
	试样中三聚氰胺的含量 X/(μg·kg^{-1})			
	结果平均值			
	相对相差/%			
	计算公式	$X = \dfrac{A \times c \times V \times 1\,000}{A_s \times m \times 1\,000} \times f$		

结果报告	

检验员：　　　　　　　　　　　复核人：

日　　期：　　　　　　　　　　日　　期：

操作后清场			
清场项目	清场结果	清场人	复核人
仪器清洁,设备外表擦拭干净	合格□　不合格□		
工具擦拭或清洗干净,放到指定位置	合格□　不合格□		
地面、台面清洁干净	合格□　不合格□		
实验垃圾及废物收集到指定位置	合格□　不合格□		
关好水、电及门窗	合格□　不合格□		
指导教师签字：		年　　月　　日	

【任务考评】

技能性工作任务考核表

任务名称		学生姓名				
考核指标	评价内容	分值/分	得分/分			
			自评	互评	组长评	教师评
预习考核	预习手册填写情况	5				
	实操方案设计情况	5				
任务实施过程考核	操作规范性,熟练度	10				
	操作规程执行情况	10				
	记录填写情况(及时、准确、清晰、整洁、真实)	10				
	清场情况	5				

续表

考核指标	评价内容	分值/分	得分/分			
			自评	互评	组长评	教师评
任务结果考核	结果计算准确	5				
	有效数字位数保留适当	5				
	精密度符合要求	5				
	结果报告简洁、明确	5				
职业素养考核	遵守纪律:遵守实验室规章制度,不迟到早退,不无故请假,不脱岗串岗	5				
	安全意识:穿工作服,戴防护用品,爱护仪器设备,不乱丢乱倒原料试剂等	5				
	环保意识:台面清洁,不乱丢废弃物,节约用水、用电,集中处理废液废物	5				
	团队协作、沟通交流能力:服从组长安排,配合良好,积极主动地完成本岗位任务	5				
	学习能力:有较强的自主学习能力和创新意识	5				
	严谨、求实、诚信的品质,责任意识和质量意识	5				
	精益求精、爱岗敬业、精细操作的劳动精神	5				
总计		100				

【交流探讨】

1. 样品提取三聚氰胺时,三氯乙酸溶液(1%)和乙腈各起何作用?

2. 提取液离心后,若上清液分层或浑浊怎么办?

3. 过固相萃取柱净化时,每一步都要保持萃取柱湿润,防止抽干。为什么?

4. 色谱柱如果先用甲醇作流动相,换含辛烷磺酸钠的流动相时,中间必须用水作流动相过渡。为什么?

5. 测定三聚氰胺时流动相中加入辛烷磺酸钠的作用是什么?

课后练习

参考文献
Reference

[1] 陆叙元,张俐勤. 食品分析检测[M]. 4版. 杭州:浙江大学出版社,2012.

[2] 曾庆祝,余以刚,战宇. 食品质量与安全检测[M]. 北京:中国质检出版社,2014.

[3] 臧剑甬,陈红霞. 食品理化检测技术[M]. 北京:中国轻工业出版社,2013.

[4] 林继元. 食品理化检验技术[M]. 2版. 武汉:武汉理工大学出版社,2017.

[5] 杜淑霞,王一凡. 食品理化检验技术[M]. 北京:科学出版社,2019.

[6] 李道敏. 食品理化检验[M]. 北京:化学工业出版社,2020.

[7] 中华人民共和国卫生部. 食品卫生检验方法 理化部分 总则:GB/T 5009.1—2003[S]. 北京:中国标准出版社,2004.

[8] 中华人民共和国国家质量监督检验检疫总局. 常用玻璃量器检定规程:JJG 196—2006[S]. 北京:中国计量出版社,2007.

[9] 中华人民共和国农业部. 蔬菜抽样技术规范:NY/T 2103—2011[S]. 北京:中国农业出版社,2011.

[10] 中华人民共和国国家卫生和计划生育委员会. 食品安全国家标准 食品中水分的测定:GB 5009.3—2016[S]. 北京:中国标准出版社,2017.

[11] 中华人民共和国国家卫生和计划生育委员会. 食品安全国家标准 食品中灰分的测定:GB 5009.4—2016[S]. 北京:中国标准出版社,2017.

[12] 中华人民共和国国家卫生和计划生育委员会. 食品安全国家标准 食品中还原糖的测定:GB 5009.7—2016[S]. 北京:中国标准出版社,2017.

[13] 中华人民共和国国家卫生健康委员会,中华人民共和国国家市场监督管理总局. 食品安全国家标准 食品中果糖、葡萄糖、蔗糖、麦芽糖、乳糖的测定:GB 5009.8—2023[S]. 北京:中国标准出版社,2024.

[14] 中华人民共和国国家卫生健康委员会,中华人民共和国国家市场监督管理总局. 食品安全国家标准 食品中淀粉的测定:GB 5009.9—2023[S]. 北京:中国标准出版社,2024.

[15] 中华人民共和国国家卫生健康委员会,中华人民共和国国家市场监督管理总局. 食品安全国家标准 食品中膳食纤维的测定:GB 5009.88—2023[S]. 北京:中国标准出版社,2024.

[16] 中华人民共和国国家卫生健康委员会,中华人民共和国国家市场监督管理总局. 食品安全国家标准 食品中蛋白质的测定:GB 5009.5—2025[S]. 北京:中国标准出版社,2025.

[17] 中华人民共和国国家卫生和计划生育委员会. 食品安全国家标准 食品中氨基酸态氮的测定:GB 5009.235—2016[S]. 北京:中国标准出版社,2017.

[18] 中华人民共和国国家卫生和计划生育委员会,中华人民共和国国家食品药品监督管理总局.食品安全国家标准 食品中氨基酸的测定:GB 5009.124—2016 [S].北京:中国标准出版社,2017.

[19] 中华人民共和国国家卫生和计划生育委员会,中华人民共和国国家食品药品监督管理总局.食品安全国家标准 食品中脂肪的测定:GB 5009.6—2016 [S].北京:中国标准出版社,2017.

[20] 中华人民共和国国家卫生健康委员会,中华人民共和国国家市场监督管理总局.食品安全国家标准 食品中维生素 D 的测定:GB 5009.296—2023 [S].北京:中国标准出版社,2024.

[21] 中华人民共和国国家卫生和计划生育委员会.食品安全国家标准 食品中抗坏血酸的测定:GB 5009.86—2016 [S].北京:中国标准出版社,2017.

[22] 中华人民共和国国家卫生和计划生育委员会.食品安全国家标准 食品中维生素 B_1 的测定:GB 5009.84—2016 [S].北京:中国标准出版社,2017.

[23] 中华人民共和国国家卫生和计划生育委员会,中华人民共和国国家食品药品监督管理总局.食品安全国家标准 食品中维生素 B_2 的测定:GB 5009.85—2016 [S].北京:中国标准出版社,2017.

[24] 中华人民共和国国家卫生健康委员会,中华人民共和国国家市场监督管理总局.食品安全国家标准 食品中维生素 B_6 的测定:GB 5009.154—2023 [S].北京:中国标准出版社,2024.

[25] 中华人民共和国国家卫生和计划生育委员会,中华人民共和国国家食品药品监督管理总局.食品安全国家标准 食品中苯甲酸、山梨酸和糖精钠的测定:GB 5009.28—2016 [S].北京:中国标准出版社,2017.

[26] 中华人民共和国国家卫生和计划生育委员会,中华人民共和国国家食品药品监督管理总局.食品安全国家标准 食品中9种抗氧化剂的测定:GB 5009.32—2016 [S].北京:中国标准出版社,2017.

[27] 中华人民共和国国家卫生和计划生育委员会,中华人民共和国国家食品药品监督管理总局.食品安全国家标准 食品中亚硝酸盐与硝酸盐的测定:GB 5009.33—2016 [S].北京:中国标准出版社,2017.

[28] 中华人民共和国国家卫生健康委员会,中华人民共和国国家市场监督管理总局.食品安全国家标准 食品中二氧化硫的测定:GB 5009.34—2022 [S].北京:中国标准出版社,2022.

[29] 中华人民共和国国家卫生健康委员会,中华人民共和国农业农村部,中华人民共和国国家市场监督管理总局.食品安全国家标准 植物源性食品中90种有机磷类农药及其代谢物残留量的测定 气相色谱法:GB 23200.116—2019 [S].北京:中国标准出版社,2020.

[30] 中华人民共和国卫生部,中国国家标准化管理委员会.食品中有机磷农药残留量的测定:GB/T 5009.20—2003 [S].北京:中国标准出版社,2004.

[31] 中华人民共和国国家卫生和计划生育委员会,中华人民共和国农业部,中华人民共和国国家食品药品监督管理总局.食品安全国家标准 食品中有机磷农药残留量的测定 气相色谱-质谱法:GB 23200.93—2016 [S].北京:中国标准出版社,2017.

[32] 中华人民共和国农业农村部,中华人民共和国国家卫生健康委员会,中华人民共和国国

家市场监督管理总局. 食品安全国家标准 食品中兽药最大残留限量:GB 31650—2019 [S]. 北京:中国标准出版社,2020.

[33] 中华人民共和国卫生部,中国国家标准化管理委员会. 畜、禽肉中土霉素、四环素、金霉素残留量的测定(高效液相色谱法):GB/T 5009.116—2003 [S]. 北京:中国标准出版社,2004.

[34] 中华人民共和国农业农村部,中华人民共和国国家卫生健康委员会,中华人民共和国国家市场监督管理总局. 食品安全国家标准 动物性食品中四环素类、磺胺类和喹诺酮类药物残留量的测定 液相色谱-串联质谱法:GB 31658.17—2021 [S]. 北京:中国标准出版社,2022.

[35] 中华人民共和国卫生部,中国国家标准化管理委员会. 动物性食品中克伦特罗残留量的测定:GB/T 5009.192—2003 [S]. 北京:中国标准出版社,2004.

[36] 中华人民共和国国家质量监督检验检疫总局,中国国家标准化管理委员会. 畜禽肉中地塞米松残留量的测定 液相色谱-串联质谱法:GB/T 20741—2006[S]. 北京:中国标准出版社,2007.

[37] 中华人民共和国卫生部,中国国家标准化管理委员会. 畜禽肉中己烯雌酚的测定:GB/T 5009.108—2003 [S]. 北京:中国标准出版社,2004.

[38] 中华人民共和国农业农村部,中华人民共和国国家卫生健康委员会,中华人民共和国国家市场监督管理总局. 食品安全国家标准 动物性食品中 β-受体激动剂残留量的测定 液相色谱-串联质谱法:GB 31658.22—2022 [S]. 北京:中国标准出版社,2023.

[39] 中华人民共和国国家卫生健康委员会,中华人民共和国国家市场监督管理总局. 食品安全国家标准 食品中污染物限量:GB 2762—2022 [S]. 北京:中国标准出版社,2023.

[40] 中华人民共和国国家卫生健康委员会,中华人民共和国国家市场监督管理总局. 食品安全国家标准 食品中铅的测定:GB 5009.12—2023 [S]. 北京:中国标准出版社,2024.

[41] 中华人民共和国国家卫生健康委员会,中华人民共和国国家市场监督管理总局. 食品安全国家标准 食品中总砷及无机砷的测定:GB 5009.11—2024 [S]. 北京:中国标准出版社,2024.

[42] 中华人民共和国国家卫生健康委员会,中华人民共和国国家市场监督管理总局. 食品安全国家标准 食品中镉的测定:GB 5009.15—2023 [S]. 北京:中国标准出版社,2024.

[43] 中华人民共和国国家卫生健康委员会,中华人民共和国国家市场监督管理总局. 食品安全国家标准 食品中总汞及有机汞的测定:GB 5009.17—2021 [S]. 北京:中国标准出版社,2022.

[44] 中华人民共和国国家卫生和计划生育委员会,中华人民共和国国家食品药品监督管理总局. 食品安全国家标准 食品中黄曲霉毒素 B 族和 G 族的测定:GB 5009.22—2016 [S]. 北京:中国标准出版社,2017.

[45] 中华人民共和国国家质量监督检验检疫总局,中国国家标准化管理委员会. 原料乳与乳制品中三聚氰胺的检测方法:GB/T 22388—2008 [S]. 北京:中国标准出版社,2008.